“十四五”时期国家重点出版物出版专项规划项目
智慧建筑与建成环境系列图书
黑龙江省精品图书出版工程

东北严寒地区村落风貌特色量化识别与规划设计研究

夏雷　程文　著

哈爾濱工業大學出版社
HARBIN INSTITUTE OF TECHNOLOGY PRESS

内 容 简 介

随着我国乡村振兴战略的快速推进，乡村风貌建设与特色塑造成为乡村规划的关注重点。乡村风貌是环境品质、地域特色和文化内涵的综合表征，以乡村物质空间为载体对乡村的内在精神气质进行表达。本书以东北严寒地区村落风貌建设需求为基础，对村落风貌信息进行集成整理，在系统梳理村落风貌现状特征及发展需求基础上，确定东北严寒地区村落风貌数据库系统总体架构与实施路径，实现对村落风貌的科学评价与特色要素提炼，提出村落风貌特色提升规划设计与管理策略，为东北严寒地区乡村建设提供数据基础与科学依据。

本书适用于建筑学、城乡规划、风景园林等专业领域的学者、师生，以及城乡规划师、相关政府部门人员阅读参考。

图书在版编目(CIP)数据

东北严寒地区村落风貌特色量化识别与规划设计研究/夏雷，程文著.— 哈尔滨：哈尔滨工业大学出版社，2025.5

(智慧建筑与建成环境系列图书)

ISBN 978-7-5767-1209-4

Ⅰ.①东… Ⅱ.①夏…②程… Ⅲ.①东北地区-寒冷地区-村落-乡村规划-研究 Ⅳ.①TU982.293

中国国家版本馆 CIP 数据核字(2024)第 030558 号

策划编辑 王桂芝
责任编辑 宗 敏 张 颖 佟 馨
出版发行 哈尔滨工业大学出版社
社　　址 哈尔滨市南岗区复华四道街 10 号 邮编 150006
传　　真 0451-86414749
网　　址 http://hitpress.hit.edu.cn
印　　刷 哈尔滨市颉升高印刷有限公司
开　　本 720 mm×1 000 mm 1/16 印张 16.25 字数 309 千字
版　　次 2025 年 5 月第 1 版 2025 年 5 月第 1 次印刷
书　　号 ISBN 978-7-5767-1209-4
定　　价 78.00 元

前　言

村落风貌由自然环境、气候条件、历史文化、经济发展等多方面共同作用而形成，是村落特色的综合表达。在快速城镇化进程中，农村居住环境不断改善，村落风貌也逐步地发生着变化，“城乡一貌、千村一面”的问题日益凸显，村落的地域与文化特色在逐渐丧失，村落发展与自然环境之间的矛盾也愈演愈烈。随着美丽乡村建设、乡村振兴战略的提出与实施，国家高度重视农村人居环境建设，也非常关注乡村历史文化的保护与传承，村落风貌成为未来乡村建设发展的重要课题。东北严寒地区作为国家粮食主产区，农业地区广大，乡村众多，农村环境建设相对缓慢和滞后，但盲目建设、风貌破坏、特色缺失等问题同样突出，具有特殊的开展村落风貌研究的典型意义。

本书从东北严寒地区村落风貌特色逐渐削弱等问题入手，针对风貌信息的模糊性与不确定性，提出定性分析与量化分析相结合的风貌研究方法，通过“信息收集—数据构成—系统搭建—功能应用”的思路建立风貌数据库系统，为村落风貌信息管理、特色识别、规划设计等提供技术支持。

“信息收集”——东北严寒地区村落风貌实态调研与风貌现状特征解析。通过对典型村落自然、人文、人工风貌要素的收集，获取全面、完整与多样的风貌信息，分析村落风貌的成因。

“数据构成”——建立村落风貌信息体系与基础数据库。基于村落风貌调研结果，立足于东北严寒地区村落基础条件特征，提出村落风貌信息集成与整合、识别与编码方案，并据此构建村落风貌基础信息数据库，形成其内部数据组织结构。

“系统搭建”——建立村落风貌数据库系统与标准数据库。通过梳理村落风貌体系与数据库系统应用之间的关系，以村落风貌特色塑造理念下的风貌规划思路为突破点，提出针对东北严寒地区村落风貌信息特色的数据提取与运算方法。构建村落风貌量化引导指标体系，确定指标的标准引导值，对基础风貌信息进行提取与运算处理,构建村落风貌数据库。

“功能应用”——东北严寒地区村落风貌特征解读、风貌发展类型识别、规划提升策略等应用分析。基于 TOPSIS 综合评价法,实现东北严寒地区 28 个村落风貌的综合评价,对村落自然、人文、人工风貌特色进行解读,提出风貌提升策略。通过村镇景观规划、村落公共空间设计、建筑设计与管理等方面的应用研究,对系统的应用模式与功能拓展进行阐述与延伸讨论。

本书得到中央高校基本科研业务费专项资金(项目编号:HIT.HSS.202209)、黑龙江省哲学社会科学研究规划项目青年项目(项目编号:21SHC218)与中国博士后科学基金面上项目(项目编号:2020M681109)的资助。本书以东北严寒地区村落风貌建设需求为基础,通过对风貌数据库系统的设计与开发,实现了对相关信息的量化处理,探讨了在不同规划与研究需求下数据库系统内数据体系拓展与功能应用,以期为东北严寒地区村落风貌的规划建设提供参考。

作　者

2025 年 1 月

目　录

第1章　绪　论

1.1　乡村建设的时代背景

村落风貌的形成是特定的历史文化背景、审美观、生活习惯以及地理环境、气候条件等多方面共同作用的结果[①]。村落风貌即聚落的风采和面貌，不仅包括山水格局、建筑形式等物质空间景观，还蕴含地方生活方式、民俗文化等聚落的内在气质。[②] 村落风貌侧重于体现村庄聚落的个性化本质特征[③]，塑造具有独特审美特征与文化内涵的村庄特色[④]。

东北严寒地区村落风貌规划与设计中缺少获取风貌特征的客观途径及量化方法，建设上存在着地方特色不突出的问题。东北严寒地区村落面积大且布局分散，土地资源利用效率不高，村落风貌建设缺乏管理与引导。村落以居民自发建设为主导，从事风貌规划设计和管理的人员业务水平也参差不齐，缺乏科学的分析方法与规划建设依据，村落风貌整体上缺乏地域性，与人文环境、自然环境未能有机结合。

《美丽乡村建设指南》(GB/T 32000—2015)、《乡村振兴战略规划(2018—2022年)》相继提出与实施，国家层面对农村地区人居环境改善、地域文化保护、风貌特色延续等问题给予了高度重视(图1.1)。“十四五”规划中将“三农”问题作为全党工作的重中之重，2021年中央一号文件《中共中央 国务院关于全面推进乡村振兴加快农业农村现代化的意见》指出，“十四五”时期要“加快推进村庄规划工作”，“保留乡村特色风貌，不搞大拆大建”。

---

① 杨华文，蔡晓丰. 城市风貌的系统构成与规划内容[J]. 城市规划学刊，2006(2)：59-62.

② 吕斌. 美丽中国呼唤景观风貌管理立法[J]. 城市规划，2016(1)：70-71.

③ 余柏椿. 解读概念：景观·风貌·特色[J]. 规划师，2008(11)：94-96.

④ 徐有钢，王佳文. 面向城乡大尺度的景观风貌规划探索[J]. 规划师，2014(9)：34-40.

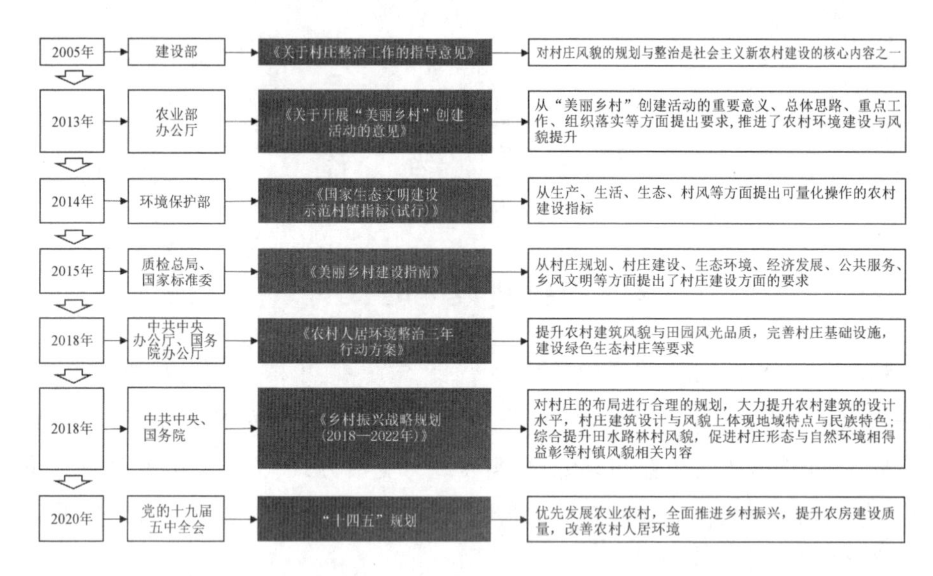

图 1.1　村镇发展与建设的指导性文件

1.2　风貌的基本概念

1.2.1　东北严寒地区

我国严寒地区面积约占国土面积的 1/2，包括黑龙江、吉林、辽宁、内蒙古、青海、新疆北部和西藏北部等地区，该区域 1 月平均气温在-10 ℃以下，7 月平均气温低于 25 ℃，平均相对湿度大于 50%①，气候条件造就了该区域生态环境、农牧业生产，乃至生活方式和乡村聚落的特殊性。本研究的基本空间范畴为《建筑气候区划标准》（GB 50178—93）中划定的严寒地区内黑龙江、吉林、辽宁三省及内蒙古东部地区，地形地貌上以平原为主，土壤肥沃，多为黑土和黑钙土。区域内满族、朝鲜族、蒙古族、达斡尔族等少数民族聚集，文化多元、丰富。

1.2.2　村落风貌特色

村落的概念不同于农村聚落，相对于村落，农村聚落的概念比较广泛，是包括村与镇的聚落形式，因此村落是农村聚落的组成部分②。村落表示众多居住房屋

① 国家技术监督局，中华人民共和国建设部．建筑气候区划标准：GB 50178—93[S]．北京：中国计划出版社，1993.

② 陈勇，陈国阶．对乡村聚落生态研究中若干基本概念的认识[J]．农村生态环境，2002，18(1)：54-57.

构成的集合或人口集中分布的区域,是地域性组织的聚居形态,强调地域特征与人地关系。与村落相比较,村庄涵盖的内容更广,在城乡规划学中村庄的范围主要是村庄的行政界线,包含人工与自然等要素。

“风貌”在《现代汉语词典》中释义:①风格和面貌:时代面貌、民间艺术的面貌;②风采相貌:风貌娉婷;③景象:远近风貌,历历在目。

村落风貌是村落的物质空间环境与自然景观、人文景观、历史文化和社会生活内涵的综合表达。在中文语境中,“风”是“内涵”,是村落社会人文取向的非物质特征的概括,是社会风俗、风土人情、地方传统等文化方面的表现,是村落居民所处环境的情感寄托,是充满于村落空气的“氛围”。“貌”是“外显”,是村落物质环境特征的综合表现,是村落整体及构成元素的形态和空间的总和,是“风”的载体。有形的“貌”与无形的“风”,两者相辅相成,有机结合形成特有的文化内涵和精神取向的村落风貌[①]。

本书研究对象为村庄建设用地范围内的风貌要素,以人工风貌为主并包含影响人工风貌形成的自然要素与人文要素。村落风貌特色是村庄各个景观要素及其周边环境组合在一起给人的总体感受,是村落气质、底蕴等内在特性通过村落布局、建筑形式、生活设施等的外在展示和历史、文化及社会发展程度的综合反映,是一个村落最有力、最精彩的高度概括。

1.2.3 风貌数据库

数据库是指长期储存在计算机中可管理、共享与分析应用的数据集合[②]。数据库的主要功能为对数据的提取与运算处理,以满足不同用户的使用需求。数据库包括物理数据层、概念数据层和用户数据层等不同的数据结构,清晰的数据库结构可减少数据的冗余度,提高数据的安全性、可靠性与运算效率,满足数据的集中处理、管理维护等需求。

风貌数据库是将风貌要素以一定的编码、组织模式储存于数据库内,形成风貌数据库的物理数据层,通过数据库内逻辑数据层将对应的数据提供给用户。风貌的显性、隐性和潜在信息组成了数据库的风貌信息体系基础数据。数据库用户通过不同的数据处理与提取形式实现对风貌数据的编辑应用与数据共享。东北严寒地区村落风貌数据库是基于东北严寒地区村落实态调研建立的,对村落风貌信息进行收集与处理,对东北严寒地区村落具有较强的指导意义,有较广的应用范围。

---

① 俞孔坚,奚雪松,王思思. 基于生态基础设施的城市风貌规划——以山东省威海市城市景观风貌研究为例[J]. 城市规划,2008(3):87-92.

② 张军,周玉红. 城市规划数据库技术[M]. 2版. 武汉:武汉大学出版社,2011.

1.3　国内外相关研究简析

1.3.1　国内相关研究

1.村落风貌相关研究

国内对于城市风貌相关的研究较为完善，对村落风貌的研究起步较晚。2006年《重庆市村镇风貌设计导则（试行）》系统地提出了对村镇风貌设计的具体要求。在中国学术期刊网络出版总库中的“建筑科学与工程”学科内，以“风貌”为关键词检索从1980年到2022年的学术期刊文献，共有8 272篇，1980～2019年相关研究的热度呈现逐年增加的趋势，从2019年起逐渐稳定并呈下降趋势（图1.2）；研究关注的重点主要有历史街区、城市风貌规划与建筑风貌保护等方面，其中对于农村风貌的研究较少（图1.3）。以“村落风貌”为关键词在学术期刊上发表的文献共有359篇，从检索结果的计量可视化分析中可以看出，对村落风貌的研究从2015年开始呈现显著增长趋势（图1.4）；检索文献中主要的研究内容包括传统村落保护、建筑风貌、更新设计、文化传承等内容（图1.5）。

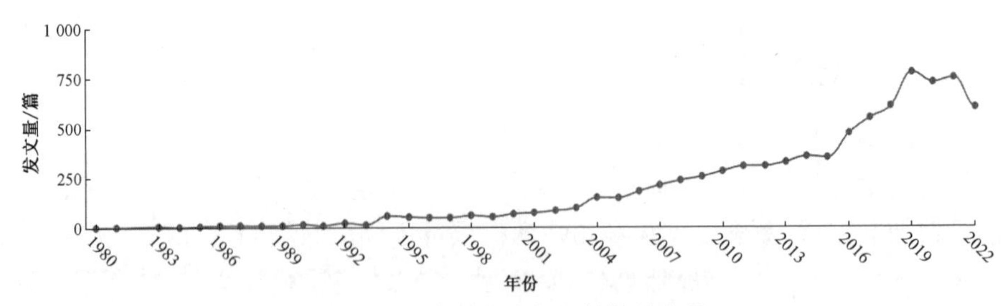

图1.2　风貌相关研究文献数量变化

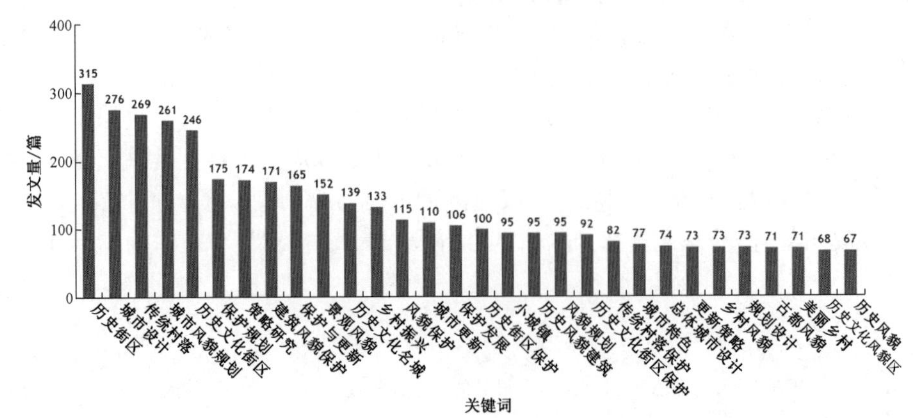

图1.3　风貌作为关键词检索分布情况

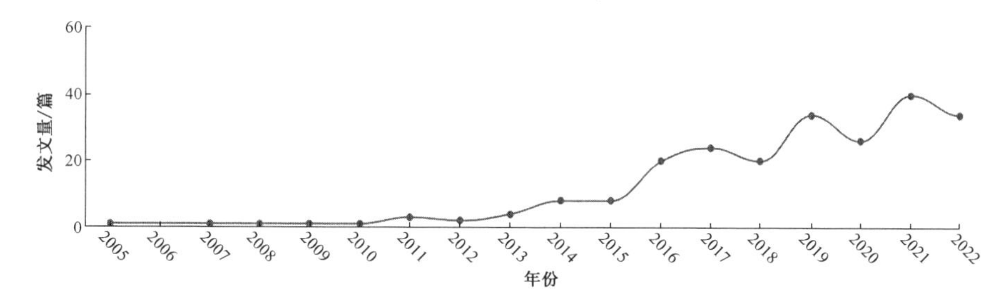

图 1.4 村落风貌相关研究文献数量变化

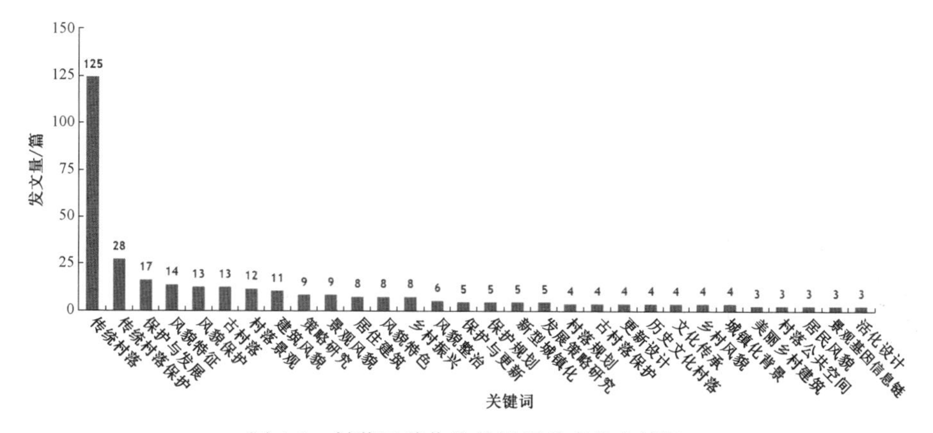

图 1.5 村落风貌作为关键词检索分布情况

对村落风貌的研究早期以参考城市风貌的研究为主，规划实践上偏重于小城镇内村落。随着近年来新型城镇化、美丽乡村的提出，对村落风貌的研究越来越丰富，分别从村庄聚落形态与布局、自然景观风貌、农村建筑风貌等方面展开，对村落风貌内的场地、绿化、道路、庭院、建筑等要素分别进行研究①。

(1)建筑风貌的研究。对建筑风貌的研究主要集中于建筑风貌的要素、分类与特征等方面。戴宇通过对四川省新农村建设中建筑风貌的研究，提出新农村建筑设计应从村庄自然环境、整体布局、建筑风格、建筑材料等方面展开②。黄平提出农村建筑风貌包括村镇总体风貌与建筑群体风貌两部分，并指出建筑风貌包含自然条件、历史文化、地域特色、产业结构等四部分内容③。郑科在对风貌的控制研究中认为建筑的高度、界面为建筑风貌控制的重点，在具体实施操作中应注意主

① 彭晓烈，李道勇. 小城镇景观风貌规划探索——以沈阳市辽中县老观坨乡为例[J]. 沈阳建筑大学学报(社会科学版)，2008(3)：257-261.

② 戴宇.四川省新农村建设建筑风貌思考[J]. 四川建筑，2013(3)：72-74.

③ 黄平. 现代小城镇建筑风貌的形成与发展[D]. 南京：东南大学，2003.

次分明，对村落建筑风貌的整体塑造与特色体现具有指导意义①。

建筑风貌的塑造方面主要从总体布局、建筑群体布局、建筑色彩、建筑材料及细部装饰五个方面进行研究。付少慧通过对城市建筑风貌特色的研究，提出建筑风貌为城乡风貌的重要组成部分与表现载体，以建筑学的角度提出建筑风貌塑造要从群体建筑组合、天际线设计、建筑风格、色彩、体量、材料等方面的控制与引导等展开，并将城市设计导则引用到建筑风貌规划中②。

(2)风貌研究的技术方法。近年来，国内学者借鉴基因理论提出了空间基因、文化景观基因等概念与研究范式，为定量分析风貌特色提供了新思路。段进院士团队在形态类型学相关研究基础上，提出了“空间基因”概念及其理论框架，通过对空间基因进行提取、解析、评价并与特色目标互馈耦合，将模糊的特色认知用准确、具象的空间方式表达出来③。刘沛林等人提出了聚落景观基因的概念及理论④，对传统聚落的构成要素、空间形态、特征识别、图谱构建等方面开展了大量的相关研究⑤⑥⑦⑧，建立了景观基因的“胞—链—形”空间分布及其演变图示表达，探索了文化景观基因的物质形态、外观表征、空间结构和表达机制等深层次的科学问题。吴宁等人利用空间句法等技术将村落空间肌理的内在规律进行量化解析，提出控制村落地块、道路等要素生成的参数集、参数值的提取算法和形态重构方法⑨⑩。李哲等人引入无人机、摄影测量、图像识别、机器学习等技术，提出图像采集与风格分类方法，对村落建筑立面特征进行归类并快速构建全村、全地域的“风格地图”⑪。

(3)风貌规划与设计。我国学者针对乡村风貌衰退、特色不明显的问题，从国

---

① 郑科. 临港新城中心区建筑风貌研究[J]. 上海城市规划，2009(4)：46-50.

② 付少慧. 城市建筑风貌特色塑造及城市设计导则的引入[D]. 天津：天津大学，2009.

③ 段进，邵润青，兰文龙，等. 空间基因[J]. 城市规划，2019(2)：14-21.

④ 刘沛林. 中国传统聚落景观基因图谱的构建与应用研究[D]. 北京：北京大学，2011.

⑤ 刘沛林. 家园的景观与基因：传统聚落景观基因图谱的深层解读[M]. 北京：商务印书馆，2014.

⑥ 胡最，刘沛林. 中国传统聚落景观基因组图谱特征[J]. 地理学报，2015，70(10)：1592-1605.

⑦ 胡最. 传统聚落景观基因的地理信息特征及其理解[J]. 地球信息科学学报，2020(5)：1083-1094.

⑧ 刘沛林，刘春腊，邓运员，等. 我国古城镇景观基因“胞—链—形”的图示表达与区域差异研究[J]. 人文地理，2011(1)：94-99.

⑨ 吴宁，童磊，温天蓉. 传统村落空间肌理的参数化解析与重构体系[J]. 建筑与文化，2016(4)：94-96.

⑩ 葛丹东，童磊，吴宁，等. 乡村道路形态参数化解析与重构方法[J]. 浙江大学学报(工学版)，2017，51(2)：279-286.

⑪ 李哲，黄斯，张梦迪，等. 传统村落建筑立面快速采集与装饰类型智能检索方法——以江西流坑村宅门实验为例[J]. 装饰，2019(1)：16-20.

家政策和风貌规划与设计及管控手段等方面探索其成因①②,通过规划设计实践提出风貌保护与特色提升策略。龙彬等人分析了自然、聚落、人文等方面的乡土景观特征,从面状、道路、河岸线、天际轮廓线、建筑、公共空间、城市家具、空间主题、乡土符号、节庆活动10个方面有针对性地提出了特色风貌营造策略③。董衡苹以崇明村庄景观风貌塑造为例,从生态风貌设计、村庄聚落风貌设计、建筑风貌引导三个层面提出村庄景观风貌特色塑造的技术路径④。魏红卫针对传统风貌的保护与延续,研究风貌规划与设计中融合地域文化特色,并将符号化的人文要素应用于建筑与景观设计中⑤。

(4)风貌的保护与传承。风貌的保护与传承是延续地域文化特色的重要途径。袁昊在唐家湾镇历史建筑风貌研究中,通过现状调研发现镇内建筑质量较差、历史文化丧失、自然环境遭到破坏、建筑风貌缺乏引导等问题,由此以风貌整体引导与历史风貌特色保护为出发点,从街道空间、建筑布局、景观设计等方面提出系统性、多样化的建筑风貌保护与提升策略⑥。黄平等将城市设计的方法应用于大鹏镇风貌规划与设计中,建议通过风貌定位与分区、建筑风貌提升与改造、建筑外部环境与景观设计等方面对大鹏镇建筑风貌进行保护与引导,编制不同风貌区的保护规划实施导则⑦。许娟等对关中传统民居建筑风貌进行重点研究,通过对建筑风貌的发展与演变的解析,提出对传统民居建筑的保护策略,在延续村镇肌理、建筑风格、传统构件、建筑色彩的基础上,运用新材料与绿色建筑技术对传统民居建筑进行改造⑧。

2.数据库系统相关研究

数据库系统的主要功能包括数据的储存、管理、分析等⑨,城乡规划学与建筑学中数据库系统常作为辅助分析的工具。对于数据库系统的基本功能、操作原理与数据库系统开发维护的研究,可为东北严寒地区村落风貌数据库系统的构建提

---

① 张静,沙洋. 探寻塑造新时代乡村风貌特色的内在机制——以浙江舟山海岛乡村为例[J]. 小城镇建设,2015(1):58-63.

② 鲍梓婷,周剑云. 当代乡村景观衰退的现象、动因及应对策略[J]. 城市规划,2014(10):75-83.

③ 龙彬,彭一男,宋正江,等. 乡土景观视角下城镇特色风貌规划研究——以新疆库尔德宁镇为例[J]. 小城镇建设,2021(1):100-109.

④ 董衡苹. 生态型地区村庄景观风貌塑造规划研究——以崇明区为例[J]. 城市规划学刊,2019(A1):89-95.

⑤ 魏红卫. 庆阳建筑风貌规划特色与方法[J]. 城乡建设,2013(9):32-34.

⑥ 袁昊. 珠海市唐家湾镇历史建筑风貌研究[D]. 广州:华南理工大学,2012.

⑦ 黄平,仲德昆. 大鹏镇建筑风貌保护初探[J]. 小城镇建设,2003(2):90-91.

⑧ 许娟,霍小平. 关中村镇民居建筑风貌的继承与发展[J]. 城市问题,2014(3):49-53,73.

⑨ 向海华. 数据库技术发展综述[J]. 现代情报,2003(12):31-33.

供思路。

常用的数据库类型主要为关系型数据库与非关系型数据库，常用的数据库系统主要为GIS、Microsoft Access（微软办公软件-关系数据库管理系统）、SQL Server等。其中，Microsoft Access作为微软公司开发的数据库管理平台，具有结构清晰、操作简洁、界面友好等特点，适合管理数据量较少的关系型数据库。田振清通过对Microsoft Access的应用进行探讨，提出了数据库的基础应用与数据库系统的设计[①]；喻济兵在Microsoft Access的开发与设计应用中，对数据的内部结构关系与查询窗体设计进行了详细的探讨[②]。马玉春等在此基础上运用Visual Basic语言对Microsoft Access的设计进行优化，使其在数据处理与分析功能上更好地与实际使用需求相结合[③]。此外，Microsoft Access、SQL Server等数据库还与Visual Basic相结合，广泛应用于企业管理中，如王艳通过Microsoft Access内置的VBA、宏与模块编程工具，根据奶牛场的数据需求与管理应用需求开发了奶牛场管理系统[④]。

3.数据库在建筑与规划领域中的应用

在中国学术期刊网络出版总库中的“建筑科学与工程”学科内，以“数据库”为关键词检索从1980年到2022年的学术期刊文献，共有15 471篇，从文献数量变化趋势上看（图1.6），自2013年起对数据库的研究快速增长。研究主要内容包括地理信息系统（GIS）、系统设计与现实、信息化建设、数字化技术等内容（图1.7）。

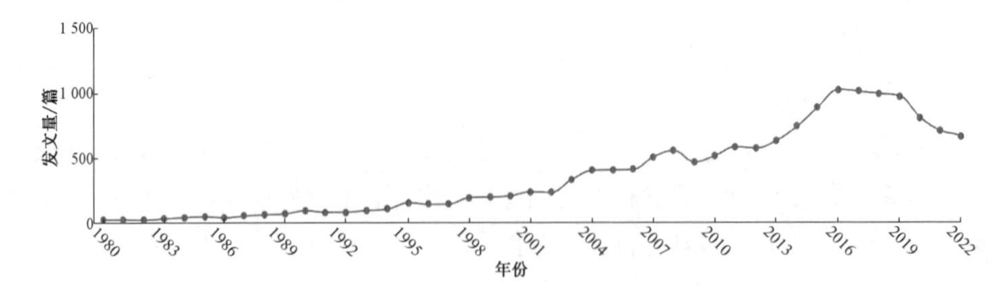

图1.6　数据库相关研究文献数量变化

---

① 田振清. Microsoft Access及其应用系统设计[J]. 内蒙古师范大学学报（自然科学汉文版），1997（1）：41-46.

② 喻济兵. 基于Access数据库信息管理系统的设计[J]. 船电技术，2011（4）：57-59.

③ 马玉春，苑囡囡，王哲河. 基于Visual Basic 2008的Access数据库类的设计[J]. 软件，2012（6）：41-43.

④ 王艳. 应用Access 2007数据库建立适合湖北省中小型奶牛场的计算机管理系统[D]. 武汉：华中农业大学，2009.

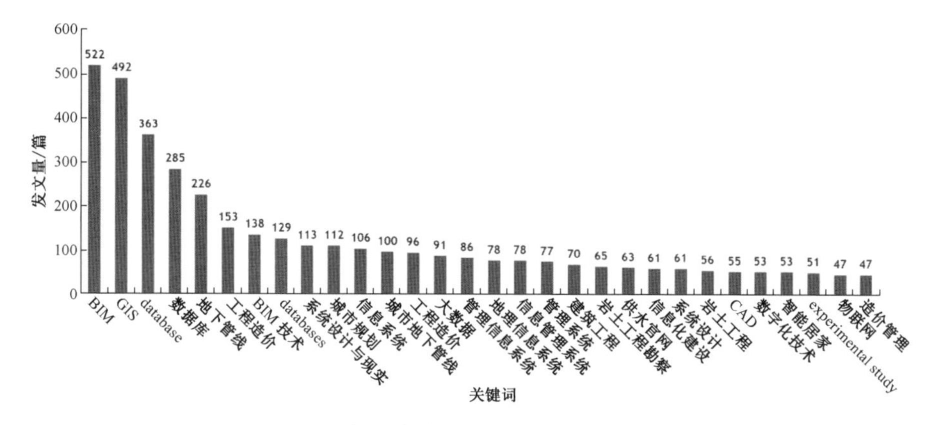

图 1.7 数据库作为关键词检索分布情况

(1)数据库在城乡规划中的研究。数据库系统在城乡规划中的应用主要通过分析不同类型的数据,提出针对不同规划层面的数据库结构与数据库系统功能设计,结合不同数据库系统平台对操作界面进行设计与开发。城乡规划中对数据库系统的研究主要为应用研究,GIS 具有较强大的图形分析与处理功能,因此在城乡规划领域的运用较为广泛。如万剑华等在“数字城市”的研究中通过对 Oracle、Microsoft Access、SQL Server 等不同数据库系统的对比分析,提出“数字城市”的空间数据库设计应从数据结构、逻辑关系、功能与界面设计等方面展开①。符加方在“一张图”数据库建设研究中提出整合土地资源与空间规划的统一数据库管理平台,并提出了数据库系统与平台的设计规范②。从已有的研究成果来看,数据库主要应用于城乡规划中土地变迁分析、空间形态分析、土地利用评价、市政管线规划设计等方面,建立了城市空间数据库③与规划管理数据库等④,对城乡规划中的人口与经济数据、空间数据、风貌信息、环境信息等进行储存与管理⑤。

(2)数据库的结构层次研究。不同研究需求中数据库的结构与逻辑关系也有所不同。张培等通过 GIS 建立了风貌信息数据库,以科学性与有效性为出发点对风貌信息数据库的结构与层次进行解析,提出了运用 GIS 分析组件的风貌信息管

---

① 万剑华,刘娜,马张宝,等.“数字城市”的空间数据库设计方法研究[J]. 测绘科学,2006(6):107-108.

② 符加方. 市级国土资源“一张图”及核心数据库研究与设计:以广东省韶关市为例[D]. 南京:南京农业大学,2012.

③ 熊勤芳,何一明. 城市建设基础空间数据库建设方法的探讨[C]//湖北省测绘科技信息站. 全国测绘科技信息网中南分网第二十一次学术信息交流会论文集. 海口:海口市规划勘察测绘服务中心,2007:236-238.

④ 郭瑞. 基于 ArcEngine 的城市规划数据库管理系统的研究和实现[D]. 长沙:中南大学,2008.

⑤ 王峰. 城市规划信息系统中数据库的设计[J]. 广东科技,2008(16):28-29.

理与分析的应用层①。邓运员等运用数据库系统对我国南方传统聚落的景观与风貌保护进行研究，通过采集聚落景观风貌信息将其储存于数据库中，实现了聚落景观风貌数据的管理维护与运算分析②。李媛通过对建筑色彩的分析确定了建筑色彩数据库的数据结构，包括建筑主体色、辅助色等选择与对应配色方案等内容③。

(3)风貌数据库方面的研究。张继刚等将城市风貌分为横向与纵向两个方面，在城市风貌信息系统中增加风貌评价等内容，在解析横向与纵向两类风貌信息内容的基础上构建了城市风貌数据库④⑤。杨文军在对城市风貌的评价研究中利用 GIS 建立了风貌评价模型，包含人工、人文、自然等风貌信息要素，通过 GIS 对风貌数据的提取分析实现风貌的综合评价⑥。

袁青等针对乡村景观风貌数据进行研究，考虑到乡村景观风貌数据的多源性、驳杂性和海量性，通过对基础数据、地理空间数据、影像数据的收集和对人工景观风貌数据、自然景观风貌数据和人文景观风貌数据进行分类，基于数据的编码、数据的层次划分、图形管理与空间检索等，运用 GIS 建立乡村景观风貌空间数据库，对乡村的属性数据、空间数据、影像数据等进行储存与管理(图 1.8)。

(4)数据库在建筑中的研究。数据库在建筑中的应用主要为建筑日常管理与能耗监测⑦⑧⑨⑩、建筑设备控制⑪、建筑维护与工程数据管理⑫⑬等方面内容，包括数据库结构设计、功能选择、操作界面与系统开发等。此外，数据库技术也应用于

① 张培，党安荣，黄天航，等. 基于 GIS 的北京胡同风貌管理信息系统设计与实现[J]. 北京规划建设，2011(4):45-47.

② 邓运员，代侦勇，刘沛林. 基于 GIS 的中国南方传统聚落景观保护管理信息系统初步研究[J]. 测绘科学，2006(4):74-78.

③ 李媛. 建筑色彩数据库的应用研究[D]. 天津:天津大学，2007.

④ 张继刚，蒋勇，赵刚，等. 城市风貌信息系统的理论分析[J]. 华中建筑，2000(4):38-41.

⑤ 张继刚. 城市风貌的评价与管治研究[D]. 重庆:重庆大学，2001.

⑥ 杨文军. 南宁市城市风貌规划现状评价研究[D]. 长沙:中南大学，2010.

⑦ 郭理桥. 建筑节能与绿色建筑模型系统构建思路[J]. 城市发展研究，2010，17(7):36-44.

⑧ 俞英鹤，赵加宁，梁珍，等. 民用建筑能耗的统计方案及数据库软件在建筑节能中的应用研究[J]. 中国建设信息(供热制冷)，2005(7):38-41.

⑨ 郑晓卫，潘毅群，黄治钟，等. 基于建筑能耗数据库的建筑能耗基准评价工具的研究与应用[J]. 节能与环保，2006(12):10-12.

⑩ 齐艳，陈萍. 建筑能耗数据库能耗基准评价方法及研究[J]. 应用能源技术，2007(5):1-4.

⑪ 伍培，郑洁，周祖均. 智能化商业建筑设备自控系统数据库的建设[J]. 商场现代化，2009(13):40-41.

⑫ 翟韦. BIM 设计资源管理的数据库实践[C]//中国土木工程学会计算机应用分会，中国工程图学学会土木工程图学分会，中国建筑学会建筑结构分会计算机应用专业委员会. BIM 与工程建设信息化——第三届工程建设计算机应用创新论坛论文集. 上海:上海观念信息技术有限公司，2011:140-145.

⑬ 李犁，邓雪原. 基于 BIM 技术的建筑信息平台的构建[J]. 土木建筑工程信息技术，2012(2):25-29.

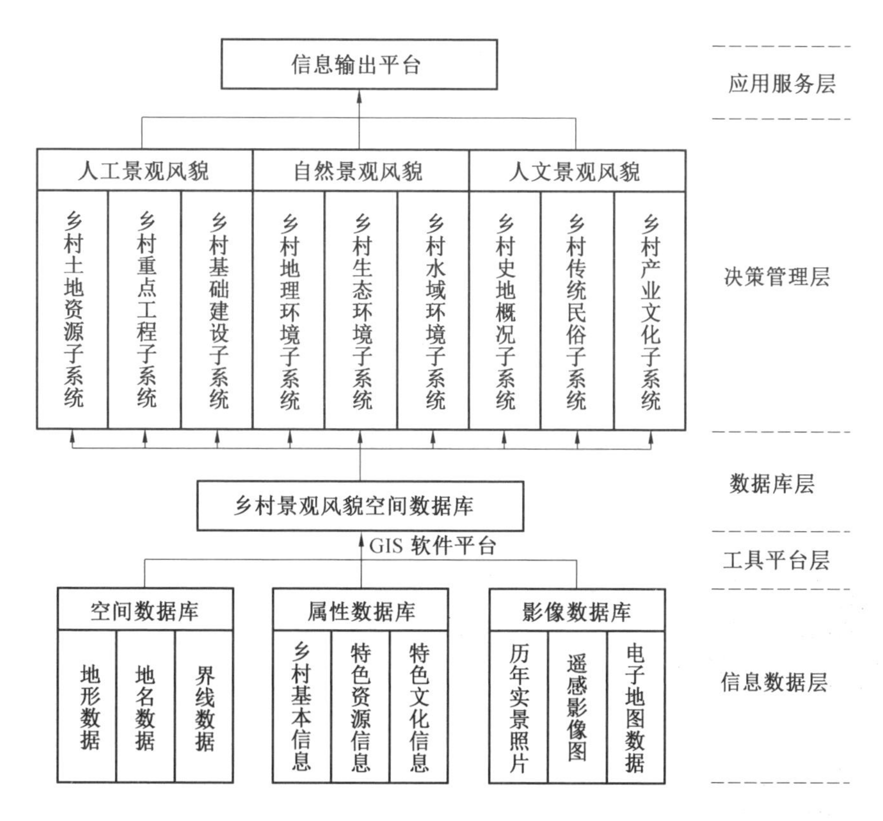

图 1.8 乡村景观风貌空间数据库体系①

建筑结构设计、建筑保护等方面，如龚治国等在利用 Object ARX 进行建筑结构 CAD 开发过程中，对特定实体的定义和线属性、文本属性、标注属性等不同属性的设置与操作等进行了详尽的分析，提出了解决方法，并给出了相应的建议，以供建筑结构 CAD 开发研究人员参考②；蒋楠在历史建筑及地段保护改造的研究中，通过数据库系统进行量化分析，建立了产业类历史街区与历史建筑的改造、更新数据库，为产业类历史建筑的保护与更新改造工作提供技术支持与数据分析平台③。

1.3.2 国外相关研究

本书对 Web of Science 数据库内国外相关文献进行检索，分析近 15 年内村落

① 袁青，于婷婷，王翼飞. 二战后西方乡村景观风貌的研究脉络与启示[J]. 城市规划学刊，2017(4)：90-96.

② 龚治国，侯建国，吴春秋. 基于 Object ARX 的图形数据库开发在建筑结构 CAD 中的应用[J]. 武汉大学学报(工学版)，2003，36(6)：65-69.

③ 蒋楠. 数据库在产业类历史建筑及地段保护改造中的应用[J]. 建筑与文化，2012(7)：60-61.

景观风貌、数据库系统在建筑与规划应用方面的研究现状，对既有研究成果进行梳理与总结。

1.村落景观风貌相关研究

国外村落风貌相关的研究多侧重于乡村聚落布局[①]、聚落形态与景观[②]、聚落生态[③]等内容。美国学者加纳姆(Garnham)在对景观风貌特色(landscape characteristics)的研究中对景观风貌的概念进行定义，认为景观风貌主要包括物质特征、功能特征、内涵与意向三部分内容，景观风貌特色应具有地域特点，给人强烈的地方感受[④]。欧洲学者通过对景观与景观模式(landscape pattern)的研究，依托环境学、社会学、美学等研究范式，认为景观风貌是人文与物质要素的综合体现[⑤⑥]。

国外没有明确的学术词语对应"村落风貌"，根据国外文献中近似概念解析，以"rural"和"landscape characteristics"为检索关键词，文献检索时间范围始于1985年，截止到2022年，共计检索到2 005篇文献，通过近15年来的文献数量变化趋势看，国外对农村景观风貌的研究关注度在逐渐提升(图1.9)。从检索文献的关注内容来看，主要集中于景观生态评估、生物多样性、公共行政、城市研究等内容(图1.10)。通过进一步梳理，国外村落风貌规划相关研究可以从现代城市规划理论、国外村镇规划实践与建设管理等方面展开。

(1)村落规划与设计相关研究。国外城市化进程中，城市的不断扩张带来了城市环境恶化、空间品质下降等一系列问题。近郊小城镇可疏解城市人口，这为小城镇带来了发展的机遇。通过功能布局的优化、基础设施的完善、风貌特色的塑造与城市协调统一，小城镇的空间环境得到了较大的提升。建筑布局中综合考虑小城镇与大城市和周边自然环境的关系，在建筑风貌上形成了点状、线状与面状相结合的特色空间[⑦]。如泰勒(Taylor)提出的"卫星城镇"中郊区卫星城镇与中心城市

---

① ROBINSON P S. Implication of rural settlement patterns for development: a historical case study in Qaukeni, Eastern Cape, South Africa[J]. Development Southern Africa, 2003(9), 405-421.

② RUDA G. Rural buildings and environment[J]. Landscape and urban planning, 1998, 41(2): 93-97.

③ MCKENZIE P, COOPER A, MCCANN T, et al. The ecological impact of rural building on habitats in an agricultural landscape[J]. Landscape and urban planning, 2011, 101(3): 262-268.

④ GRANHAM H L. Maintaining the spirit of place: a process for the preservation of town character[M]. Mesa, Ariz: PDA Publishers Corp, 1985.

⑤ BÜRGI M, RUSSEL E W B. Integrative methods to study landscape changes[J]. Land use policy, 2001(18): 9-16.

⑥ YU K J. Security patterns in landscape planning: with a case in south China[D]. Cambridge: Harvard University, 1995.

⑦ LEATHERBARROW D. Is landscape architecture? [J]. Architectural research quarterly, 2011(3): 208-215.

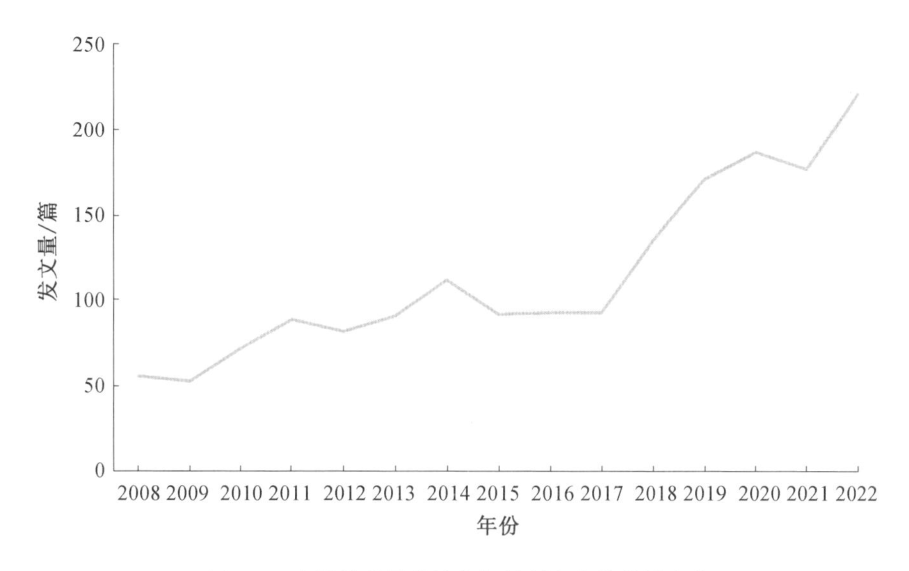

图 1.9 农村景观风貌特色相关研究文献数量变化

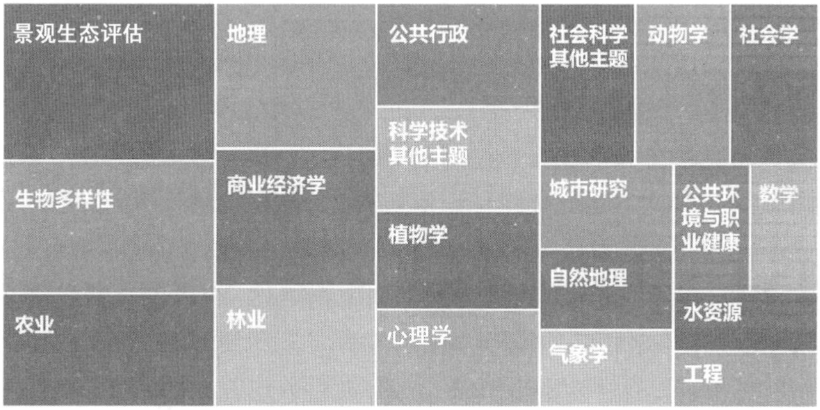

图 1.10 农村景观风貌特色作为关键词的检索分布情况

通过便捷的交通进行联系，中心城市与卫星城镇间留有绿地。沙里宁(Eliel Saarinen)的“有机疏散理论”认为人的发展离不开自然，要与环境共生融合，人工作地应与居住地联系紧密，在城镇景观塑造方面强调人性化的景观风貌特色①。但由于该类小城镇的发展建设较快，城镇空间内缺少历史与文化底蕴，因此在风貌上呈现出缺少人文特色等问题。约翰·弗里德曼(John Friedmann)从村镇地区入手，在村镇体系中将现状条件较好的村镇发展成为区域中心，通过对中心的建设带

① LIU G F, LI H W, ZHENG X H. Research on urban-rural integration based on the theory of organic decentralization [J]. IEEE, 2014: 561-563.

动周边地区的发展，村镇风貌的发展扎根于原有的历史基础，因此风貌整体上有所提高。Marjanne 与 Marc 通过 GIS 等手段对传统农村居民点的景观进行可视性分析，将定居模式、土地利用分区和景观可见性进行比较①。Ramírez 等采用统计和回归分析，对农村道路景观风貌质量进行评估，对沿街风貌进行优化设计②。García-Llorente 等通过农村地貌、河岸植被、大坝、温室农场等的调查，评估影响景观价值的社会和生态因素，解释景观多功能性和社会偏好③。

在村落风貌建设实践方面，美国的农村建设根据不同村落的地域特点发展风貌特色鲜明的村落空间环境。对乡村的设计从土地利用与边界管理、街道空间、景观特征和建筑特征 4 个方面展开④(图 1.11)。英国的中心村建设以村庄经济与环境建设为落脚点，避免大拆大建，建筑以更新改造为主，新建建筑在造型、体量、色彩、材质上要与现有建筑协调统一⑤⑥。

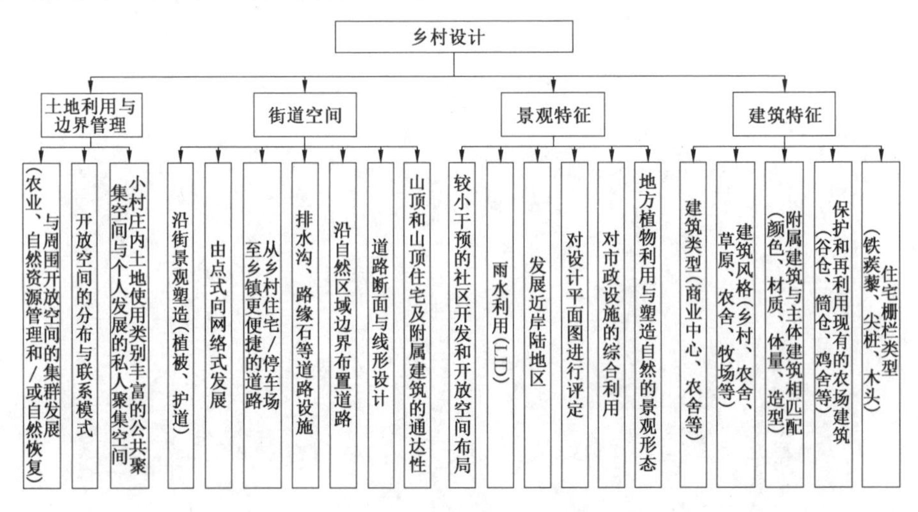

图 1.11　乡村设计的主要内容

① MARJANNE S, MARC A. Settlement models, land use and visibility in rural landscapes: two case studies in Greece[J]. Landscape and urban planning, 2007, 80(4): 362-374.

② RAMÍREZ A, AYUGA-TÉLLEZ E, GALLEGO E, et al. A simplified model to assess landscape quality from rural roads in Spain [J]. Agriculture, ecosystems and environment, 2011, 142(3): 205-212.

③ GARCÍA-LLORENTE M, MARTÍN-LÓPEZ B, INIESTA-ARANDIA I, et al. The role of multi-functionality in social preferences toward semi-arid rural landscapes: an ecosystem service approach[J]. Environmental science and policy, 2012(19-20): 136-146.

④ THORBECK D. Rural design: a new design discipline[M]. Oxfordshire: Taylor & Francis Group, 2012.

⑤ 翟连峰. 小城镇建筑风貌的地域性表达研究：以渝东南地区为例[D]. 重庆：重庆大学，2011.

⑥ PATRICK N. British Townscapes[J]. Urban Studies, 1966(3): 268-270.

（2）村落景观与风貌特色相关研究。对村落景观与风貌特色的研究主要从自然环境景观风貌和人工环境景观风貌两方面展开。自然环境景观风貌与生态环境的研究常作为村落景观与风貌特色研究的基础，结合人工风貌的研究提出村落风貌评价、村落景观风貌解析、村落景观与风貌特色提炼等研究，结合人文风貌的研究提出生态服务、人文生态环境保护等交互性研究①②③④。

村落的风貌特色包括良好的开放空间建设、人性化的尺度、良好的建筑质量、顺畅的交通、适度开发的商业设施、怡人的自然景观、兼容性强的建筑功能、较强的空间围合感、整洁的村庄环境和具有地域特色等10方面内容⑤。Wheeler于21世纪初期总结了27种建筑景观风貌类型，包括小公共公园、公寓街区、校园、商业带、新城市主义街区、重工业、农村蔓延等⑥。在景观风貌中，人工环境景观风貌的特色塑造要强调与自然环境的和谐统一，Agnoletti认为乡村景观的历史特征对村庄的可持续发展有着深远的影响，需要更多的资金和政策来保护⑦。为了解决环境退化和污染问题，Foroor在日本农村地区开发了景观退化评估模型⑧。Rogge等人邀请农村居民、景观专家描述比利时乡村景观的关键因素，并应用到景观规划中⑨。Andrea等人在乡村景观风貌规划的过程中，研究建筑与景观之间的相互作用，分析建筑类型与景观之间的相互影响⑩。国外关于农村建筑与自然景观风貌

---

① 袁青，于婷婷，王翼飞. 二战后西方乡村景观风貌的研究脉络与启示[J]. 城市规划学刊，2017(4)：90-96.

② MILDER J C，HART A K，DOBIE P，et al. Integrated landscape initiatives for African agriculture，development，and conservation：a region-wide assessment[J]. World development，2014(47)：68-80.

③ ESTRADA-CARMONA N，HART A K，DECLERCK F，et al. Integrated landscape management for agriculture，rural livelihoods，and ecosystem conservation：an assessment of experience from Latin America and the Caribbean[J]. Landscape and urban planning，2014，129(0)：1-11.

④ ATIK M，ISIKII R C，ORTACESME V. Clusters of landscape characters as a way of communication in characterization：a study from side，Turkey[J]. Journal of environmental management，2016(11)：385-396.

⑤ ARENDT R. Rural by design：maintaining small town character[M]. Oxfordshire：Taylor and Francis Group，1994.

⑥ WHEELER S M. Built landscapes of metropolitan regions：an international typology [J]. Journal of the American planning association，2015，81(3)：167-190.

⑦ AGNOLETTI M. Rural landscape，nature conservation and culture：some notes on research trends and management approaches from a (southern) European perspective[J]. Landscape and urban planning，2014，126(0)：66-73.

⑧ FOROOD A D. Landscape degradation modelling：an environmental impact assessment for rural landscape prioritization[J]. Landscape Research，2012(5)：613-634.

⑨ ROGGE E，NEVENS F，GULINCK H. Perception of rural landscapes in Flanders：looking beyond aesthetics[J]. Landscape Research，2007(4)：159-174.

⑩ ANDREA D M，ANTONIO L，VITTORIO S，et al. A method for analysing and planning rural built-up landscapes：the case of Sardinia，Italy[J]. Land use policy，2017，62：113-131.

的研究见表 1.1。

表 1.1　国外关于农村建筑与自然景观风貌的研究

类别	主要研究内容	研究方法	数据	指标	作者
建筑风貌	农村建筑的更新改造与乡村景观的变化	影响分析	农场建筑的外观特征，862 份关于再利用模式和周边景观的评价问卷	对社会景观和建筑景观的影响评价	Van Der Vaart①
	旅游资源和新农村建筑的决策分析，基于旅游开发的农村可持续发展	GIS 与多准则评估的整合	土地利用、村落形态等空间数据	自然、视觉、经济、社会和环境等指标	Jeong et al②
	土地利用与景观规划法规分析，改进景观分类标准	基于 GIS 的土地适宜性分析	地形图、遥感图片	土地利用、形态、海拔、城市化、住房使用等	Tassinari et al③

① VAN DER VAART J H P. Towards a new rural landscape: consequences of non-agricultural re-use of redundant farm buildings in Friesland[J]. Landscape and urban planning, 2005(1-2): 143-152.

② JEONG J S, GARCIA-MORUNO L, HERNANDEZ-BLANCO J. Integrating buildings into a rural landscape using a multi-criteria spatial decision analysis in GIS-enabled web environment[J]. Biosystems engineering, 2012, 112(2): 82-92.

③ TASSINARI P, CARFAGNA E, TORREGGIANI D, et al. The study of changes in the rural built environment: focus on calibration and improvement of an areal sampling approach[J]. Biosystems engineering, 2010, 105(4): 486-494.

续表1.1

类别	主要研究内容	研究方法	数据	指标	作者
建筑风貌	基于使用反馈系统的西班牙古建筑的再利用	识别、描述、编目和记录农村建筑的方法	空间数据、航拍视图和照片	建筑物的功能、数量、结构特性、内部布局等	García et al①
	一种计算机辅助的景观整合方法，农业、工业建筑外观颜色分析	计算机分析、社会调查	建筑物和周边地区的照片	定义颜色的参数：色调、饱和度和亮度	García et al②
	景观整合的照片分析方法，建筑材料与外观纹理分析	计算机分析、社会调查	建筑物和周边地区的照片	纹理研究的参数：粒度、密度、对比度、规律性	García et al③

① GARCÍA A I, AYUGA F. Reuse of abandoned buildings and the rural landscape: the situation in Spain[J]. Transactions of the ASABE, 2007, 50(4): 1383-1394.

② GARCÍA L, HERNÁNDEZ J, AYUGA F. Analysis of the exterior colour of agroindustrial buildings: a computer aided approach to landscape integration[J]. Journal of environmental management, 2003, 69(1): 93-104.

③ GARCÍA L, HERNÁNDEZ J, AYUGA F. Analysis of the materials and exterior texture of agro-industrial buildings: a photo-analytical approach to landscape integration[J]. Landscape and urban planning, 2006, 74(2): 110-124.

续表1.1

类别	主要研究内容	研究方法	数据	指标	作者
自然景观与变迁分析	遥感和空间统计分析土地使用变化	动态分析	土地覆盖、森林资源清查、Landsat 遥感图像	土地利用变化	Pôças et al①
	乡村景观动态分析,农村景观的社会、经济和政治驱动力之间的关系	历史分析与景观特征分析	土地利用地图(1∶5 000),人口普查数据	测量要素:面积、自然要素、人文要素、人口密度、耕地等	Skowronek et al②
	景观服务与空间特征分析	网格化相关性的统计分析	地形图(1∶10 000)、标志性建筑、数字高程地图(5 m×5 m)	土壤类型、农村道路、自然景观等	Gulickx et al③

在实践方面,瑞士、加拿大等国家在建设中以塑造村落整体风貌特色为主旨,村落选址和布局与自然融合,结合地势地貌展开,与地方气候相适应,建筑单体设计上整体风格统一并富有变化。日本的村庄建设注重地域文化特色在景观风貌中的体现,日本于2004年实施的《景观法》对村落景观风貌的建设进行了指导,对村落的发展进行合理的引导与控制,使人文风貌得以保护与延续。

(3)自然与生态角度的相关研究。村落风貌是人工环境与自然环境的综合体现,结合自然资源与生态环境对村落风貌进行塑造也是体现村落特色的重要方面。村落风貌中人工要素与自然、人文要素相结合,体现了乡村人居环境中的自然生态

① PÔÇAS I, CUNHA M, MARCAL A, et al. An evaluation of changes in a mountainous rural landscape of Northeast Portugal using remotely sensed data[J]. Landscape and urban planning, 2011, 101(3): 253-261.

② SKOWRONEK E, KRUKOWSKA R, SWIECA A, et al. The evolution of rural landscapes in mid-eastern Poland as exemplified by selected villages[J]. Landscape and urban planning, 2005, 70(1-2): 45-56.

③ GULICKX M M C, VERBURG P H, STOORVOGEL J J, et al. Mapping landscape services: a case study in a multifunctional rural landscape in the Netherlands[J]. Ecological indicators, 2013, 24(1): 273-283.

与人文生态特色。伊恩·伦诺克斯·麦克哈格(Lan Lennox Mcharg)在《设计结合自然》一书中提出人的建设活动要依托自然环境,因此以保护与合理利用自然环境要素为出发点进行景观规划与设计,系统地阐述了景观设计中的生态观,将景观设计的理念上升到一个新的高度①。在村落景观风貌塑造上,结合村落自然资源与生态环境的设计方法对村落风貌的提升有着重要的意义。Natorri 等提出视觉与自然景观融合的农村环境保护规划,根据植被、地形、斑块大小、栖息地要求、景观措施以及个人判断和感知确定景观保护区土地利用方案②。荷兰的村落景观风貌规划以土地管理与整理为指导,土地利用中注重生态环境的保护、景观品质的提升③。在从自然生态角度出发的村庄建设实践中,德国以保护自然环境为出发点,通过政府主导结合公众参与的模式确定村落建设方案,将村落与周边自然环境相融合,呈现出独特的村落自然风貌特征④。韩国在村落建设中通过湿地将污水净化处理,自然风貌特色鲜明⑤。

(4)政策法规角度的相关研究。国外针对乡村规划与风貌建设提出了乡村环境规划、基础设施规划、乡村发展与保护、乡村环境整治、历史风貌保护等方面的规划策略与法规(表 1.2)。从政策法规角度进行的研究集中在自然环境、自然资源保护层面。Primdahl 等通过对农村政策的梳理,分析市场和可持续发展策略对农村景观的影响,提出基于公众参与的乡村景观综合规划,制定景观规划策略⑥。澳大利亚的“空间开发管制政策”特别强调农村建设中对自然与生态要素、人文与地域文化要素的保护,村落建设应不破坏周边的自然环境并延续地域文化⑦。英国的政策法规提出了对村落建设中的生态、人文等方面内容的要求,在“生态环境保护政策”中从土地开发、农业等方面对农村发展进行约束,注重对环境的保护;在“绿带限制开发政策”中通过绿带控制农村地区的发展建设,对提高村镇绿化、改

---

① 伊恩·伦诺克斯·麦克哈格.设计结合自然[M].芮经纬,译.天津:天津大学出版社,2006.

② NATORRI Y,FUKUI W,HIKASA M. Empowering nature conservation in Japanese rural areas:a planning strategy integrating visual and biological landscape perspectives[J].Landscape and urban planning,2005,70(3-4):315-324.

③ CANTERS K J,DENHERDER C P,DEVEER A A,et al. Landscape-ecological mapping of the Netherlands[J]. Landscape ecology,1991,5(3):145-162.

④ CEPL J. Townscape in Germany[J]. The Journal of architecture,2012(5):777-790.

⑤ 金俊,金度延,赵民. 1970—2000 年代韩国新村运动的内涵与运作方式变迁研究[J]. 国际城市规划,2016,31(6):15-19.

⑥ PRIMDAHL J,KRISTENSEN L S,SWAFFIELD S. Guiding rural landscape change :current policy approaches and potentials of landscape strategy making as a policy integrating approach[J]. Applied geography,2013(8):86-94.

⑦ 季皓聪. 浅析澳大利亚国土资源规划与保护[J]. 国土与自然资源研究, 2021(1):51-54.

善环境十分重要①；在《国家公园和享用乡村法》中将地域与人文特色保护作为重点，通过延续地方文脉提升乡村景观风貌。

表 1.2　各国乡村规划策略与法规及风貌特征比较

国家	规划策略与法规	主要措施	风貌特征
美国	乡村商业发展规划、乡村设施规划、乡村环境规划等100余项规划	完善乡村基础设施；乡村规划充分利用自然环境，保留水体、林地、湿地等自然资源；重视规划的公众参与	美国乡村具有多样化的乡村景观风貌类型，大多有完善的公共基础设施，并注重与周围环境的协调规划，突出本土化风貌
加拿大	多样化基础设施建设规划、乡村农业可持续发展政策等100余项规划	促进国际化农业发展与对外出口；保护乡村不可再生的生态自然资源；大力推进乡村健康规划等	约95%的国土面积都呈现开放性的自然乡村景观；多数乡村聚落规模较小，以大型农场为中心构成乡村主体
日本	村落地区整治建设法、维护及改善地区历史风貌相关法、景观法等30多部法律	第二次世界大战后陆续采用造街运动和造乡运动，以"一村一品"为目标发展乡村景观风貌，并拓展到环境改善、文化保护等方面	注重对乡村景观要素的经营，通过对森林、水系、生产、建筑及民俗文化等乡村特色景观的营造，形成聚落景观、生产景观、民俗文艺共存的复合景观风貌
英国	乡村发展与保护政策、乡村中心居民地规划与政策、乡村结构规划等	确立长期乡村生态化更新策略；逐步合并中小型乡村；建立空间时序规划，节约投资管理成本等	以农业景观为主，存在多元乡村景观类型，包含庄园、农舍、园林等；乡村具有独特的工业景观，包括乡村煤田、矿产、纺织厂及工厂倒闭后的工业遗址

① 龙花楼，胡智超，邹健. 英国乡村发展政策演变及启示[J]. 地理研究，2010，29(8)：1369-1378.

续表1.2

国家	规划策略与法规	主要措施	风貌特征
德国	农业法等农业保护法令，乡村基础设施建设政策、乡村生态保护政策等	优先考虑乡村基础设施建设；重视传统建筑保护和古建筑保护；注重生态环境保护和农业安全；注重公众参与等	城乡发展均衡，乡村环境优美，兼具田园风光与完善的基础设施和公共服务设施；乡村历史建筑保存完好，且新建区域与周边人工和自然环境相协调
法国	乡村更新规划、乡村整治规划、区域自然公园规划等	提高农业发展水平，建立生产合作组织；提升基础设施建设，鼓励土地集中；保护乡村原有历史文化和自然生态等	以农业景观为主，保有原生态自然景观和传统法国乡村建筑风格（建筑特点为陡峭的四坡顶或侧山墙屋顶）

2.数据库系统设计、处理与实现的相关研究

数据库系统（database system）是应用数据库技术实现对数据的管理、分析等操作运算的工具。数据库的数据管理最早是依托Univac系统通过磁片对数据进行储存。数据库技术诞生于20世纪60年代，发展至今，甲骨文公司开发的Oracle数据库、微软公司开发的SQL Server和Microsoft Access等数据库，其管理系统在技术与功能上已经十分成熟并且得到广泛的应用，国外在数据库系统的开发与应用研究方面成果颇丰。

（1）数据库系统基础相关研究。戴特（C. J. Date）于1957年编著了*An Introduction to Database Systems*一书，对数据库系统进行了详细的阐述，介绍了数据库系统的基本概念、数据关系、逻辑结构、数据库系统开发设计等内容，为数据库系统的开发与研究奠定了基础[①]。杰弗里·乌尔曼（Jeffrey Ullman）和珍妮弗·维多姆（Jennifer Widom）于1988年出版的*Database System Based Tutorial*一书是数据库系统设计与开发的另一经典著作，通过开发原理与实际案例相结合的方式对数据库系统设计的流程进行详细的介绍；案例包含了关系型与非关系型数据模型

① DATE C J. An introduction to database systems[M]. America: Professional Publishing Group, 1957.

等内容，并对数据库结构化查询语言进行了介绍，奠定了数据库系统开发与实际操作运用的基础①。丹尼斯·麦克劳德（Dennis Mcleod）对数据库与数据库系统之间的概念、功能与应用等方面进行了对比分析，系统地阐述了二者之间的关系②。

（2）数据库系统设计相关研究。在数据库系统理论研究的基础上，国外开展了丰富的数据库系统设计实践研究。帕特里克·奥尼尔（Parick O'Neil）等于1991年出版了 *Database Principles：Programming and Performance*，书中主要探讨了数据库系统设计的方法，以满足不同的功能需求，结合数据库的基本原理对数据调动的程序编写、数据库结构、数据库系统的功能与性能等方面做了深入的阐述③。戴特（C. J. Date）于1992年出版的 *An Introduction to Database Systems* 阐述了数据库系统规范化设计的相关内容，尤其是对关系型数据库的设计与开发做了理论层面的介绍，促进了关系型数据库的发展与应用④。康诺利（Connolly）于1995年出版的 *Database Solutions：A Step by Step Guide to Building Databases* 在戴特的基础上对数据库系统的功能开发与实际运用进行了拓展，明确了数据库系统设计的流程，在开发功能需求的基础上选用适合的数据库管理系统进行数据库的应用与功能开发⑤。

（3）数据库系统处理与实现相关研究。数据库系统是包含数据库（database）、数据库管理系统（database management system）、用户与操作界面等在内的综合系统。数据库系统通过结构化查询语言实现对数据的提取与运算处理，因此规范化的数据结构是保障数据库系统运行的关键。克罗恩克（D. M. Kroenke）在其编著的 *Database Processing Fundamentals，Design，and Implementation* 一书中从数据库的建构与设计基础出发，详细阐述了数据库开发的规范化设计，并通过 Microsoft Access、SQL Server 等提出数据库系统开发的具体模型与技术应用⑥。加西亚-莫利纳（Garcia-Molina）等于1999年出版的 *Database System Implementation* 对数据库

---

① ULLMAN J D, WIDOM J. A first course in database systems[M]. 3rd edition. London：Pearson Education, 2008.

② MCLEOD D. Database system interoperation (tutorial session) [C] //Proceedings of the second international conference on parallel and distributed information systems. IEEE computer society Press, 1993：2-3.

③ O'NEIL P, O'NEIL E. Database principles：programming and performance[M]. Alabama：Educational Professional Group, 1991.

④ DATE C J. An introduction to database systems[M]. 8th edition. Boston：Addison Wesley Professional, 2003.

⑤ CONNOLLY T M. Database solutions：a step by step guide to building databases[M]. 2nd edition. Boston：Addison Wesley, 2003.

⑥ KROENKE D M. Database processing fundamentals, design, and implementation[M]. London：Macmillan publishers ltd., 1994.

系统的实现与数据库管理系统的应用进行研究，从数据的储存、查询、管理、维护等方面提出数据库系统的应用，为数据库系统的开发与维护奠定了基础①。

3.数据库系统在建筑与规划领域中的应用

关于国外数据库系统在建筑与规划上的研究与应用，本书通过关键词"urban planning"与"database"进行检索，得到597篇文献，通过近15年来文献数量变化可以看出，城市规划领域中数据库相关的研究热度在逐渐升高(图1.12)。检索文献中主要的研究内容包括城市研究、景观生态学、建筑技术、公共行政、社会问题、公共环境与职业健康等内容(图1.13)。

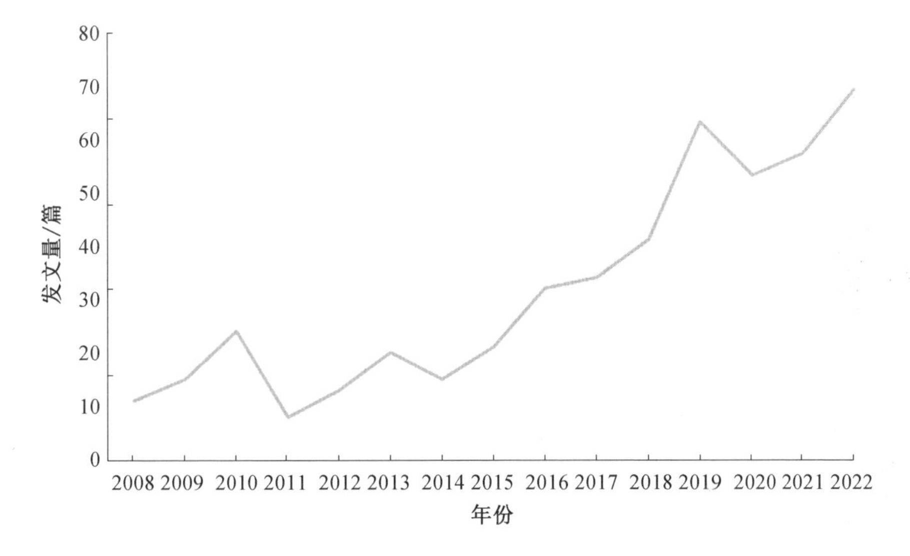

图1.12 数据库在建筑与规划领域相关文献数量变化

① GARCIA-MOLINA H, ULLMAN J D, WIDOM J. Database system implementation[M]. London: Prentice Hall, 1999.

图 1.13　在建筑与规划领域数据库作为关键词检索分布情况

(1)在城乡规划方面的研究。城乡规划往往包含着风貌相关的要素与内容,数据库系统层面常采用 GIS 作为研究分析的辅助工具。美国的城市规划通过 GIS 实现对空间数据的处理与可视化,收集土地利用、人口、经济、交通、基础设施等信息,从而建立数据库,应用于不同规划分析中。此外,在规划方案设计过程中,可通过 GIS 对规划选址、场地地形、容积率与建筑密度等进行计算分析。

在景观规划中,Kristina Nixon 等在美国密歇根东部景观变迁分析研究中建立了包括地形地貌、气候条件、水体与山体、道路与建筑等景观要素的数据库,通过 GIS 平台实现对景观变迁的可视化分析①。Kinoshita 等提出了色彩数据库与规划支持系统以改善城镇景观(图 1.14),该系统基于城镇景观的印象、色彩协调性、色彩变更成本三个要素来实现风貌色彩的最佳组合②。Shen 与 Kawakami 在日本城镇风貌规划与设计中开发了可视化的数据库系统,以便在地方规划委员会内就景观风貌设计达成共识;参与者可以选择数据库内的设计元素,将不同的选择方案展现出来,通过 VRML(虚拟现实建模语言)世界中生成的虚拟城镇景观动态场景进行方案的比较分析(图 1.15)③。

---

① NIXON K, SILBERNAGEL J, PRICE J, et al. Habitat availability for multiple avian species under modeled alternative conservation scenarios in the Two Hearted River watershed in Michigan, USA[J]. Journal for Nature Conservation, 2014,22(4):302-317.

② KINOSHITA Y, COOPER E W, HOSHINO Y, et al. A townscape evaluation system based on Kansei and colour harmony models[C]// IEEE Xplore. 2004 IEEE International Conference on Systems, Man and Cybernetics. New York: IEEE, 2004:327-332.

③ SHEN Z J, KAWAKAMI M. An online visualization tool for internet-based local townscape design[J]. Computers, environment and urban systems, 2010,34(2):104-116.

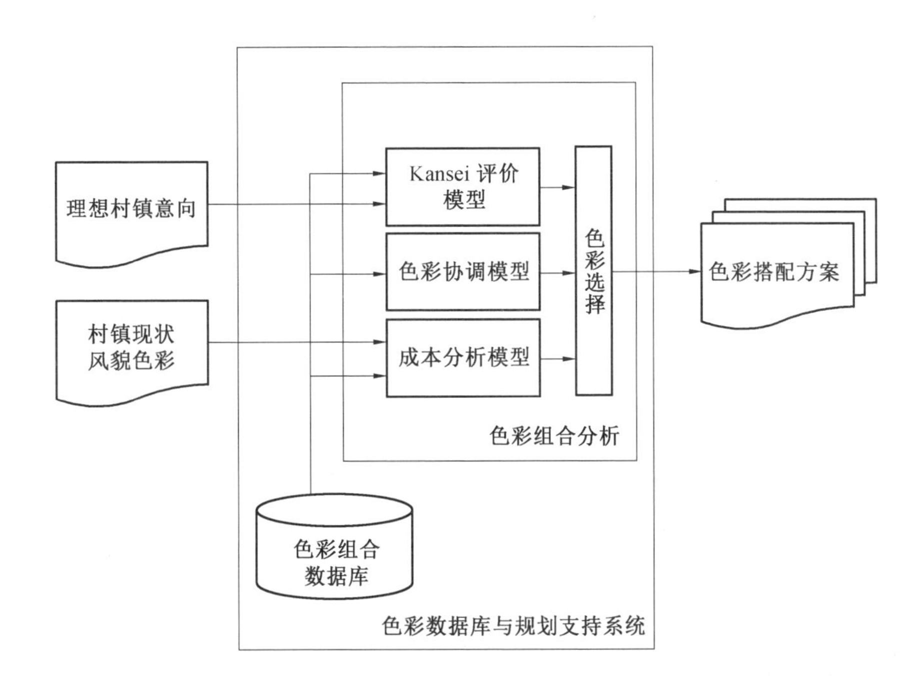

图 1.14 色彩数据库与规划支持系统应用流程①

(2)在建筑风貌保护中的研究。国外对于建筑遗产与建筑风貌保护方面通过运用数据库系统对保护建筑进行管理。在建筑风貌保护中,从对建筑风貌的要素与层次解析入手,确定不同层次的风貌信息,建立包括建筑风貌、人文与环境要素在内的数据库。其中,建筑风貌要素主要有建筑布局与肌理、风格、体量、高度、材料与颜色等方面内容,人文要素包括地域特色、文化习俗、宗教信仰、节庆活动等方面内容,环境要素包括山体、水体、地形地貌、地方植物等方面内容②。美国于1995年颁布了针对历史建筑保护、修缮与更新维护的相关规定,从建筑的特征、内部空间、外部环境、能源与资源的利用、附属建筑与设施管理等方面提出技术要求,对完善建筑风貌保护数据库与历史建筑风貌研究有着重要的指导作用。

① KINOSHITA Y, COOPER E W, HOSHINO Y, et al. A townscape evaluation system based on Kansei and colour harmony models[C]// IEEE Xplore. 2004 IEEE International Conference on Systems, Man and Cybernetics. New York: IEEE, 2004:327-332.

② KOLONIAS S A. Charter for the conservation of historic towns and urban areas[J]. Encyclopedia of Global Archaeology, 2020:2183-2184.

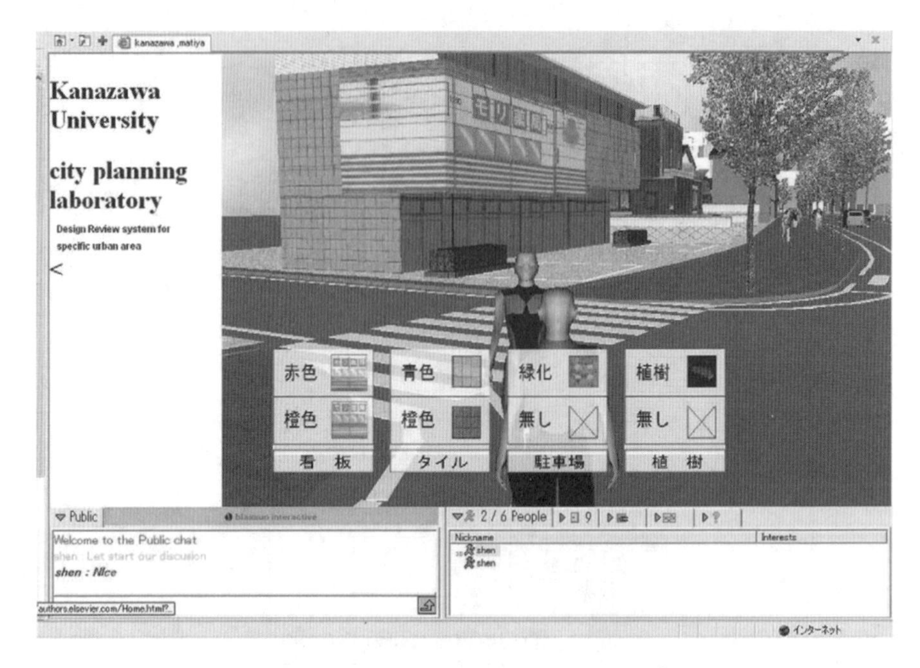

图 1.15　虚拟场景中对街道的设计选择①

(3)在建筑评价中的研究。国外建筑评价中数据库系统的应用研究多集中于对绿色建筑的评价分析,通过建立绿色建筑体系与评价标准确定数据库的框架,如英国建筑研究院绿色建筑评估体系(BREEAM)包含建筑材料、废弃物、能源与资源利用等八方面内容。日本建筑物综合环境性能评价体系(CASBEE)包含建筑室内环境、室外环境、资源、能源四方面内容②,室外环境包括建筑周边的街道、市政设施等人工要素以及地域传统与文化等人文要素。不同的评价标准指标可为风貌数据库的数据收集与数据体系建立提供参考。

1.3.3　国内外相关研究述评

1.村落风貌相关研究

(1)理论研究与关注内容。我国众多学者对村落风貌的内涵、层次、特征及要素做了深入的阐述。村落层面对风貌的研究主要从风貌的类型、构成要素、风貌特色与内涵等方面展开,并对村落所在地域的传统文化、自然环境进行保护,探讨了

① SHEN Z J,KAWAKAMI M. An online visualization tool for internet-based local townscape design[J]. Computers,environment and urban systems, 2010,34(2):104-116.

② 袁媛,高珊. 国外绿色建筑评价体系研究与启示[J]. 华中建筑,2013(7):5-8.

村落风貌的塑造与特色延续;但国内缺乏对风貌规划法规制定与管制体系相关的研究,尤其是在村落规划中,风貌规划经常被遗漏或是仅作为城乡规划编制的专题规划,没有发挥应有的引导作用。此外,对风貌的评价方法尚未成熟,评价的结果主观性较强,因此数据库系统作为量化的风貌评价工具的研究便十分重要。国外从自然生态、景观塑造、法律法规及政策制定等方面展开了大量研究,对自然环境、人文资源等重要风貌信息与风貌特色资源的保护与利用十分重视,但多从城市规划、城市设计、景观规划的角度进行研究,针对乡村聚落以建筑与建筑群体组合为出发点的风貌研究相对较少。

(2)建设实践与发展趋势。国内在村落风貌规划设计与风貌的保护传承方面开展了大量的实践工作,尤其是对传统村落的开发与保护成为近年来关注的热点。当前农村发展受到各级政府的重视,针对村落风貌进行系统的研究具有重要的现实意义。目前对东北严寒地区村落风貌的研究较为薄弱,东北严寒地区具有鲜明的地域文化、生产生活方式、村落形态等方面的特征,研究村落风貌对制定合理的风貌特色塑造与规划提升策略具有积极的现实意义。国外强调结合环境特征、地方传统对村落风貌进行塑造。在城市设计方面,对城市中各风貌要素的控制与塑造进行解析,注重城市风貌规划与城市设计中历史风貌的传承和保护。

2.数据库系统相关研究

(1)数据库系统的理论研究与应用领域。国内数据库系统的研究更多关注气象监测、交通、医疗、银行与金融等信息管理方面。对国内外数据库系统进行研究解析可以发现,数据库系统在各个领域的推广与应用成为未来的发展趋势。在城乡规划领域中,可借助数据库系统对多时间维度、多样本数据的储存、运算与分析处理功能,为规划编制与研究提供技术支持及信息平台,有利于东北严寒地区农村信息的收集、整理、储存、管理、维护,对促进东北严寒地区农村建设、提升农村管理效率等方面具有重要的现实意义,也为村落风貌规划、美丽乡村设计等专项规划编制提供基础数据。国外对于数据库系统的理论研究主要从数据库的内部结构、逻辑关系以及数据库系统的开发原理、功能拓展与应用等方面展开,形成了比较成熟与完善的理论体系,特别是在关系型数据库中数据结构分析与功能实现等方面的研究对东北严寒地区村落风貌数据库的构建有着重要的指导意义。

(2)数据库系统在城乡规划方面的研究内容。我国关于数据库的设计及应用方面多集中于数字城市建设、建筑市场管理、建筑碳排放计算与管理等方面。目前,针对农村地区风貌的应用较为欠缺,尤其是对东北严寒地区村落风貌与数据库的应用研究还很薄弱，缺乏适应严寒地区气候、满足农村建设能力与使用需求的数据库。因此，东北严寒地区村落风貌数据库的研究与数据库系统的开发对推动东北严寒地区农村信息化发展具有重要的现实意义。国外通过数据库系统对自然环境、土地利用、建筑、基础设施等信息进行管理，通过与 GIS、虚拟现实技术（VR）等的结合，为城市规划、城市设计、建筑设计等方面提供了技术支持。

1.4 研究方法与技术路线

1.4.1 研究方法

村落风貌数据库系统的构建是基于村落风貌现状信息解读、风貌规划与数据库系统相关技术展开的，因此本书的研究方法主要为：

(1)文献研究法。通过对纸质资料与网络电子资料内的相关研究著作、期刊论文、学位论文、国家与地方相关规范和标准等的梳理，根据本书不同研究章节与对应内容将文献进行分类，进一步提取可供参考并具有指导意义的村落风貌与数据库系统相关研究内容。

(2)实地调研法。本书的研究资料与数据的获取依托东北严寒地区典型村落的调研，通过问卷调查、入户访谈、现场踏勘拍照与政府相关部门资料汇总等方式对 28 个村落风貌相关信息进行收集，使村落风貌的调查更加深入全面，为后续的研究工作奠定基础。

(3)统计分析法。本书多次采用统计分析的方法对风貌数据进行处理。在村落风貌现状调研中，对村落统计数据、风貌调研信息等进行统计分析，以便深入了解东北严寒地区村落的现状特征。在基础数据库与标准数据库的构建中，采用德尔菲法、因子分析法等方法确定村落风貌信息体系、评价指标体系与量化引导指标框架等内容。

(4)综合评价法。采用网络分析法（ANP）与 TOPSIS 综合评价法相结合的方式对东北严寒地区 28 个样本村落的风貌发展水平进行综合评价分析，挖掘不同类型的 28 个样本村落的风貌现状与主要特征，为制定风貌规划策略提供依据。

1.4.2 技术路线

本书的技术路线如图 1.16 所示。

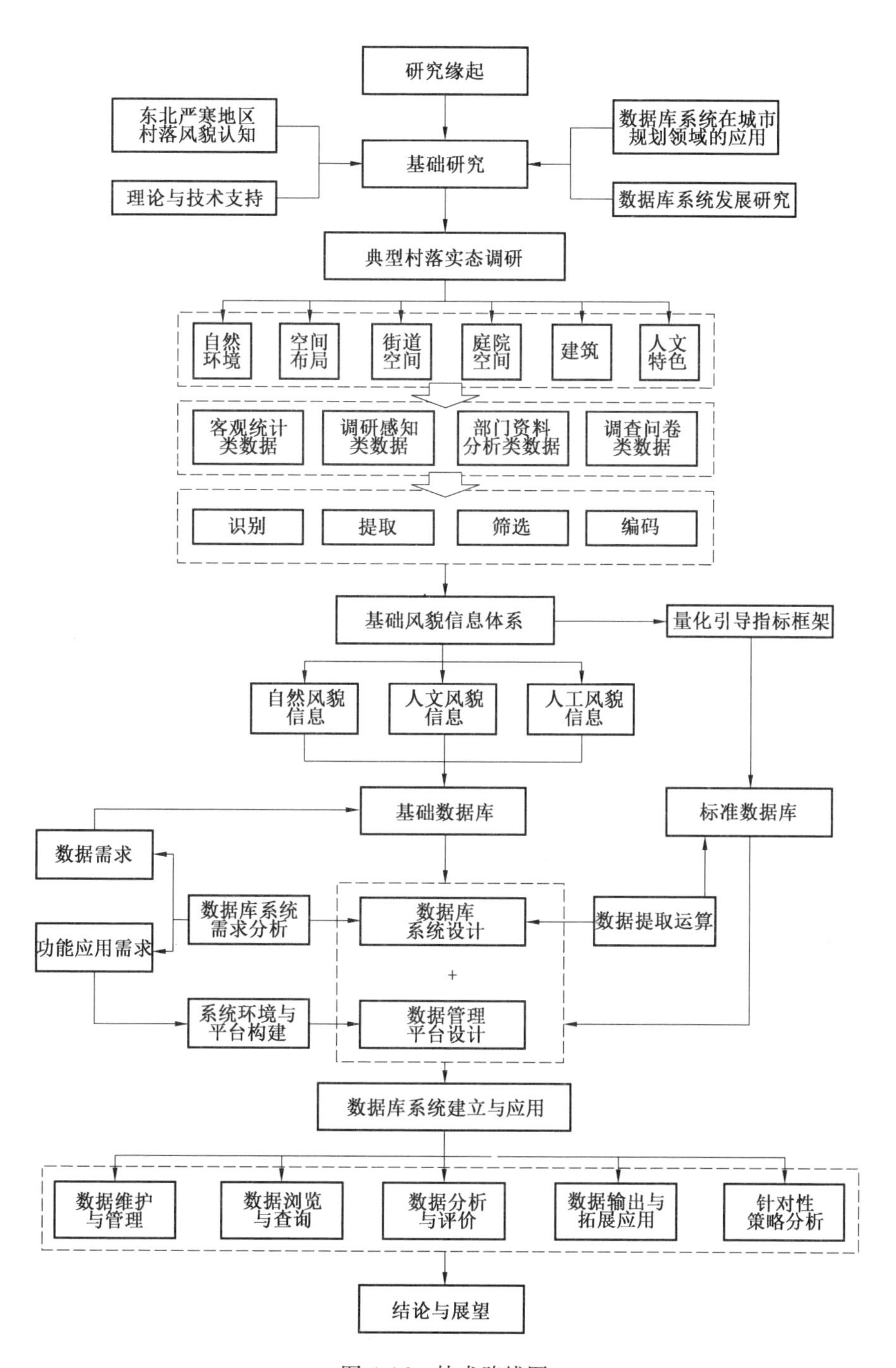

研究缘起
东北严寒地区村落风貌认知
理论与技术支持
基础研究
数据库系统在城市规划领域的应用
数据库系统发展研究
典型村落实态调研
自然环境
空间布局
街道空间
庭院空间
建筑
人文特色
客观统计类数据
调研感知类数据
部门资料分析类数据
调查问卷类数据
识别
提取
筛选
编码
基础风貌信息体系
量化引导指标框架
自然风貌信息
人文风貌信息
人工风貌信息
基础数据库
标准数据库
数据需求
数据库系统需求分析
功能应用需求
数据库系统设计
+
数据提取运算
系统环境与平台构建
数据管理平台设计
数据库系统建立与应用
数据维护与管理
数据浏览与查询
数据分析与评价
数据输出与拓展应用
针对性策略分析
结论与展望

图 1.16 技术路线图

第2章　村落风貌的基础研究

村落风貌是在特定地理环境、气候条件的影响下随着人们长期的生产生活而逐渐形成的，具有自然性与地域性等属性。对村落风貌的研究应剖析村落风貌所包含的要素与特征，梳理村落风貌规划相关内容；在此基础上，以对数据库技术与不同数据库系统应用特征的解析，作为东北严寒地区村落风貌数据库系统构建的研究基础。

2.1　风貌研究相关理论基础

对风貌研究产生影响的理论思想源起于19世纪末期对城市空间形态的研究，以形式与秩序的美感为主，如城市美化运动、“田园城市”等。20世纪60年代以后，随着形态学、类型学、社会学、环境科学的发展，对风貌的研究趋向多角度、多元化。本书以系统科学理论、空间形态理论、场所文脉理论、环境认知与意向理论为理论基础（图2.1），探索东北严寒地区村落风貌数据库系统的构建与应用。

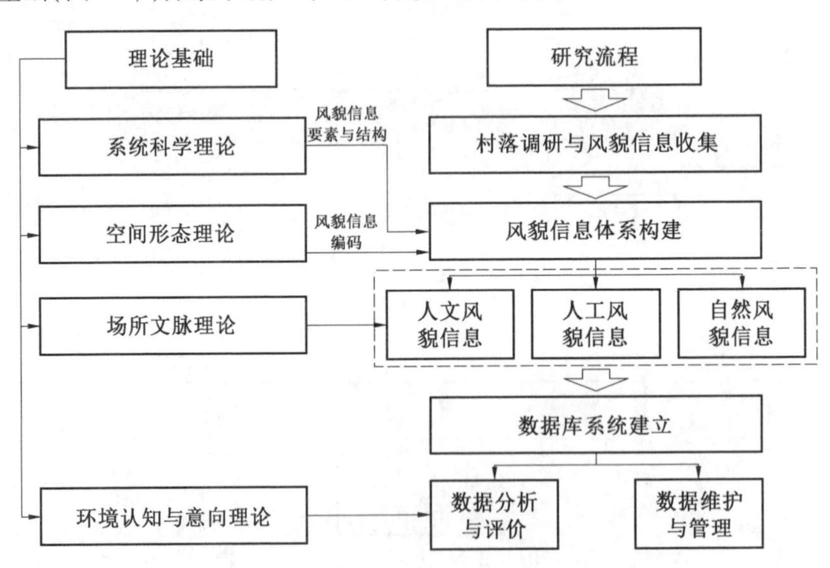

图2.1　相关理论在本研究中的借鉴与应用

2.1.1　系统科学理论

一般系统论认为,要素、结构和功能构成一个完整的系统,系统的特征主要包括整体性、秩序性、关联性、动态平衡性等。系统是动态开放的,它总是在与外部环境的物质、能量与信息交流中存在并发展着①。系统是由相对应的要素组成的,要素之间通过一定的结构关系、秩序,形成了系统的特性②。

城乡作为一个复杂的巨系统,具有动态和开放特性。城乡风貌作为城乡物质空间与精神内涵的统一体,属于城乡巨系统中体现城乡空间个性与特色的分支系统,也具有系统的基本特性。C.亚历山大(Christopher Alexander)在 1987 年出版的《城市设计新理论》一书中将城市看作一个复杂的系统,并提出城市系统具有自适应的特性。亚历山大认为传统城市拥有独特风貌特征的原因在于城市中小到装饰构件大到公共建筑都体现出一种整体统一的面貌,在城市设计中确定城市的整体感十分重要。因此建筑设计与城市规划都应得到统一的引导,所有的设计应遵循城市内总结提炼的建筑模式语言,由社区与使用者的意愿来维护城市系统的协调与秩序。

城乡风貌的规划与研究可借鉴系统科学理论的研究方法,其对复杂性强、控制难度大的城乡风貌规划与提升有着重要的指导意义。系统科学理论对村落风貌信息体系的构建同样具有较强的参考价值,有利于对村落风貌形成系统性与结构性的认识,理清不同风貌要素之间的关系,形成清晰的村落风貌系统研究框架,实现对村落风貌要素的提取、结构层次划分与提炼以及主导关系的分析。

2.1.2　空间形态理论

城乡空间系统包含形态、类型、和拓扑三种最基本的关系,各种要素以一定的拓扑关系结合在一起,表现出特定的空间形态,这三种关系在空间环境的各个层面都存在并起作用。风貌规划可借助类型学、形态学方法探索出城乡空间和建筑的“原型”,以获得本质意义。类型学和形态学方法都是对“原型”的研究,因此对城乡风貌在时间和空间的变迁中保持整体性和延续性来说很有意义③。

---

① 冯·贝塔朗菲. 一般系统论:基础、发展和应用[M]. 林康义,魏宏森,译. 北京:清华大学出版社,1987.

② 王晖. 科学研究方法论[M]. 上海:上海财经大学出版社,2004.

③ 陈纪凯. 适应性城市设计——一种实效的城市设计理论及应用[M]. 北京:中国建筑工业出版社,2004.

1.形态学

“形态学”最早应用于对生物的形态研究，逐渐形成了“行”的概念。随后，对形态的研究逐渐拓展到地理、规划、建筑等领域，尤其是在对城市形态的相关研究中，借鉴早期生物研究的范式，将城市看作有机体。“城市形态学”（urban morphology）的概念由莱利（J. B. Leighly）于1928年正式提出，奠定了城市形态研究的基础，在此基础上形成了城市形态学三个重要的学派。

城市形态学中主要的研究方法是对城镇平面布局的解析，Conzen对英国小城镇的发展过程与平面肌理进行了总结，提炼出城市形态主要的三个要素：土地利用（land utilization）、城镇平面规划（town plan）与建筑形式（building form）①，以土地利用为基础，通过对城镇平面规划与建筑形式的设计，形成了城镇形态与肌理。

通过对城市演变过程的分析、城市形态形成的机制解析与描述等，形成了系统的城市形态学理论体系，并拓展到对历史街区的保护与管理等方面的研究。对村落风貌的研究可借鉴城市形态学对城市平面构成要素的解析，包括土地利用、平面肌理、街道与建筑形式等，以及建筑与城市平面类型分类等研究，对构成村落风貌的要素、外在形式，村落形态的内在组织、内在结构及其文化内涵进行系统的解析。

2.类型学

空间形态理论以类型学为主，应用于城乡空间与风貌规划相关研究中。类型学是对分类研究理论的阐述，应用到城乡空间则表示按照物质空间所关联的功能与价值及其形式形态特征进行类别区分和归纳，从共性与规律去辨识若干具备一般性特点的物质空间形态，作为空间研究的基础和原型。城乡的发展是一个有生命的客观存在，新的建筑、建筑群体和城乡的产生都是旧的城乡生长、繁殖的结果。城乡风貌可通过一种分组归类的方法体系，把具有相似结构特征的建筑和环境归纳分类，并在此过程中呈现特定的文化价值。

19世纪末期，随着欧洲工业化的快速发展，欧洲各个国家的城市化进程也不断加快，城市不断扩张，形成了早期的以功能布局为主导的城市结构。奥地利建筑师、规划师卡米诺·西特（Camillo Sitte）于1889年出版的《城市建设艺术——遵循艺术原则进行城市建设》一书对现代城市中方格网式机械化的城市结构进行了批判，认为由方格网道路划分出不同功能区的规划方式是规划师为回避解决城市问题而创设的。他结合对中世纪城市空间形态的分析提出城市规划与设计应遵循艺

① CONZEN M R G. Thinking about urban form: papers on urban morphology, 1932—1998[M]. Oxford: Peter Lang, 2004.

术设计的原则，塑造风格鲜明的城市风貌，清晰地表达城市空间内建筑与人的关系，给人视觉上的美感。

1966 年，阿尔多·罗西通过类型学的方法对城市的形式与组合进行了研究，提出对城市物质空间的研究要注重系统性与科学性的分析[①]。列昂·克里尔与罗伯·克里尔在罗西的基础上，对城市内不同的要素进行系统的分类，形成了城市形态学的研究方法与理论框架。1975 年，罗伯·克里尔出版了《城镇空间》一书，对欧洲城市中典型城市空间进行分析，应用类型学的方法探索城市空间[②]。罗伯·克里尔认为城市是城市内建筑、街道开敞空间相结合的结果，因此他将城市空间定义为建筑所有空间类型的集合。不同城市空间形态都可归纳为方形、圆形与三角形三种“原型”，通过三种“原型”进行插入、分解、重合、变形等变化而形成（图 2.2）。

类型学与形态学为村落风貌信息的编码提供了理论基础。对村落风貌的研究很难面面俱到，因此通过对村落风貌按照一定的结构、层次与模式进行总结和分类是十分重要的，类型学为此提供了有效的分析方法与理论依据。通过类型学理论的应用，对不同风貌信息进行归类与总结，提出与风貌信息相对应的不同“原型”并编码，便于对村落风貌特征的总结与村落风貌数据库内风貌信息的储存和统计分析。

3.拓扑学

拓扑学起源于图论、图算法等研究。拓扑学通过将具象的形态进行抽象分析，总结组成形态的内在结构要素与组织规律，将形态作为一个整体，探讨各元素的联系与元素本身的特性。拓扑学在对城乡空间相关研究中的应用，可以解析城乡空间复杂的组织关系与内在的逻辑，量化分析城乡空间形成的机理。

与城市的发展与建设不同，乡村聚落多由村民自发建设而成，较少受到统一的规划的干预。因此，村落中街道、庭院与建筑等风貌更多体现了地域特征，村落风貌受气候条件、地形地貌、经济与建造水平的影响形成了与自然相融合的风貌类型和空间形态。自然、经济、社会环境的变化对于风貌内在结构与外在形态都会产生影响，村落风貌在演变中通过对环境的适应做出调整，不断产生变化。如在特殊的

① 阿尔多·罗西. 城市建筑学[M]. 黄士钧，译. 北京：中国建筑工业出版社，2006.

② 罗伯·克里尔. 城镇空间：传统城市主义的当代诠释[M]. 金秋野，王又佳，译. 北京：中国建筑工业出版社，2007.

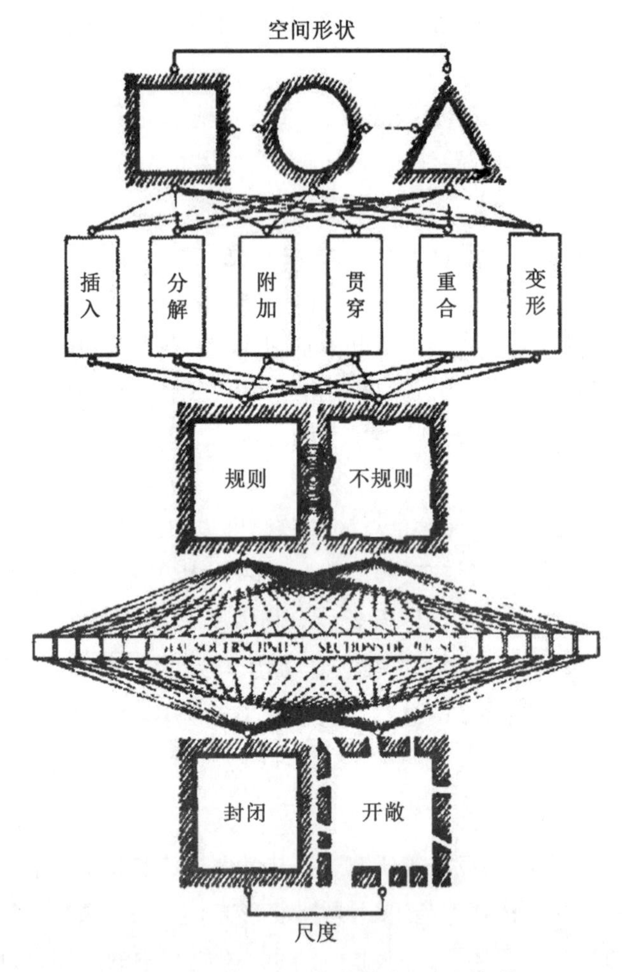

图 2.2　罗伯·克里尔的城市空间图解①

自然环境中,村落的空间布局、路网形态、建筑与庭院布局模式等体现出了对地形地貌的适应性,形成了独特的村落空间布局形态与肌理,特定的地貌环境内的村落风貌也具有相似性。因此,将拓扑学应用在村落风貌的研究中,可以探寻风貌形成的内在动因和各风貌要素之间的联系与组织关系。

村落风貌研究融合了多种学科与多种研究方法,不同研究方法的技术手段不同、理论内涵不同,但都通过事物的现象挖掘其本质。对村落风貌的研究可借鉴拓扑学的原理,将村落风貌抽象化,研究风貌演变发展的内在机制,通过对不同风貌

① 罗伯·克里尔. 城镇空间:传统城市主义的当代诠释[M]. 金秋野,王又佳,译. 北京:中国建筑工业出版社,2007.

要素与特征的探讨,掌握具有不同地域特点村落风貌的形成与发展建设特色。

2.1.3　场所文脉理论

场所文脉理论是对现代主义建筑中忽略建筑周边环境与文脉,只追求现代建筑主义风格的批判,是建筑现象学的主要内容。挪威建筑理论家诺伯格·舒尔茨(Norberg Schulz)对场所的空间、特征与场所的结构进行了深入研究,如图 2.3 所示。舒尔茨认为场所是特定的空间中由人类活动所产生的人与场所、人与建筑、建筑与场所之间的积极作用与复杂关系,并通过这种关系将场所内的要素联系在一起。因此场所具有清晰的空间界限,承载了人与活动的情感与记忆,场所不仅具有物质上的空间形式,还具有人文与精神上的内涵。当场所内的时间、空间与人的活动和特定的社会文化及历史背景产生关系时,场所内也就产生了某种文脉含义①。

舒玛什于 1971 年发表的《文脉主义:都市的理想和解体》(*Contextualism: Urban Ideals and Deformations*)一文对文脉主义进行了解析,他认为文脉主义是对城市中现有的内容进行保护,挖掘其存在的价值,使城市内新建设的内容与已有内容有机融合。文脉是人与建筑、城市空间、城市文化之间的关系,城市特色的塑造可通过强化这种关系来实现。阿尔多·罗西在《城市建筑学》一书中指出城市的形象要比城市的作用更重要,城市的形象与象征性是通过城市居民的生活、工作、休憩等活动而产生的。柯林·罗在《拼贴城市》一书中对城市规划中忽略城市文化的多元性进行了批判,城市是由不同历史时期、不同形式与功能的区域拼贴而成的,城市规划中应注重对城市肌理与文脉的保护和延续,塑造具有历史文化底蕴及内涵的城市空间形象。文脉主义的思想对城乡风貌规划的指导意义在于尊重城乡风貌的历史与场所的文脉,避免风貌更新中大拆大建的方式,主张在延续城市肌理的基础上通过循序渐进的方式进行改造。

城乡空间由不同的场所按照一定的结构与关系组成,不同场所受特定的历史文化与地域及民族特色影响而形成独特的文脉,富有独特精神特质的场所往往是城市中最受欢迎与最具活力的空间。场所文脉理论是对地方文化与地域特色的提炼与保护,为城乡风貌规划中人工风貌与人文风貌的塑造提供了重要的理论基础;为探索村落风貌的形成,研究人工风貌与人文风貌之间的关系,延续地域文化,塑造村落风貌特色提供了技术支持。

---

① 洪亮平. 城市设计历程[M]. 北京:中国建筑工业出版社,2002.

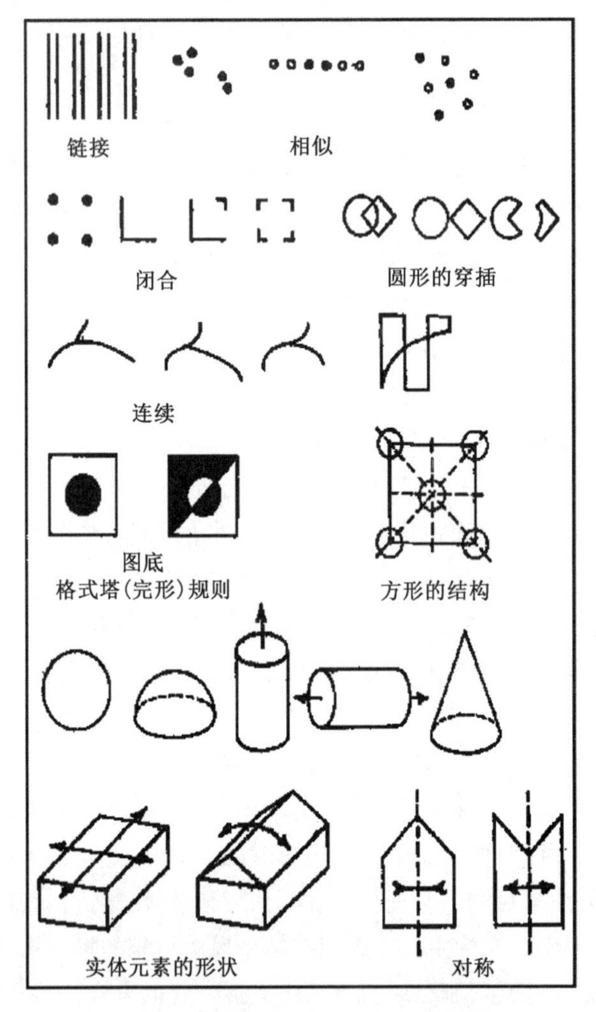

图 2.3　诺伯格・舒尔茨分析的图形①

2.1.4　环境认知与意向理论

环境认知与意向理论是村落风貌主观评价的理论基础,通过人对风貌传达的视觉信息的感知并产生精神上与情感上的愉悦,实现对风貌审美的判断。20 世纪初期,环境认知的研究开始逐渐兴起。环境心理学中最具代表性的理论为格式塔心理学。1912 年,格式塔心理学起源于德国,格式塔为心理学的术语,原意为图形,心理学中的含义为事物独立的个体或事物的形式。格式塔心理学的典型代表

① 洪亮平. 城市设计历程[M]. 北京:中国建筑工业出版社,2002.

人物有惠特海默(M. Wertheimer)、考夫卡(K. Koffka)和科勒(W. Kohler)等。格式塔心理学认为格式塔是一个有组织的整体,格式塔内部的各组成部分相互之间具有关联性,每个组成部分呈现出的特性是由其与其他组成部分的关系产生的。

人们对环境的认知可被看成一种格式塔,人会将在环境中看到的和感知到的信息进行整理与组织,通过秩序化的组织过程形成心里的形象,从而形成对环境的理解认知。通过格式塔心理学的研究解读,人们对环境的这种认知过程具有"完形"效应,是通过与经验中的各类感知要素和空间场所进行比对分析及整合叠加的结果。

格式塔心理学在规划与建筑领域中的应用代表为凯文·林奇的意象理论。意象理论的基础是人对环境信息接收后通过归纳、总结而产生的整体性图像,是感知过程中接收的新信息与记忆中已储存的经验信息整合的产物。意象由个性、结构和意蕴组成。个性为场所空间之间相区分的独特属性,是某一空间环境可被识别与感知的最主要的要素;结构是某一空间环境与空间内的观察者之间的关系;意蕴是观察者对某一空间环境产生的情感与共鸣,实际上为关系的一种。

凯文·林奇的《城市意象》一书对物质环境的可意象性的定义为物质空间中包含的可被观察者感知到的引起强烈共鸣的特性,这种特性包括物质空间的形式、秩序、颜色、造型等内容。他将城市意象的物质形态内容归纳为区域、边界、道路、节点、标志物 5 个要素(图 2.4),通过对城市中五要素的特征与各要素之间的关系解析,对城市意向理论的内涵与研究意义进行了系统的说明①。

凯文·林奇的城市意象理论通过对五要素关系的阐述,强调各要素应具有可识别性与意象性,构成特色鲜明的城市空间。这种对城市中主要要素控制的方法对城乡风貌特色的研究具有参考价值。城乡风貌的要素也可按照城市意象中的五要素进行宏观层面的分类,对城乡风貌的整体结构与特征的把握和控制具有较强的指导作用。

① 凯文·林奇. 城市意象[M]. 方益萍,何晓军,译. 北京:华夏出版社,2001.

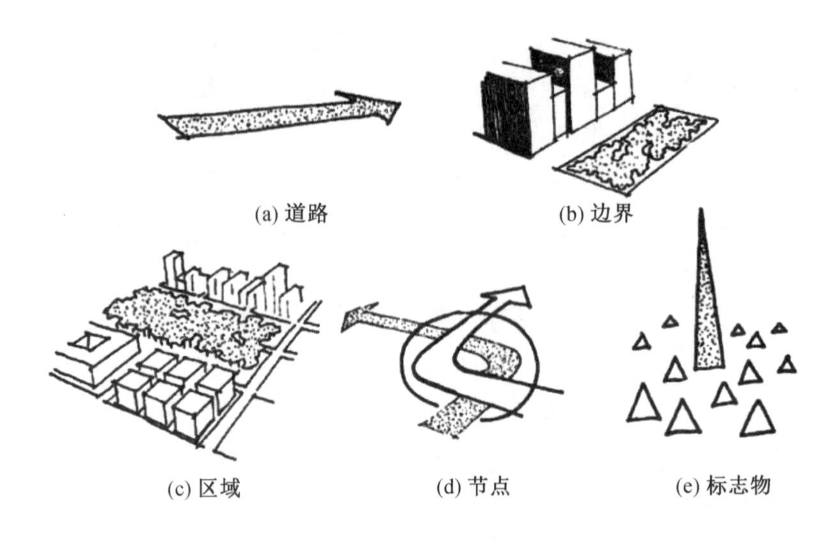

图 2.4　城市意向要素①

2.2　村落风貌相关研究

2.2.1　村落风貌的构成要素

村落风貌是由内在机制与外部因素共同作用形成的，构成村落风貌的要素大致可分为自然要素、人工要素、人文要素三类。自然要素为村落风貌发展提供环境，人工要素是通过主观能动地改造自然与利用自然的建设活动形成的，历史的沉淀与积累形成了特有的人文要素。村落风貌特色是由三类风貌共同作用的结果。

1.自然要素

村落风貌的自然要素是村落发展与风貌形成的基础，包括气候、地形地貌、山体、水体、植被等。地形地貌、山体、水体、植被在村落风貌中的体现最直观，不同的山体与水体的分布及关系形成了不同的地形地貌类型，村落的布局往往与地形相结合，使村落呈现出不同的空间形态。平原地区地势平坦，村落布局的限制因素较少，村落形态较为规整；山地、丘陵地区，村落多建在地势平缓且依山傍水的位置，村落布局随山体与水体的走势展开，村落形态自由舒展。村落发展与农业生产密切相关，农业生产对水资源具有较强的依赖性，因此村落的选址往往靠近江、河、

① 凯文・林奇. 城市意象[M]. 方益萍，何晓军，译. 北京：华夏出版社，2001.

湖、塘、水库等水体。水体也是村落中最具活力的景观要素，对水体进行改造与利用形成滨水景观与休闲区域，使人工建造环境与自然环境相融合。村落中植被要素丰富，不仅包括农业生产种植的植被要素，还包括丰富的自然植被要素；与城市相比，村落具有先天的自然景观优势，对村落内植被的设计、合理配植，可起到提升村落风貌特色、改善村落小气候的作用。

2.人工要素

村落风貌的人工要素与农村居民生活密切相关，是村落风貌中最主要的部分。人工要素包括人工建造的道路、建筑物、构筑物、景观小品及建筑外部环境要素等。人工要素中道路是村落形态的骨架，不同等级的道路根据地形与功能的要求形成道路系统，不同的路网结构展现出村落不同的布局形态；此外，街道空间也是承载居民日常活动的场所，街道空间的高宽比影响着人们在村落内的感受。人工建筑物为居住、商业、行政管理、公共服务等建筑，人工构筑物一般为村落内的牌坊、水塔等，景观小品一般为雕塑、亭子、假山等人造景观要素。人工建筑物、构筑物与景观小品是展现村落风貌特色的重要元素，是村落历史文化与地域特色的载体。建筑外部环境要素主要为村落中的开敞空间，包括广场、公园等。开敞空间是村落内聚集人气、展现村落精神面貌的重要载体，也是村民闲暇时间进行休闲交往活动的空间，因此开敞空间的可达性以及广场的空间比例关系对提升村落活力、展现村落风貌特色具有重要的作用。

3.人文要素

村落风貌的人文要素主要为历史文化、宗教信仰、地域与民族特色、生产与生活习俗等，人文要素的形成是通过漫长时间的历史沉淀，通过几代人的积累、传承而形成的，渗透到村落风貌的各个方面。人文要素对村落风貌的影响是深刻而又长远的，如东北严寒地区少数民族特有的屋顶形式、装饰纹样、建筑色彩等风貌要素，都是人文要素在人工要素上的体现。

2.2.2　村落风貌的特征

1.村落风貌的地域性特征

村落风貌的地域特色体现在村落在发展建设过程中与自然环境相适应的过程中。在气候适应性上，不同气候区内的村落体现出不同的地域特点，如严寒地区冬季多雪且气温较低，村落建筑常选用保温隔热好的石材与砖，并且会在建筑外墙做保温处理，使建筑体量呈现出厚重感；屋顶坡度较大以避免积雪；受日照的影响严寒地区的村落建筑间距也较大。在自然环境适应上，北方地区以平原为主，村落布局分散，村与村之间距离较远；南方地区山水分布密集，村落布局紧凑灵活，村落内建筑密度也大于北方（图 2.5）。村落建设材料往往就地取材，早期的村落因经济、技术等因素的限制，建设的材料多来自大自然，“因材而建”是村落风貌具有地域性的最好诠释。

(a)南方村落　　(b)北方村落

图 2.5　村落风貌的地区差异①

2.村落风貌的乡土性特征

乡土性与村落的民风、风俗密不可分。受人口、经济等因素的影响，村落建筑的造型、体量、风格与农村地区的环境相协调，与城市风貌相比更具有乡土气息与亲和力。村落建筑的色彩往往接近材料原本的颜色，建筑造型朴实，没有过多的装饰，建筑功能以经济实用为主。此外，农村居民具有的勤劳淳朴的特质也体现在建筑风貌中，村落建筑风貌整体上也体现出一种质朴的气质。

3.村落风貌的继承性与时代性特征

村落风貌在延续自身的特质的同时不断接收、融合新材料与新建造方式。继承性是指村落风貌对地域民族与传统文化的继承与延续，体现在村落布局、建筑风格、建筑色彩、装饰构件等方面对地方文化的表达。村落风貌的继承性是人文特色得以传承的保障，是风貌的内在气质。时代性是村落风貌在发展中不断适应与变化的过程，通过新兴的建筑材料、形式与传统建造方式的融合产生出新时期的村落风貌特征。继承性与时代性二者相互作用、相辅相成，对村落风貌起到促进与引导的积极作用。

---

① 曾小成. 严寒地区村镇建筑景观风貌数据库设计研究[D]. 哈尔滨：哈尔滨工业大学,2015.

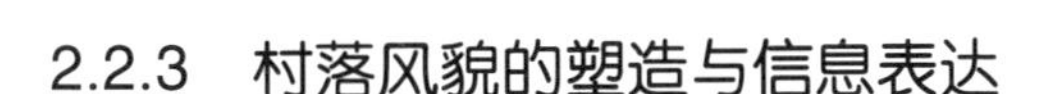

2.2.3　村落风貌的塑造与信息表达

村落风貌规划与塑造是将设计理念通过风貌信息表达出来的过程。村落风貌信息具有全面性、抽象性、复杂性的特征。全面性体现为村落风貌包含自然、人工、人文三方面的要素，相应的风貌信息也包含这三方面的内容。风貌信息是对风貌要素特征的传达，村落风貌信息的全面性也表达出村落风貌的全面性特点，这是由信息的本质决定的。在对东北严寒地区村落风貌数据库系统的研究中，可通过风貌信息的提取与储存来实现对村落风貌特色的研究。村落风貌信息的抽象性即为信息的抽象性本质，风貌信息是对风貌要素的一种抽象提炼，表达风貌要素本质特征，是将风貌要素通过文字、图形、数值等进行描述。村落风貌信息的复杂性是指风貌要素可通过多种风貌信息进行表达，风貌信息具有复杂的逻辑结构关系，涉及的风貌要素也十分广泛，如色彩体系、文化基因谱系等内容。因此在村落风貌数据库系统的开发过程中，要注重对复杂风貌信息的简化与提炼，选取最具代表性的、与村落风貌密切相关的信息，在优化风貌数据体系与结构的同时最大限度地表达风貌要素的特征。

1.村落风貌信息的表达

村落风貌信息的表达是风貌规划研究与数据库系统构建的基础。对风貌要素的信息表达方式、过程与途径的研究对风貌的认知总结、研究分析、规划设计起到辅助作用。村落风貌通过风貌信息传达出各个要素的特征，如尺度、体量、色彩、材质等建筑风貌信息。风貌的外在特征与内在特征是由不同要素风貌信息进行叠加与整合进行表达的。但村落风貌信息涉及的内容复杂，同一风貌要素内包含的信息也多种多样，在研究中很难通过一种方法对风貌信息进行整理与分析，因此需要在研究中结合实际情况采用不同的方法对风貌信息进行处理，最大限度地保证风貌信息准确完整、真实客观。

2.村落风貌的塑造

村落风貌的塑造可以延续地域文化特色，营造良好的人居环境。因此，村落风貌塑造是从村落基础条件出发，结合地方建设水平与发展需求，在延续地域文化传统与特色的基础上营造良好的农村居住环境。村落风貌塑造时应抓住影响风貌形成与风貌特色的主导因素，通过对主要风貌要素的控制与引导来提升整体风貌形象。对村落风貌的塑造的内涵是对村落风貌要素的控制，实质上是对村落风貌信息的研究，通过对风貌信息的改变实现对风貌要素的塑造。表征风貌要素的信息间存在着一定的关系，当风貌塑造中对一项风貌信息进行改变时，与其相关的信息也会随之改变，因此在风貌塑造上应兼顾其他信息的变化与对风貌要素产生的影响。

2.2.4 村落风貌规划

村落风貌规划是在对人文精神要素进行梳理和提炼的基础上，对村落物质空间进行科学的、有步骤的建设引导，使村落风貌不断形成与完善。对村落风貌规划的研究首先必须客观地认识风貌规划在我国城乡规划体系中的角色定位，更应明确城乡风貌规划的内涵与规划编制的主要内容。

1.风貌规划在城乡规划体系中的地位与作用

我国的城乡规划编制体系主要分为区域性规划（城镇体系规划）、总体规划、详细规划，城市设计与风貌规划属于非法定规划内容，城市设计往往伴随总体规划与详细规划的编制，而风貌规划往往与法定规划的关系不紧密，《城乡规划法》中也并没有明确风貌规划的法定地位。城乡风貌的现实问题（城乡风貌构成要素极其复杂，几乎包含了城市与乡村方方面面的内容）及大量规划实践表明了城乡风貌规划的必要性①。

风貌规划是城乡规划体系中不可缺少的重要组成部分，它不仅是城乡规划实施的手段之一，也是对城乡规划体系内容上的完善与补充。风貌规划虽然为非法定规划，但在城乡规划体系中的地位十分重要，能够对总体规划进行补充完善并对详细规划起到指导作用。根据王芳、谢广靖、段德罡等人对风貌规划在城乡规划体系中的作用的相关研究，本书将风貌规划与城乡规划建立对应关系，通过不同层次规划的作用来实现对城乡风貌建设的控制与引导（图 2.6）。此外要发挥城乡风貌规划的作用，还需要依托城乡规划的法律效力来实现各阶段的规划目的②③④。

---

① 余柏椿，周燕. 论城市风貌规划的角色与方向[J]. 规划师，2009(12)：22-25.
② 王芳，易峥. 城乡统筹理念下的我国城乡规划编制体系改革探索[J]. 规划师，2012(3)：64-68.
③ 谢广靖，范小勇，沈锐. 天津市城乡规划编制体系回顾、反思与展望[J]. 规划师，2015，31(8)：44-49.
④ 段德罡，刘瑾. 貌由风生——以宝鸡城市风貌体系构建为例[J]. 规划师，2012，28(1)：100-105.

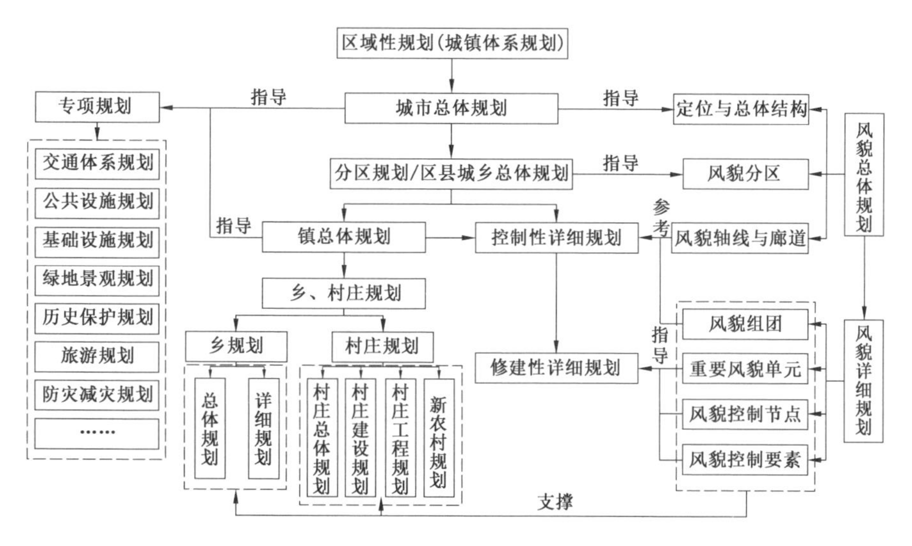

图 2.6　风貌规划在城乡规划体系中的地位与作用

2.风貌规划的特点

系统地梳理和归纳风貌规划与其他规划的异同,可以总结出风貌规划具有综合性、可感知性、可操作性等特点。

(1)综合性。风貌规划的特点与风貌的特点密切相关,由于风貌涉及的内容与要素十分广泛,因此风貌规划也包含多种规划内容,既有物质空间与环境要素,也有人文精神层面的非物质要素。此外,风貌规划与城市设计研究的对象类似,因此两者的规划编制过程与规划作用也有很多相同的地方,可以为城乡规划体系中各层面的规划提供参考与借鉴。风貌规划的编制通常借鉴城市设计、建筑设计、景观设计、历史文化保护等手段,将不同方法相融合。因此,城乡风貌规划在规划编制内容、过程与方法上都具有综合性。

(2)可感知性。风貌规划的目的在于塑造一个可感知并具有“场所精神”的空间环境。因此,风貌规划中应将历史与地域文化、民族与民俗特色、生产与生活习俗等信息融合到物质空间内,使人们通过对风貌信息的感知产生强烈的归属感与认同感。由于风貌通过视觉信息进行传达,因此风貌塑造中要满足功能与审美的要求,强化人们对风貌外在形象与内在气质的感知。

(3)可操作性。风貌规划作为非法定规划,在实施操作上具有灵活性的特征。作为非法定规划的补充,风貌规划以其他规划为基础针对自然环境、空间品质、人文特征等方面内容进行深入的研究,提升城乡风貌的特色。

3.村落风貌规划的内容

村落风貌规划可依据的规章为《村镇规划编制办法（试行）》，该规章将村庄规划分为总体规划与建设规划两部分内容。除了村庄总体规划与建设规划之外，在实际规划操作与实践中为满足村庄不同发展需求产生了多种形式的规划。在乡村层面虽然没有系统的风貌规划，但村庄专项规划、村庄建设整治规划、新农村建设规划等规划都涵盖着风貌规划研究与控制的要素和内容①。

村落风貌规划是包含物质空间与非物质空间要素在内的对自然、人工、人文要素进行规划与管理的规划形式。村落风貌规划的内容并没有统一规定，有不同的划分方式，其主要目的是对村落风貌的各要素进行整合与统筹规划，通过技术手段与设计方法营造良好的村落环境和村落面貌。结合村落内的层次与构成，村落风貌规划包括宏观层面的人文要素和物质要素，中观层面的公共空间、道路交通系统、绿地与景观系统，微观层面的微观场景营造、色彩引导与高度引导等内容②（图2.7）。

4.村落风貌规划存在的问题

近年来，我国开展了很多风貌规划方面的实践，但对风貌规划的理论研究还很欠缺，也缺少对规划编制成果的评价与反思。与城市相比，农村地区在风貌规划方面更缺少理论与技术上的支持，具体风貌规划的实践也相对不足。

（1）规划编制雷同，缺乏编制依据。从实践中不难发现，村落风貌规划与新农村建设规划、村庄建设整治规划、村庄专项规划等成果区别不明显，因为它们既包含乡村景观方面的内容，也有村落形态与空间方面的内容。许多地区在开展风貌规划时缺少前期充分的调研与准备工作，规划成果往往雷同、千篇一律，盲目开展风貌规划造成了编制成果缺乏个性与地域特色。此外，风貌规划不属于法定规划，编制过程中缺少规划设计的依据与标准，造成编制成果和水平参差不齐，往往导致所编制的内容模糊不清，很难起到指导作用。

（2）注重物质空间规划与设计，缺乏人文内涵。风貌规划的编制往往以物质空间规划与设计为主，对村落风貌精神层面的人文内涵要素缺乏重视，不利于村落个性的形成。

（3）缺少法律效力，欠缺实施操作性。风貌规划为非法定规划，在实施过程中

① 周游，魏开，周剑云，等. 我国乡村规划编制体系研究综述[J]. 南方建筑，2014(2)：24-29.

② 董衡苹，谢茵. 上海郊野公园村落景观风貌塑造规划研究——以青西郊野公园为例[J]. 上海城市规划，2013(5)：34-41.

缺少保障。村落风貌规划的编制成果以图纸、说明书为主，缺少法定性的强制性内容。规划的组织与实施也缺少固定的政府部门进行管理和落实，因此风貌规划在实施中的操作性较弱。

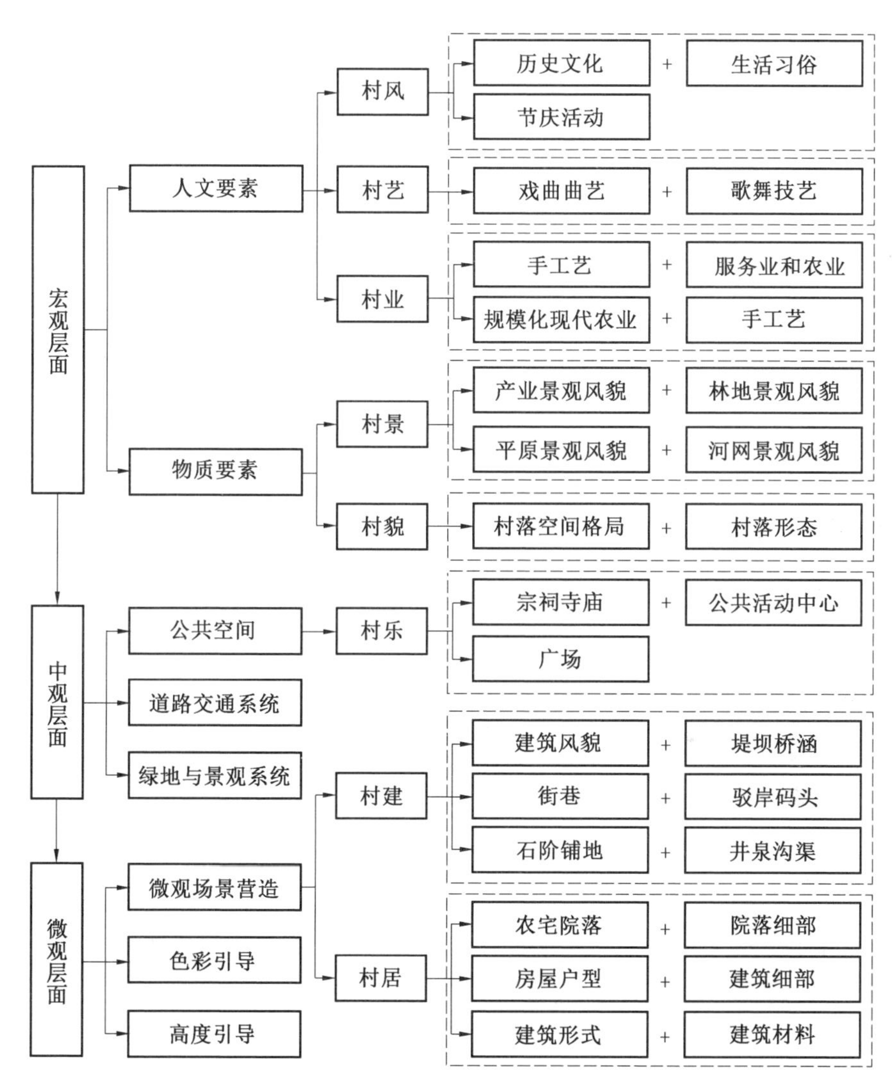

图 2.7　村落风貌规划控制要素

2.3　东北严寒地区村落风貌的认知

2.3.1　东北严寒地区总体概况

东北严寒地区位于东北亚的核心位置，北面、东面与俄罗斯、朝鲜接壤，南面与河北省相连，西面包括内蒙古自治区的东部五盟市。东北严寒地区地貌类型包括平原、丘陵、山地等，内部以平原为主，四面环山，南侧与东侧环海。黑龙江省以平原为主，包含山地、台地等地貌类型；地势西北、东南侧较高，西南、东北侧较低。吉林省地貌变化丰富，以大黑山为主要地貌划分界限，中部与西部以平原为主，东部为山地；中西部主要平原以松辽分水岭为界，以北为松嫩平原，以南为辽河平原；东部山地以长白山为主。辽宁省地形整体上呈现马蹄形向渤海倾斜，中部为平原，山地与丘陵环绕东西两侧。蒙东地区以山地与平原为主，内蒙古高原是我国第二大高原，除内蒙古高原以外，蒙东地区还包括山地、丘陵、平原、沙漠、河流、湖泊等地貌类型。

2.3.2　东北严寒地区村落类型与风貌特点

地理条件与地域文化相结合，造就了独特而丰富的村落风貌。东北严寒地区内各村落风貌差异大，使得村落各自具有突出的建筑、民俗、历史、美学等价值。本书按照村落历史、村落功能、村落形态等对东北严寒地区村落进行分类，并对不同类型村落的风貌特征进行解析。

1.按照历史年代分类

按照历史年代可将村落分为传统村落、传统与现代共存村落和现代村落。

(1)传统村落。传统村落是通过人们长期自发建设发展形成的。传统村落风貌体现了人们长时间适应自然与改造自然过程中形成的人与自然环境的关系，是地域文化与传统在风貌上的体现。各种类型的传统村落都蕴含着人类生产、生活的智慧，如山水密集地区村落往往选择环山抱水之地，布局与地形地貌有机结合，形成理想的聚居地。传统村落受各种物质及非物质因素的影响，在空间结构与建筑上具有独特的风貌意象。

(2)传统与现代共存村落。随着城镇化发展与村落的扩张，新建建筑受新时期建造技术、建筑材料与建筑风格的影响，时代特色鲜明的村落风貌逐渐形式。对村落不断进行更新与改造以适应不同时期的生产与生活，使村落内呈现出传统风

貌与现代风貌共存的情况。

(3)现代村落。现代村落与传统村落相对应,是受国家政策与周边大城市发展建设影响形成的经过人工规划建设的村落。一方面,在大城市发展建设的影响下,形成了展现现代建造与施工技艺、建筑材料与生产生活文化的现代村落;另一方面,为推进远郊型村落的现代化进程与美丽乡村、新农村建设等政策的实施,在原有村镇内建设新农村社区,形成了现代村落。

2.按照所属民族分类

村落的形成与发展受民族文化的影响,在风貌上呈现出不同的特色。东北严寒地区村落早期以农耕文化、游牧文化、渔猎文化为主,由于中原地区人口大批迁入带来的中原农耕文化与东北严寒地区的本土文化不断融合、碰撞,不同时期的地域文化对村落发展建设产生了深远的影响,因此不同民族村落的风貌各具特色。

东北严寒地区内多民族聚居,各民族文化在长期的生产、生活中相互借鉴融合,但总体上仍保持着各民族自身的风貌特色。东北严寒地区是满族的发祥地,朝鲜族主要聚居在东部地区,蒙古族主要聚居于西部地区,此外还包括达斡尔族、鄂伦春族、锡伯族、赫哲族等。

(1)汉族村落。东北严寒地区内汉族村落分布最多、最广泛。汉族村落的文化内涵深远,以儒家思想为主导建立了社会礼制、政治与文化形态,进而影响到风貌的各个要素。

(2)满族村落。满族在东北地区广泛地分布在辽宁、吉林、黑龙江等地,与汉族杂居。满族村落具有独特的建筑风貌特色,建筑组合以合院式为主,院落空间以南北向为轴线规划布局,建筑布置在南北轴线两侧,院落布局规整简单。

(3)朝鲜族村落。朝鲜族在与汉族及其他民族共同生活的过程中汲取了各民族文化的长处,朝鲜族的服饰、建筑、雕刻、绘画带着浓厚的民族特色并体现在村落风貌中。朝鲜族传统民居一般由草坯和砖瓦建造,朝向以南向为主,建筑与庭院相结合布置。屋顶为朝鲜族建筑最具特色的构件,形成歇山顶、庑殿顶的形式,两翼的斜坡较小。建筑室内以卧室、厨房为主,建筑南向立面开一扇或四扇门,南北向皆开门、开窗。

(4)蒙古族村落。蒙古族受自然环境与资源的限制过着逐水草而居的游牧生活,因此村落的建设受水源与草场的限制较大,在布局上更为分散。蒙古族村落中产业以畜牧业为主,结合种植业与工业。蒙古包与勒勒车是蒙古族游牧生活中主要的居住形式和交通工具。蒙古包为蒙古族对居住房屋的称呼,平面形式为圆形,根据不同等级与功能确定蒙古包的大小，大的可容纳二十多人，小的也可供十几人休息。随着村落的不断发展，蒙古族村落内的生产活动也由传统的畜牧业向现代化农业、养殖业、工业等发展，形成了多元化的生产活动，也形成了固定形态的村落。

3.其他分类

按照村落形态可将村落分为点状式村落、带状式村落、集中式村落、组团式村落等几种形式，不同形式的村落都与其相应的地理环境条件相适应；按村落的经济结构和主要产业来划分，村落可划分为农业型、林业型、牧业型、渔业型、旅游型五类；按照村落所处区位及其与城市用地的交通关系，可分为近郊型和远郊型两类（表 2.1）。按照不同的标准与特征，村落的分类方法也多种多样，受篇幅的限制本书不再枚举。

表 2.1　不同类型村落及特征

分类标准	村落类型	村落特征
形态	点状式	建筑随地形布置、分散自由，常以晒谷场、池塘等为中心； 建筑间距较远，围合感不强，邻里之间联系不紧密
	带状式	受地形地貌、发展条件的制约，村落沿着主要发展轴单侧或双侧布局； 山地、丘陵地区布局依山傍势、形式自由，水网密集地区沿水体布局，平原地区以道路为主要轴线布局
	集中式	适用于地势平坦、规模较大的村落，村落形态规整紧凑，内聚性与中心性较强； 路网密度大、结构复杂，主体结构以格网式为主，结合鱼骨式与自由式布局，道路等级分明
	组团式	受地形割裂或村落发展扩张合并影响形成两个以上的组团；组团之间由道路或水体相连

续表2.1

分类标准	村落类型	村落特征
经济结构与主要产业	农业型	东北严寒地区农业型村落居多，以传统种植业为主，辅以养殖业、手工业等副业； 结合耕地分布，村落布局较为分散，村落规模与村内建筑风貌较类似
	林业型	多分布于山地、丘陵等森林资源丰富的地区，以林业为主； 村落随地势布局，形态自由、发散
	牧业型	主要分布在平原与山地中天然草原丰富的地区； 传统牧业型村落受草原载畜量的限制，规模小且分散
	渔业型	主要分布在水网密集地区，沿海洋、江河、水库周边发展； 村落沿水系布局，以传统渔业为主产业，也兼顾渔业养殖，村落内滨水景观资源丰富
	旅游型	拥有或者濒临自然风景优美、历史悠久、地域文化特色突出等独特的旅游资源，或经人工开发具有特定娱乐项目与旅游接待能力的村落
所处区位及其与城市用地的交通关系	近郊型	与城镇相邻，作为城镇的延伸与组成部分，承接城镇发展中外溢的功能； 受城镇的带动，村落发展建设较快，村落风貌既包括新时期城镇风格，又具有农村地区较好的自然风貌与乡土特色
	远郊型	分布于远离城市的农村腹地，在经济、交通、基础设施建设上较落后； 以农业为主产业，村落发展依赖自然资源，人口密度低、村落规模较小； 村内建筑以村民自发建设为主导，建筑材料就地取材，建筑风格朴素，在风貌上呈现出淳朴、自然的意象

2.4 数据库及数据库系统的设计与应用

2.4.1 数据库的类型与特征

1.数据库的结构

按照数据之间的联系,数据库分为层次型、网状型、关系型三种结构。层次型数据库结构简单,采用层次模型构建,系统性能较好。网状型数据库结构较复杂,可为复杂的数据关系提供解决方案。关系型数据库将复杂的数据抽象为清晰的关系结构,建立一对一、一对多、多对多的数据表结构,通过对数据表的选取、分类、合并等操作实现对数据库的管理①。

2.关系型与非关系型数据库的特征

关系型数据库由于具有保持数据的一致性、数据逻辑清晰、二维表结构贴近实际易于理解等优势得到了广泛的应用。如今互联网与大数据的发展与应用使网络中用户并发性高、数据处理量庞大,非关系型数据库具有结构不固定、操作灵活等特点,符合网络时代数据管理的要求。关系型数据库技术成熟、系统运行稳定,除了对相关数据信息的处理运算外,在城乡规划领域中与 GIS 等数据库的关联与应用也十分紧密②。当前 Microsoft Access、MySQL、SQL Server、Oracle 等主流数据库皆为关系型数据库,非关系型数据库的部署往往通过开源软件实现。

传统关系型数据库在处理数据量大与高并发的 SNS(社交网络服务)类型的 Web 2.0 纯动态网站的过程中产生了很多问题,而非关系型数据库在数据查询响应速度、数据储存格式、维护成本上都具有优势③。因此在对于大数据的应用与研究中,非关系型数据库得到了广泛的应用以应对非结构化数据的处理运算。由此可见,在互联网时代,非关系型数据库与关系型数据库相比较,对文档、图形、value

① SILBERSCHATZ A, STONEBRAKER M, ULLMAN J D. Database research: achievements and opportunities into the 21st century[J]. SIGMOD Record, 1996, 25(1): 52-63.

② GEERTMAN S,STILLWELL J. Planing support systems best practice and new methods[M]. Netherlands: Springer, 2009.

③ 申德荣,于戈,王习特,等. 支持大数据管理的 NoSQL 系统研究综述[J]. 软件学报,2013(8):1786-1803.

(值)等形式数据的处理与储存优势更明显,对非结构化数据的查询、储存、删除、更新等管理操作性能更好①。

3.空间数据库的特征

空间数据库具有将图形数据与文字、数值数据整合处理的特性,因此在对复杂空间信息的处理上具有优势。城乡规划、土地利用规划、交通规划、市政规划等常用的空间数据库即为 GIS,以图形、文档数据为基础,通过 GIS 内置的分析组件实现对空间数据的分析②(图 2.8)。GIS 以通过遥感、测量等技术提供的地理等空间要素信息为基础,根据需求对不同形式的图形、地图进行分析,以图形的形式展现分析结果,对不同类型的数据进行储存(图 2.9)。

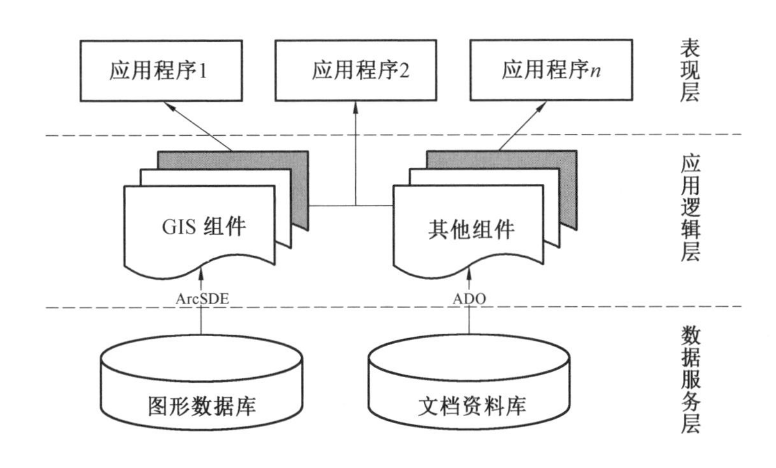

图 2.8　基于 GIS 的数据库开发逻辑结构③

4.不同类型数据库的比较与选择

通过对上述不同类型数据库的性能、适用环境、功能特征的分析,选取适合东北严寒地区村落风貌数据特征与管理要求的数据库。近年来非关系型数据库得到了广泛的应用,数据库的相关技术和功能仍在不断开发与探索中。东北严寒地区村落风貌数据库内包含文档与图形信息,但以对文档信息的分析处理为主,对图形

① 江民彬. 非关系型与关系型空间数据库对比分析与协同应用研究[D]. 北京:首都师范大学,2013.
② 宋彦,彭科. 城市空间分析 GIS 应用指南[J]. 城市规划学刊,2015 (4):124.
③ 王峰. 城市规划信息系统中数据库的设计[J]. 广东科技,2008(16):28-29.

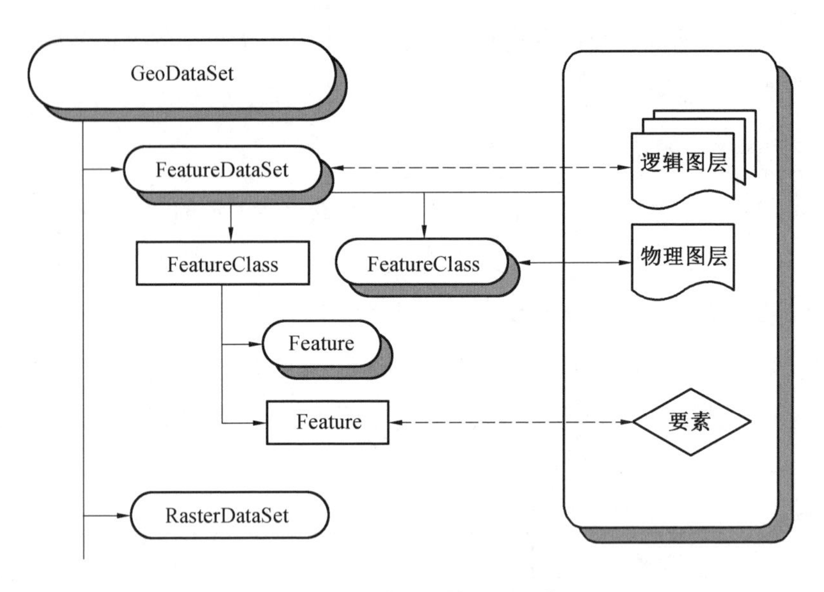

图 2.9　空间数据储存机制①

信息满足储存与调取需求即可。此外,根据东北严寒地区村落风貌数据库系统对稳定性与运行效率的需求,技术较为成熟的关系型数据库较为合适。

2.4.2　数据库系统的技术与应用研究

通过上文对不同类型数据库的分析与选择,本书采用关系型数据库对东北严寒地区村落风貌数据库系统进行构建,因此对关系型数据库系统的技术与应用特征进行探讨。

1.数据库系统的技术

(1)数据库的架构。数据库的架构包括对数据的储存、查询、修改、删除等管理操作,以及数据库架构的系统环境、程序等技术层面内容。数据库架构的内容以需求分析为指导,根据不同用户使用特征、数据类型与处理方式,确定架构的环境与数据内容。

(2)数据库系统的结构。数据库系统的结构主要为 C/S 结构与 B/S 结构。C/S 结构为客户端/服务器(client/server)结构,用户通过客户机向服务器提出请

① 王峰. 城市规划信息系统中数据库的设计[J]. 广东科技,2008(16):28-29.

求，服务器将相应的数据内容再反馈给客户机。C/S 结构的优势为可充分利用两端硬件优势，数据库系统的通信成本较低。B/S 结构为浏览器/服务器（browser/serve）结构，是一种基于 Web 的网络结构。用户通过 Web 浏览器向服务器提出 HTTP（超文本传输协议）请求，Web 服务器通过咨询数据库服务器，将结果以 HTTP 相应的方式反馈给客户机浏览器。

传统的数据库大多为 C/S 形式的两层结构，随着网络技术和信息技术的兴起与发展，数据库系统的结构逐渐由 C/S 结构向 B/S 结构转变[①]。B/S 结构中的客户端采用 Web 浏览器的方式，使客户端得到了统一，降低了客户端门槛的同时，将系统的功能集中到服务器。客户端不参与数据的运算处理，运算都在服务器内进行。此外，客户端无须安装其他软件，数据库系统的更新与维护操作只需在 Web 服务器中进行，由此简化了系统的开发与维护成本[②]。

数据的安全性是系统开发中需要重点考虑的内容。C/S 结构的客户端不统一，管理上相对较为困难，数据信息分布在客户端与服务器上，安全性较低。B/S 结构将数据全部集中至服务器端，客户端对数据安全的影响较低，因此 B/S 结构的数据安全性更高。

2.数据库系统的应用

根据不同类型数据库系统的性能与应用特点，MySQL、SQL Server、Oracle 等关系型数据库系统在企业管理、商业零售、医疗健康、综合防灾等方面得到了广泛的应用。本书通过对不同数据库系统在数据管理、功能应用、用户权限设置等方面的梳理，为东北严寒地区村落数据库系统的设计提供参考。

通过数据库系统应用层面的分析可知，比较成熟的系统在功能上往往以用户的实际需求为主，各系统之间的功能差异较大，如城市固体废弃物数据库管理系统对城市日常垃圾量进行统计分析、对未来垃圾量进行预测等，以城乡规划相关业务要求与国家标准为依据。东北严寒地区村落数据库系统在应用层面除了对村落基础数据、风貌数据的处理外，结合村落发展建设的动态需求对风貌规划进行引导，通过对数据库系统内数据与功能的拓展实现村落规划等其他研究分析功能。

---

① 查修齐，吴荣泉，高元钧. C/S 到 B/S 模式转换的技术研究［J］. 计算机工程，2014(1)：263-267.

② 韩雨佟. 基于 B/S 物联网环境监测系统 MySQL 数据库的设计与实现［D］. 天津：天津大学，2014.

（1）数据的管理。数据是数据库系统的基础，数据的储存、查询等管理操作是数据库系统必备的功能模块。对数据良好的管理维护框架是保证数据库系统实现量化评价、数据挖掘等深度分析的必要条件。系统内数据为结构化数据，针对村落风貌中图形等的非结构化数据在系统中转化为结构化数据，转化中尽可能保证信息的完整性。

（2）数据的提取与应用。系统通过建立运算法则、评价参考标准、量化引导指标框架对数据进行提取分析，应用到村落风貌现状分析与特色提取等方面。此外，结合数据库系统对数据处理运算的机制，通过对数据结构、计算方式、评价标准等内容的拓展，应用于村镇规划业务的各个层面。

2.4.3 数据库系统在城乡规划中的应用

在城乡规划领域，数据库系统主要提供数据分析、计算处理、管理维护等服务，其中 GIS 的应用最为广泛。目前都是在 GIS 已有功能的基础上，结合城市规划业务需求进行的二次开发，GIS 是将空间数据与非空间数据相融合的数据库，而并非传统的关系型数据库与非关系型数据库。

国外城市规划领域中的数据库系统主要是结合地理信息系统与遥感技术，对不同时期的城市空间数据进行储存与管理，通过数据库系统实现对空间数据的分析，如城市蔓延分析、城市用地与人口发展模拟、城市交通管理等。建筑数据库包括绿色建筑项目管理、建筑能源使用分析与建筑碳足迹分析等方面内容。国外城市规划与建筑典型数据库系统实例如图 2.10 所示。

国内城乡规划领域中的数据库系统主要是数字城市的建设，对城乡地理空间数据采集、管理，对城乡人口、土地资源、劳动与就业、产业相关信息的处理，以及对灾害的预测模拟、交通管理等方面。建筑数据库包括建筑环境表现管理与评价、建筑市场监管、建筑三维信息管理等方面。国内城乡规划与建筑典型数据库系统实例如图 2.11 所示。

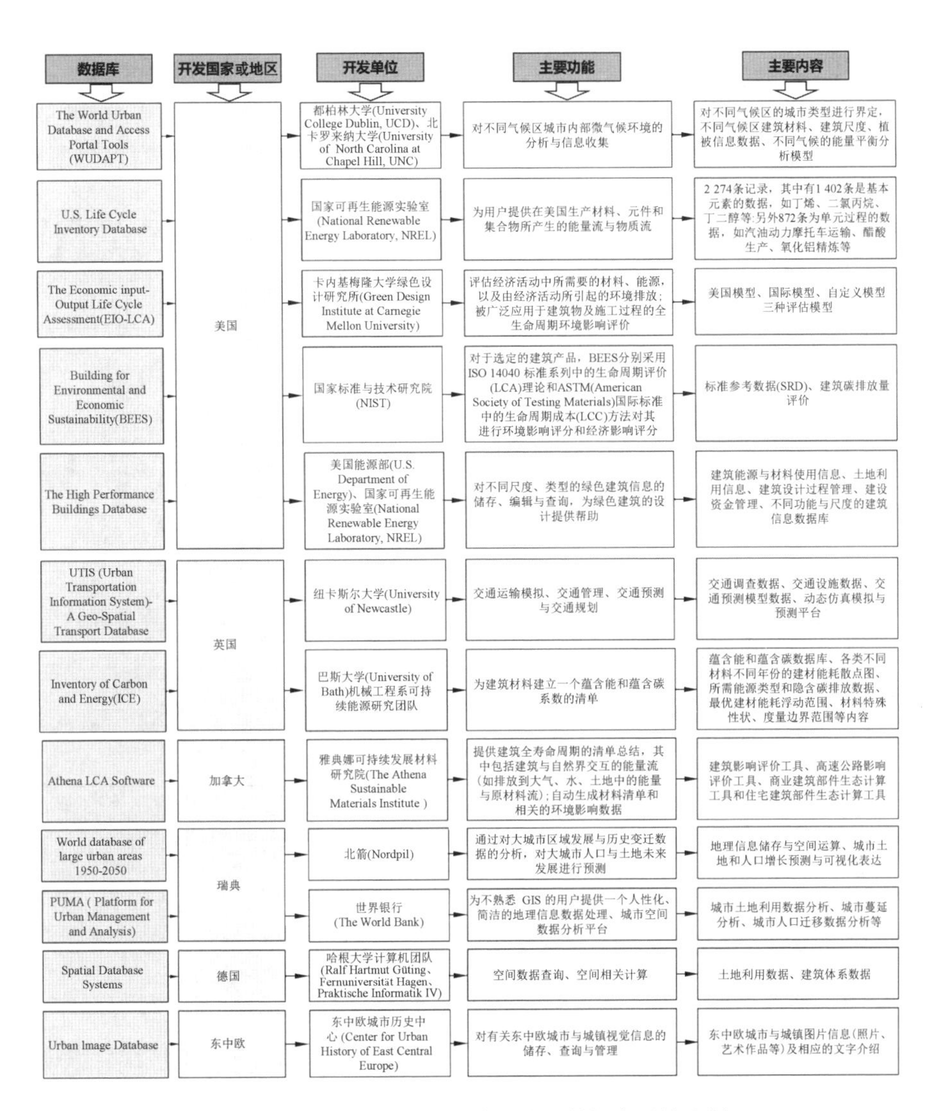

图 2.10 国外城市规划与建筑典型数据库系统实例

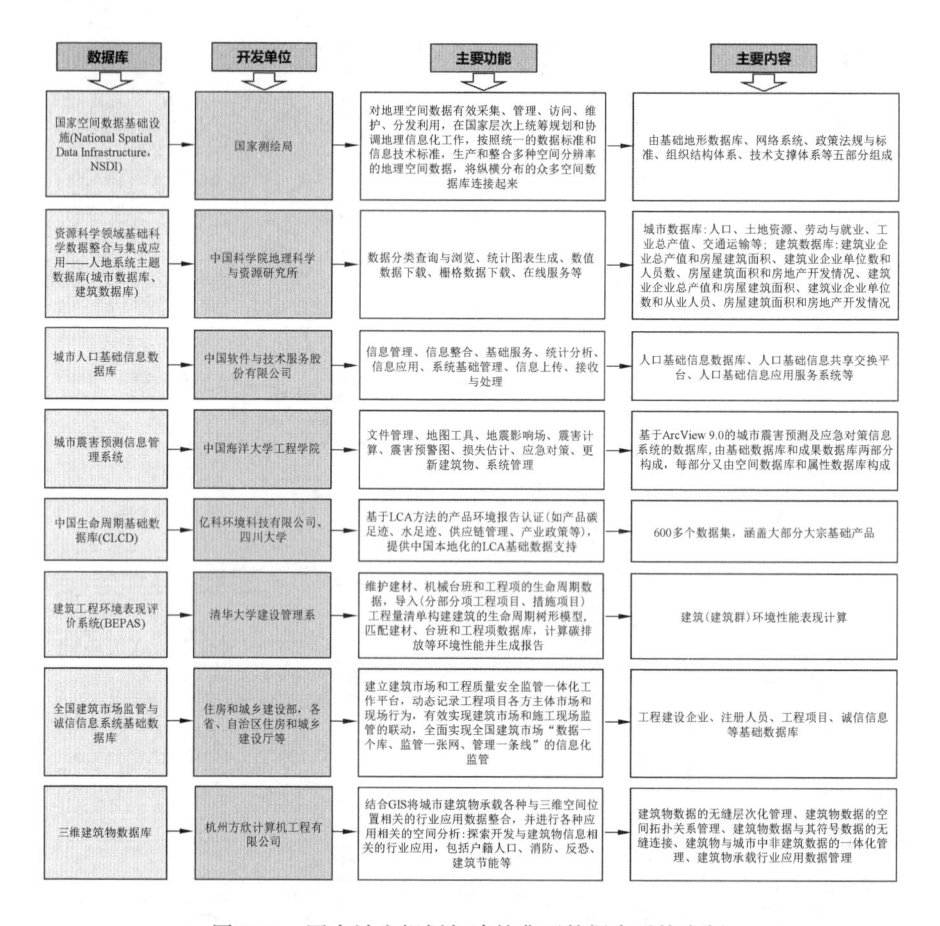

图 2.11　国内城乡规划与建筑典型数据库系统实例

从国内外数据库系统的开发与应用实践来看,城乡规划研究中对数据库与管理系统的选择方面应满足规划编制与规划管理的需求,结合数据的类型与数据处理分析的特点选择适合的数据库与管理系统。在城乡规划领域的实际应用中,在满足功能需求的基础上,选择操作简单的数据库系统,便于城乡规划行业人员使用。

对空间数据的分析与处理是城市地理信息系统数据库区别于其他数据库系统之处,在常规数据管理的基础上可对矢量与栅格图像数据进行处理,实现了数据的统计运算、图像处理等功能(图 2.12)。空间数据的计算与分析是 GIS 的核心,通过系统内置的计算公式与分析模型对空间数据进行处理,如重叠分析、缓冲区分析等。从现有的数据中提取分析获得新的数据是数据库系统运算处理与信息集成分

析的特点，也是数据库系统的主要应用价值。

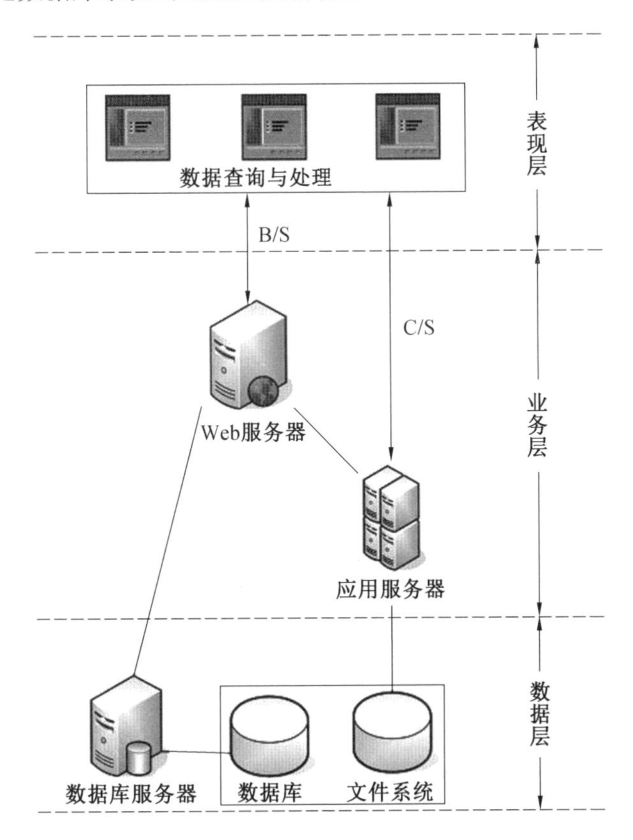

图 2.12　城市地理信息系统数据库结构①

对“大数据”的分析与处理是目前城乡规划研究的热点，如何对城乡空间中的大数据进行提取、分析和管理是数据库研究中需要考虑的问题。在城乡规划的研究中，通过建立数据管理平台对大数据进行分析与利用，可以更好地对现状进行解读，为规划决策提供支持。城乡规划中的数据的获取途径由传统的调研、测绘、统计资料收集等方式向网络信息抓取、智能交通设施提取等多渠道、多平台整合的方式转变。通过建立稳定可靠的数据库平台，将不同渠道的数据进行管理，不仅可以提高规划的科学性，还可以提高工作效率。此外，传统规划多从二维平面上对方案进行探讨，如今结合大数据管理平台可实现对智能穿戴设备反馈的行为活动轨迹、

① 顾春平，陈伟瑾，奚赛英，等. 常州市工程地质数据库建设及规划应用探索[J]. 城市规划，2011，35(7)：83-88.

空间与时间数据进行管理,通过三维空间数据给予规划方案反馈。以大数据为基础的城乡规划数据库系统可以使更多人参与到规划编制的过程中,实现规划的公众参与和规划实施的民主性①。因此,数据库系统可优化城乡规划编制方法,通过建立不同类型与功能的数据库来辅助不同层次的规划工作。

2.5 村落风貌数据库系统的基础研究

2.5.1 数据库的内容与层次

对于风貌规划中数据库的相关研究较少,缺乏可为村落风貌数据库系统构建提供参考的案例。因此对数据库的内容与层次的分析可借鉴城乡规划中较为成熟的相关研究内容、方法对数据库开发与设计的基本原理和方法进行分析,并结合村落风貌规划设计、管理、评价等内容。通过前文对村落风貌的基础研究可知,自然要素、人工要素、人文要素是村落风貌的基础,对风貌信息的研究实质上是对村落风貌要素与风貌特征的研究。因此村落风貌数据库的研究思路为将风貌中的形态要素转化为可被数据库储存与编辑的数据信息,这种转化方式为风貌规划的量化研究提供了思路,通过对数据的集成与运算处理拓展对村落风貌的研究应用。

根据村落风貌信息特征与风貌规划的需求,数据库的内容与层次主要包括数据采集、数据应用、数据管理三部分。首先,数据采集是建立数据库内数据层的依据。村落风貌数据往往通过实地调查、勘测、记录、访谈与相关资料收集的方式获取,然后提取表征风貌要素的有效数据。对收集数据的筛选可以在简化数据量的同时最大限度地表达风貌要素特征。考虑到村落风貌数据库面向的用户特征,风貌数据应满足易获取和能表征风貌特征的要求。其次,对数据的应用需求分析是数据库系统功能设计的基础,是村落风貌数据库的核心内容。用户通过界面(应用层)下达指令,数据层内的数据通过逻辑层调取反馈给用户,实现对数据的管理与应用。最后,数据的管理是在数据库建立的基础上,结合数据结构与应用特点选择适合的数据库管理系统,实现数据库的设计理念与逻辑结构框架,完成村落风貌数据库系统的开发。

---

① 叶宇,魏宗财,王海军. 大数据时代的城市规划响应[J]. 规划师,2014(8):5-11.

2.5.2　数据库的系统建构

对数据库的系统建构的研究是在了解数据库技术与应用的基础上，对东北严寒地区村落风貌信息特征与功能应用进行分析，通过不同数据库系统的对比寻找适合的数据库管理系统、数据结构与应用功能模块。

1.村落风貌数据库系统与其他数据库系统的比较

在城乡规划领域里，东北严寒地区村落风貌数据库与常用的城乡规划管理数据库系统、土地利用管理数据库系统在数据结构与功能上存在着区别①②，村落风貌的研究包含村落的自然环境、经济、社会等基础数据和土地利用、街道、庭院、建筑等风貌信息，包含的内容较复杂③。与其他城乡规划相关数据库系统相比较，不同数据库系统所研究对象的尺度与应用特征上都有所不同（表 2.2）。

表 2.2　村落风貌数据库系统与其他城乡规划相关数据库系统的差异

系统名称	村落风貌数据库系统	城乡规划管理数据库系统	土地利用管理数据库系统
目标	建立村落基础风貌信息标准化平台	对城乡规划中各层次与各阶段的规划进行管理	对不同性质的土地进行储存与动态管理
功能	对村落风貌信息进行量化处理与分析，实现风貌规划的科学化与信息化发展	建立城乡规划，编制规范化管理框架，对城乡规划中各项数据的质量进行把控	土地性质、面积等属性信息的储存、更新、检查等，绘制土地利用空间分布等图纸与文本
特点	村落风貌要素的量化提取、风貌建设引导、量化指标框架、风貌特色提炼	对规划方案的建设与实施进行管理，及时评估建设情况，反馈产生的问题	土地利用现状评价、变迁分析，经济、社会、环境等相关数据的分析

① 李雪. 土地利用数据库建立的技术探讨[J]. 江西测绘，2016(3)：57-59.

② 高小莉. 城市规划空间数据库管理系统设计[D]. 西安：长安大学，2014.

③ 王涛，程文. 绿色视角下严寒地区村镇现状特征及规划转型研究[C]// 中国城市规划学会、东莞市人民政府. 持续发展 理性规划——2017 中国城市规划年会论文集(18 乡村规划). 北京：中国城市规划学会、东莞市人民政府，2017：338-347.

2.数据库管理系统的选择

通过上文的研究可知当今主流的数据库系统管理软件主要有 Microsoft Access、MySQL、SQL Server、Oracle、GIS 等,其中 GIS 在城乡规划领域主要对图形数据进行处理,系统的操作有一定的门槛,对系统维护的要求也较高。根据东北严寒地区村落风貌用户的使用需求,数据库系统的选择应以简单易操作、易维护为出发点。通过对不同数据库系统的分析发现,MySQL 具有成本低、体积小、运行稳定等优点①(表 2.3)。

表 2.3　不同数据库系统管理软件比较分析

软件名称	Microsoft Access	MySQL	SQL Server	Oracle
优点	成本低、体积小	轻量级多线程编程、开源数据库、适应不同平台、支持大型数据库、查询功能强大	用户界面操作直观、接口丰富、Web 支持	开放性与可伸缩性强、性能好、安全性高
缺点	数据处理量少、访问客户端不超过 4 个	缺乏标准的 RI(引用完整性)机制、功能有限	只支持 C/S 模式、平台兼容性较差、伸缩性有限	价格昂贵、操作复杂、管理维护成本高

东北严寒地区村落风貌数据库系统构建的目标以对村落风貌的研究为主,开发中既要考虑性能、速度、伸缩性等方面的要求,又要兼顾村落风貌数据量与开发成本要求,通过对多种数据库管理软件应用特点的比较分析,根据东北严寒地区村落风貌信息特征与运算处理需求确定采用 MySQL 作为数据库系统管理软件。

3.系统结构的选择

数据库系统结构主要有 C/S 结构与 B/S 结构两种,通过对两种结构的比较可以看出,B/S 的三层结构更符合东北严寒地区村落风貌数据库系统的用户与操作需求。本书在数量上针对东北严寒地区 28 个村落的各类风貌数据进行收集建库,数据库系统的使用对象以各村政府管理部门、规划科研单位为主,针对不同用户设定相应的访问权限,对数据库系统进行数据查询等操作。C/S 结构不支持系统这种操作方式,当系统内的数据发生改动时,需对所有的客户端进行更新操作,耗费

① 吴沧舟,兰逸正,张辉. 基于 MySQL 数据库的优化[J]. 电子科技,2013,26 (9):182-184.

人力与时间。B/S 结构可为这种由系统升级带来的维护工作带来便利，更新服务器即可。此外，村落风貌中包含的自然风貌、人工风貌、人文风貌等子系统，采用 B/S 结构可实现对不同类型数据灵活的管理维护操作，在数据库系统安装上降低了对客户端硬件、软件的要求，降低了使用中的各项成本。

4.系统的主体功能

村落风貌数据库系统的主体功能为数据的管理、数据的提取分析、数据的应用三部分内容。数据的管理是对村落基础信息与风貌信息的储存、编辑、查询等操作，根据需求调用相应的规划文本、图纸、照片等资料。数据的提取分析主要对不同类型村落风貌进行评价，通过建立量化指标对风貌各要素进行分析。数据的应用主要为将各统计与评价分析结果反馈给用户、数据库系统相关专题拓展应用等内容。

2.5.3　综合评价方法的基础研究

综合评价方法可对村落风貌现状进行更好的解读，对风貌特色进行挖掘与提炼。村落风貌包含的要素复杂，评价方法的选择对风貌科学、客观的研究具有重要意义。

1.评价方法的对比

城乡规划研究中常用的综合评价方法主要有灰色关联分析法、数据包络分析法、TOPSIS 综合评价法等，不同方法根据分析问题的不同在适用范围上有所差异（表 2.4）。通过对不同评价方法的对比分析，结合村落风貌数据结构与评价分析需求，确定村落风貌数据评价分析的方法：首先需确定评价对象与相关数据处理方法，在此基础上建立评价指标体系，设定各指标的权重；然后对评价对象进行计算分析，通过科学的评价模型与评价参考标准得到评价结果，对结果进行分析，对不同评价对象进行排序。

2.评价方法的选择

对评价方法的选择首先要对评价对象的特征进行分析，然后选择合适的评价分析方法。村落风貌涵盖的要素与信息复杂，在村落风貌的评价中无法对所有的风貌要素进行统计分析，因此评价指标体系内选取的村落风貌指标应具有代表性，尽可能地描述村落风貌的真实状态。评价数据与评价标准的确定基于对东北严寒地区村落的调查研究，结合对众多村落风貌研究的数据处理需求，选择 TOPSIS 综合评价法对东北严寒地区村落风貌现状与建设水平进行解析①。本书采用改进的TOPSIS综合评价法,对正理想解和负理想解的评价公式进行优化,得到评价对象与理想解的加权欧氏距离,可使评价结果更加客观、准确②③。

表 2.4 常见综合评价方法比较

分析方法	优点	缺点	应用
层次分析法	结构清晰、明确,适合多目标、多准则的评价分析,实用性强	以定性分析为主,定量分析较少,评级指标较多时权重计算较复杂,不能为决策提供新的方案	多目标、多准则、多方案的决策分析
灰色关联分析法	系统动态历程的量化分析,适用于样本量少的运算分析中	对各因素的最优值确定过程中主观性较强,存在最优值难以确定的问题	包含多种因素的系统中,对各因素进行主次分析与各因素间关系的分析
模糊综合评价法	对模糊的对象采用精确的量化数据进行评价,信息量大且贴近实际	模糊计算流程复杂,对指标权重的确定存在主观性,指标较多时易造成评价失败	评价因素复杂、存在不确定性的领域中,定性与定量因素相结合
数据包络分析法	评价分析多投入、多产出服务的效率分析,善于评估复杂生产系统效率,权重由数据包络分析模型获得,减少了主观的判断	无法给出具体的建议,对效率低下的系统分析结果不准确	投入、产出明确的企业管理,对生产力进行衡量

---

① 胡永宏. 对TOPSIS法用于综合评价的改进[J]. 数学的实践与认识,2002,32(4):572-575.

② 鲁春阳,文枫,杨庆媛,等. 基于改进TOPSIS法的城市土地利用绩效评价及障碍因子诊断——以重庆市为例[J]. 资源科学,2011,33(3):535-541.

③ 文洁,刘学录. 基于改进TOPSIS方法的甘肃省土地利用结构合理性评价[J]. 干旱地区农业研究,2009(4):234-239.

续表2.4

分析方法	优点	缺点	应用
人工神经网络分析法	通过自学习、自适应的方式寻找最优解，对未来发展进行预测	分析结果的准确性依赖学习样本的数量与质量，移植应用性能不强	处理非线性问题，实现仿真、预测、图像识别等
TOPSIS 综合评价法	对多指标、多评价对象的分析，对评价对象进行排序，评价结果接近实际	评价准确性取决于最优解、最劣解，对评价标准的依赖性强	评价指标复杂、评价标准明确的多对象综合评价

第3章　东北严寒地区村落风貌现状特征分析

村落风貌数据库系统的建立是以东北严寒地区村落风貌时态调研为依据，通过对村落自然环境、空间布局、开敞空间、街道、庭院、建筑、人文特色等风貌要素的收集，分析村落风貌的成因与现状问题，形成东北严寒地区村落风貌的基本认知。

3.1　调研方法与研究区域概况

3.1.1　调研方法与数据收集

选择东北严寒地区典型村镇作为风貌调研对象，采用问卷调查、资料收集与访谈踏勘结合等多种方式，对村落自然、人文、人工风貌信息进行收集，获取全面性、完整性与多样性的风貌信息，了解村落建设与风貌发展现状及问题。调研中收集的资料是建立村落风貌信息体系的数据来源，是确定数据库的内容与结构以及数据库系统功能的重要依据，可为东北严寒地区村落风貌特征分析与村落风貌数据库各项数据信息集成奠定基础。村落风貌调研思路如图3.1所示。

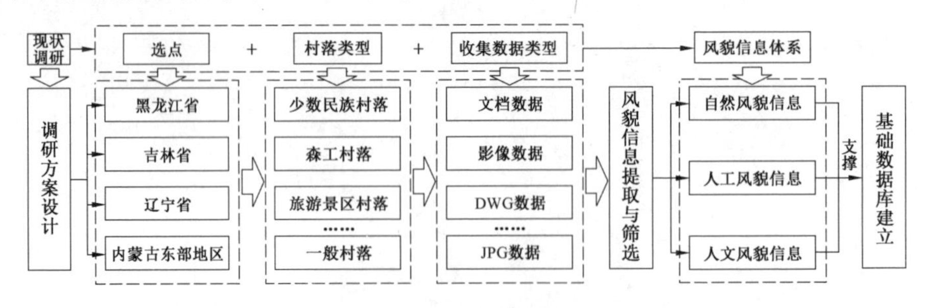

图3.1　村落风貌调研思路

1.调研目标与原则

对东北严寒地区村落的调研与风貌信息收集的目的是了解村落人居环境与建设情况，将调研收集的风貌信息按照信息属性进行整理，便于数据库的储存与管理，因此在调研前应确定调研的目标与数据收集框架，确保村落风貌数据库系统的设计与构建。收集的风貌信息各项资料应完整，应尽可能涵盖村落风貌所涉及的内容，包括基础资料、各类规划图纸与文档、村落风貌照片、访谈记录与问卷等多种信息，保证收集的信息能完整、全面地反映村落风貌的现状。

根据村落基础风貌信息收集方案，将收集的村落风貌信息最终转化为可供利用的数据。基础信息收集必须具有广泛性，尽量涵盖村落风貌各方面内容，并将资料来源按类别、层级、特征分组，提高信息收集的效率，为数据库系统的建构提供基础数据支撑。此外，村落基础风貌信息收集方案设计要简约、实用，提高村落风貌相关资料与信息的收集效率，为基础数据库、标准数据库的建立与数据的提取分析提供保障。

2.调研村镇的选择及基本情况

调研对象的选择关系到研究结果的准确性与真实性，因此在东北严寒地区村落风貌信息收集中，为了较为全面、客观地掌握严寒地区村落风貌现状，调研村镇的选取尽可能处于不同的纬度和地理环境中，尽可能做到空间分布的均衡。东北严寒地区范围较广，区域内村镇的差异较大，调研中应注意选取不同类型的村落，以求真实反映研究区域的整体情况。村镇样本中包含一些具有典型意义的村落，调研样本的风貌类型应多样化，有利于增强村落间风貌的对比性。

在上述原则基础上，为了保证村落风貌的多样性，本书选取了黑龙江省伊春市朗乡镇、海林市新安朝鲜族镇、五大连池市双泉镇，吉林省长春市齐家镇，辽宁省桓仁满族自治县华来镇、开原市庆云堡镇，以及蒙东地区察尔森镇、扎兰屯市成吉思汗镇，共 8 个不同民族、不同产业类型、不同区位的乡镇作为调查研究对象。依据卫星影像图、村庄规划与设计相关图纸等地方政府提供的资料对镇域内行政村信息进行收集与整理。村落内建筑、庭院、街道空间等风貌信息需要通过现场拍照、测绘、记录等方式进行采集，需要花费大量的时间与人力，因此结合前期资料收集情况对镇域内 124 个村落风貌进行初步踏勘，通过综合对比与筛选最终选取具有风貌代表性的 16 个村落，对其风貌信息进行调查收集，收集范围见表 3.1。

表 3.1　村落风貌信息调查收集范围

省份及地区	镇	初选村落数量	详细调查村落	备注
黑龙江省	朗乡镇	18 个	达里村	省级生态村
			迎春村	省级文明村
	新安朝鲜族镇	17 个	西安村	朝鲜族特色村
			光明村	绿色农业
	双泉镇	8 个	双泉村	工业型、矿泉水生产
			宝泉村	矿泉食品
吉林省	齐家镇	21 个	永安村	近郊型
			长兴村	休闲旅游、农业
辽宁省	华来镇	15 个	东堡村	工业型、机械制造
			西堡村	集散贸易型
	庆云堡镇	12 个	老虎头村	旅游服务型
			兴隆台村	农业种植型
蒙东地区	察尔森镇	15 个	振兴嘎查	农业养殖型蒙古族村
			沙力根嘎查	种植与养殖型蒙古族村
	成吉思汗镇	18 个	岭航村	传统型蒙古族村
			领航新村	新农村建设示范村

本次调查研究的内容主要包括村落的地形地貌、山体、水体、植被等自然环境要素，民俗民风、特色生产生活方式等人文环境要素，街道、庭院、建筑等人工环境要素。调研中获取较全面的数据，为东北严寒地区村落风貌信息体系与基础数据库的构建奠定基础。通过走访相关部门收集村落基础信息资料与相关规划建设成果，通过实地踏勘采用文字记录、测绘及拍照的形式记录村落风貌客观信息，通过问卷与访谈了解居民感知风貌的意象信息与村落环境建设的满意度信息。样本村落调研中共发放调查问卷 480 份，每个村落入户发放 30 份，得到有效问卷 473 份，问卷有效率为 98.5%。

3.1.2 研究区域基本概况

1.地形地貌与村落风貌的关系

东北严寒地区北部与东部山水密布，南部地势平坦，西部地区草原植被丰富。地势地貌影响着村落的选址、布局、形态等方面，平原地区地势开阔平坦，村落以农业为主要产业；草原地区以农业与畜牧业为主；水资源丰富地区村落以农业辅以渔业为主；山区内村落则依靠丰富的林业资源进行生产建设①，采用不同生产方式的村落在风貌上也呈现出地域与习俗上的差异。在村落布局与地形地貌的关系上，虽然大多村落在发展建设中缺少规划的引导，但受到传统风水观念的影响与建设水平的限制，村落风貌整体上呈现出与自然环境相融合的特点。

东北严寒地区种植业分布广泛，农业景观丰富。平原地区广泛种植水稻、大豆、玉米、高粱等，高度机械化带来了农田肌理清晰、规整辽阔的景观风貌；丘陵地区农田分布依山就势，农田形状自由，形成自然而有机的景观风貌。严寒地区四季分明，农作物随季节的变化呈现出不同的色彩，使农业景观富于变化，春、夏、秋季农作物大面积种植，以黄、绿、红色等色彩为主，形成极简且秩序感强的意象；冬季白雪覆盖在田埂地垄上，景观色彩则以白、褐、黑色等为主(图3.2)。

(a)朗乡镇迎春村

(b)齐家镇长兴村

图3.2　不同季节农业景观

2.气候特征与村落风貌的关系

村落风貌的形成与地域气候条件密不可分。东北严寒地区气候总体上夏季凉爽短暂，冬季寒冷漫长、气温低且干燥、昼夜温差大、西北风盛行、日照时间短，村落内建筑群体布局，建筑造型、体量、色彩、材质等方面呈现出气候适应性。村落内建

① 周立军，陈伯超，张成龙，等. 东北民居[M]. 北京：中国建筑工业出版社，2009.

筑的布局多为行列式、大间距,南北单一朝向,以获取最长日照时间。庭院通常采用围合式,围墙多采用砖石,在抵御冬季寒风的同时改善院落内的小气候环境。居住建筑低矮且形体规整,建筑平面以长方形为主,屋顶多采用坡屋顶的形式。建筑外墙厚重,南向窗户开口较大,北向开小窗或不开窗,建筑的密闭性较强。此外,气候因素也通过影响生产与生活方式进而影响人们的文化习俗,形成了炕上起居、季节性劳作的行为模式。

3.人文环境与村落风貌的关系

人文环境是村落风貌形成不可缺少的因素,生产生活方式、风俗习惯、民族文化等人文要素是风貌的内涵所在。受农业生产与农耕文化的影响,东北严寒地区村落风貌呈现出质朴的特征,农耕劳作也促进了村民间的交流。传统及少数民族村落的信仰与地域文化在景观风貌的形成中也有所体现,如满族“近水为吉,近山为家”的选址思想影响着聚落布局,蒙古族对白色的崇尚使村落建筑在色彩上和谐统一。

3.2 村落空间布局风貌特征

3.2.1 村落空间布局与模式

受自然因素的影响,村落空间布局与其地貌特征相适应,平原地区村落分布较为分散,山水密集地区村落多呈现山水相伴的特征(图 3.3)。东北严寒地区村落于平原地区分布较多,土地资源丰富,以传统农业生产为主。受耕地面积与耕作半径的影响,村落之间的距离较大,东北严寒地区农村地广人稀的特征导致村落在规模上普遍较小。

受地形地貌、气候条件与生产方式的影响,平原地区村落形成了格网式的农田肌理,受地形地貌、耕种方式、耕作出行的影响,村落通常均质地分布在农田之间。山水密集地区村落布局相对灵活,随地形地势展开,村落空间形态自由。结合不同区域的地貌与生产特点,东北严寒地区村落在空间形态与平面布局上呈现出向心集中式、带状式、网格式、多向放射式、自由式和复合式等不同模式(图 3.4)。

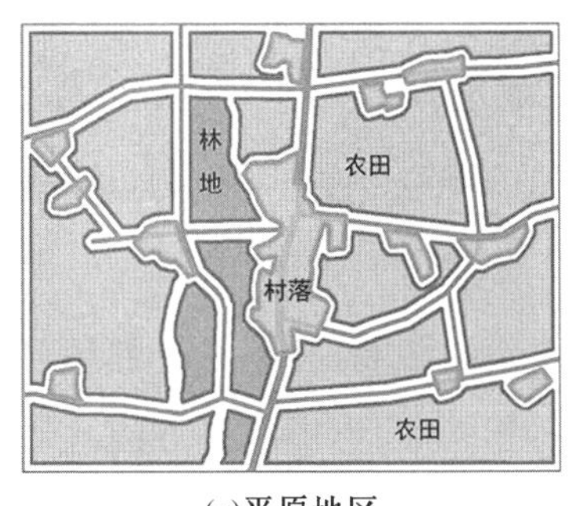

(a)平原地区

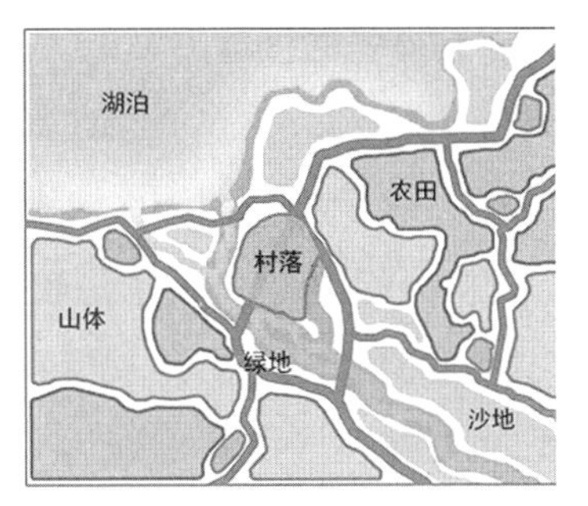

(b)山水密集地区

图 3.3　村落空间布局形态示意

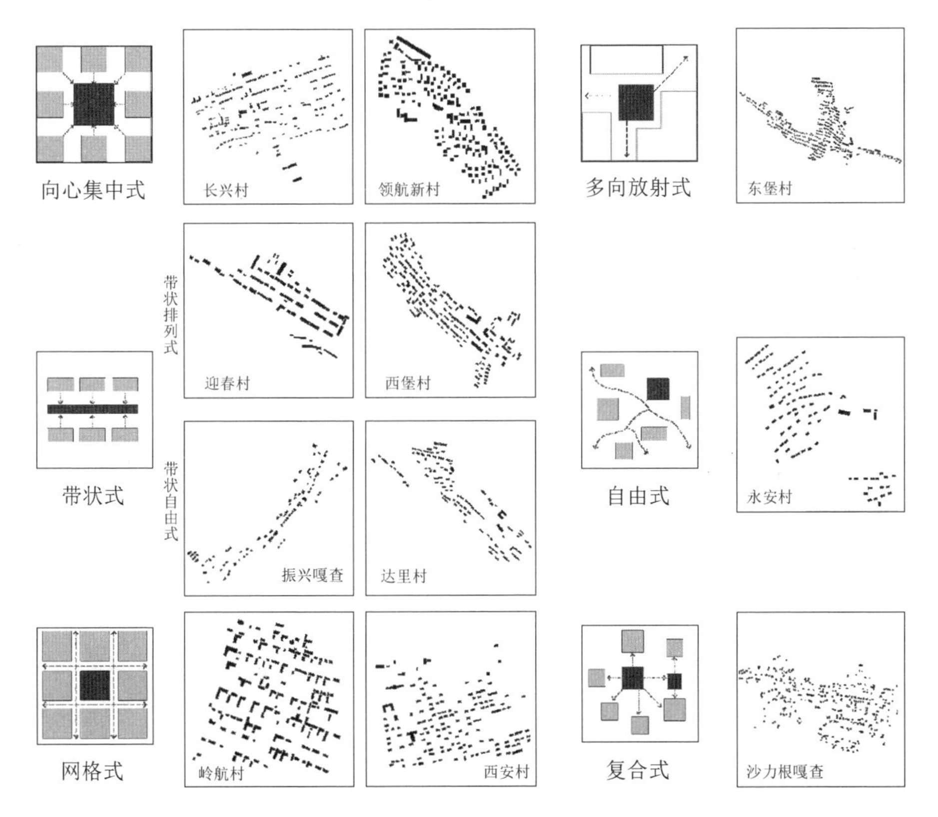

图 3.4　调研村落布局模式

(1)向心集中式。村落内建筑围绕开敞空间或公共建筑布局,道路沿建筑外围穿插其中。东北严寒地区向心集中式村落受山体、水体等自然因素限制,呈现出集中行列式布局与集中自由式布局等模式。

(2)带状式。村落内建筑沿公路、河流等分布,形成紧凑的条带状空间形态,村落与周边自然环境的接触界面较大，其长短轴之比通常大于 3 ∶ 1，包括带状排列式和带状自由式两类。

(3)网格式。公共建筑位于中轴线上，街巷空间按横平竖直呈棋盘式排列，由道路划分的院落面积均匀，空间形态较规整。

(4)多向放射式。受地形地貌等自然因素的限制，村落充分利用可建设的用地进行发展，由最初发展的聚集地为中心向外拓展，形成了多方向放射状的空间形态。

(5)自由式。受地形、水体或耕地分布的限制，村落在发展建设中未能形成一个中心，各个居民点相分割，由道路或水系相联系。村落内部空间联系度较弱，但开敞渗透性较强。

(6)复合式。复合式的村落内部通常包含两种或两种以上的布局模式，规模较大的村落内具有多个中心，周边建筑围绕每个中心布局，道路网络复杂，混合了网格式、放射式、自由式等形态形成综合模式。

采用 Boyce-Clark 形状指数①对调研村落形态的紧凑程度进行分析，其计算公式为

$$\mathrm{SBC} = \sum_{i=1}^{n} \left| \left(r_i / \sum_{i=1}^{n} r_i \right) \times 100 - \frac{100}{n} \right| \tag{3.1}$$

式中，SBC 为形状指数；r_i为研究图形内的优势点（本书选取质心为优势点）到图形边界半径的长度；n 是具有相等角度差的辐射半径的数量。n 的值越大，计算结果越精确，本书根据经验将 n 取值为 32。由公式(3.1)可知 SBC 的值越小，形态就越紧凑。虽然学界对 Boyce-Clark 形状指数方法的计算精度有褒贬不同的评价，但大量的实践研究表明，形状指数计算的结果与其他方法相比较更能够准确反映形状的特征②③，形状示意及形状指数如图 3.5 所示。

---

① BOYCE R R, CLARK A V. The concept of shape in geography[J]. Geographical review, 1964, 54(4): 561-572.

② LO C P. Changes in the shapes of Chinese cities, 1934—1974[J]. Professional geographer, 1980, 32(2): 173-183.

③ 王新生，刘纪远，庄大方，等. 中国城市形状的时空变化[J]. 资源科学，2005，27(3)：20-25.

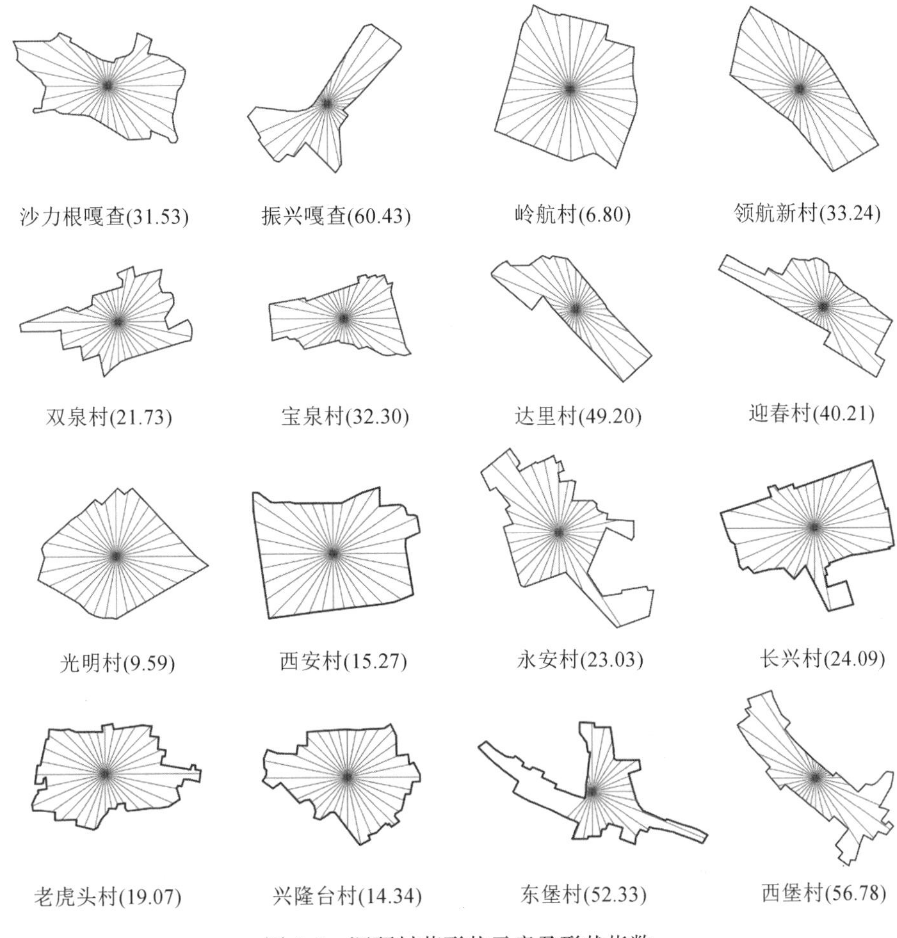

图 3.5 调研村落形状示意及形状指数

调研各村落的形态较为紧凑,平均值为30.62(图3.6)。形状指数大于40的村落为振兴嘎查、达里村、迎春村、东堡村和西堡村,皆位于山区内,受地形影响村落布局呈现出带状或多向放射式,因此形状指数相对较大。

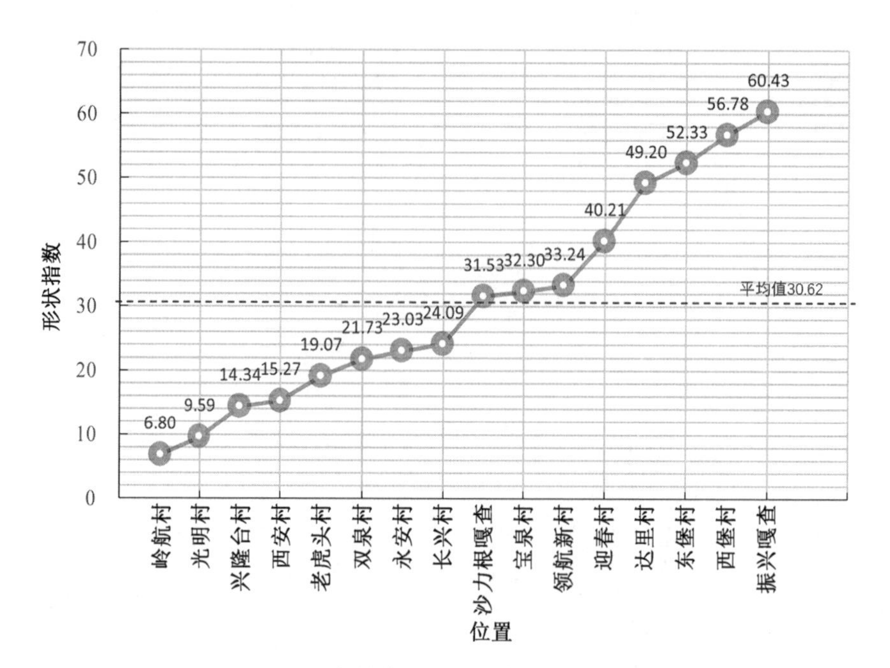

图 3.6　各村落形状指数计算结果分布示意

3.2.2　村落用地规模与构成

东北严寒地区村落规模特点为用地规模小，人均建设面积大。受传统农业耕种影响，村落规模不宜过大，村内人口不宜过多，以便于耕种出行。调研各村落用地规模普遍不超过 0.4 km²，但人均建设用地面积普遍超过地方标准（图 3.7），调研村镇内人均建设用地面积均超过 200 m²，齐家镇的人均建设用地面积甚至高达 472 m²。

村落内生产建设活动以农村居民自发组织为主，围绕与村民生产、生活活动密切相关的内容展开，因此用地构成简单。村落内以居住用地为主，占总面积的 60%～70%；道路广场用地占 10%～20%；公共设施用地内以村委会、食杂店等为主，占 5%～10%；工程设施用地所占比例较小，仅为 1%～5%。绿地，文体科技用地，环卫、防灾等市政设施用地较少，未能达到相关规范要求；生产设施用地与仓储用地很少见且比例不均；村落内还普遍存在用地闲置的现象。

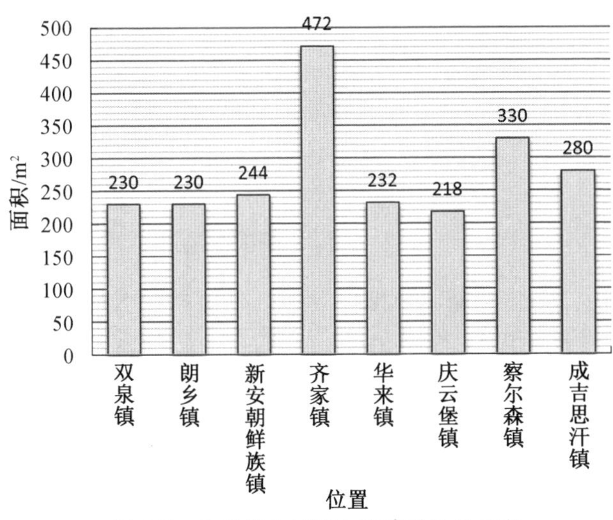

图 3.7　典型样本村镇人均建设用地面积

3.3　村落街道与开敞空间风貌特征

3.3.1　路网形态

东北严寒地区村落内道路以服务农业生产、交通运输与村民日常活动为主，结合建筑布局形式与农机设备使用需求，道路多平整，线形以直线为主[1]，形成以南北为主要轴线的鱼骨式、格网式和混合式的路网形态（表 3.2）。

表 3.2　村落路网形态结构

路网结构	特征	模式
鱼骨式	通常以一条南北向道路为主要轴线，东西向道路与主路相连，形成了鱼骨状的形态	主路 支路 支路 支路

① 张晓阳，霍达．我国格网式村庄布局的形式、问题及改造［J］．北京工业大学学报，2009（7）：960-965.

续表3.2

路网结构	特征	模式
格网式	东西向与南北向各有一条道路作为主轴,其他道路与主轴垂直或平行布置	 主路 支路 主路 支路 支路
混合式	由多种路网结构混合构成,适用于规模较大的村落,鱼骨式、格网式与自由式相结合的方式较为常见	 主路 支路 主路 支路 支路 主路 支路

3.3.2 街道空间尺度与界面

东北严寒地区村落道路等级大致可分为主要道路、次要道路、宅间道路三级,不同级别道路均采用一块板形式(图 3.8)。主要道路为村落对外联系以及联系村落内各自然屯的道路,路面宽度为 7~10 m(此处路面宽度取上限值),高宽比(H:

D)介于 1∶3~1∶4 之间,空间感受较为开敞,居民往往会更多地体会空间的细部,如村委会、广场、标牌、路灯、雕塑等。次要道路连接各居住组团,路面宽度为 4~6 m,高宽比多为 1∶2。宅间道路高宽比接近 1∶1,空间感受私密性强,路面宽度为 3~4 m,常为近端路(图 3.9)。

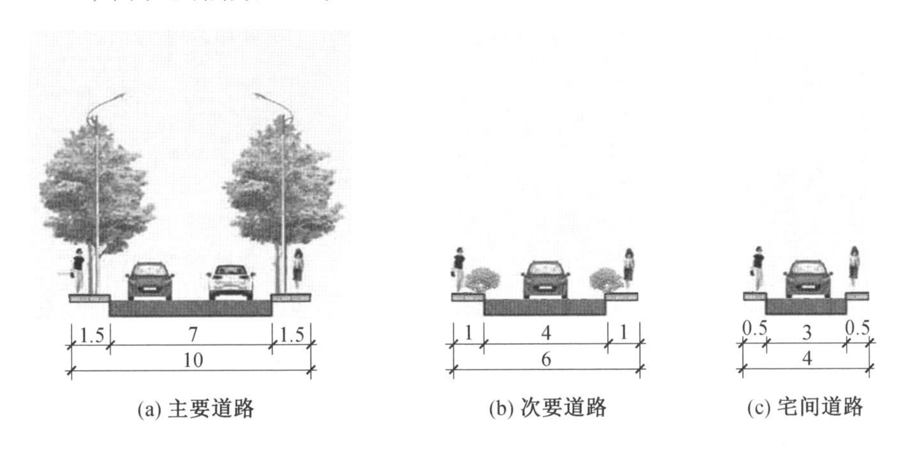

(a) 主要道路　　(b) 次要道路　　(c) 宅间道路

图 3.8　村落道路断面图(单位:m)

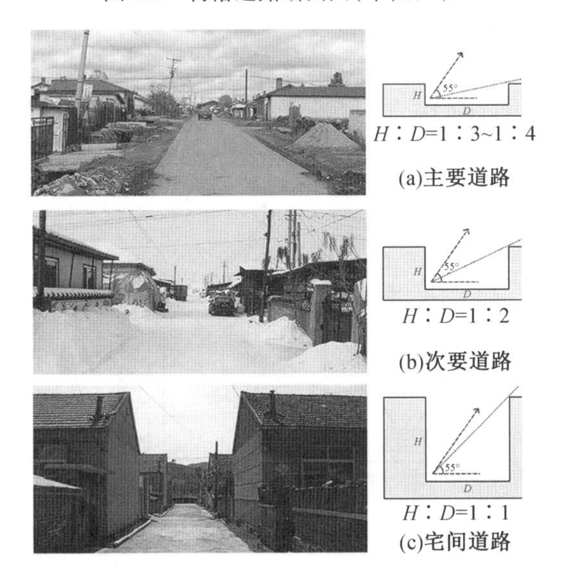

图 3.9　不同等级道路空间比例关系

所调研的村落内,主要道路和次要道路的路面硬化率达到 81.67%,宅间道路的路面硬化率仅为 9.33%,各级道路两侧几乎无路灯,主要道路和次要道路两侧或单侧有排污明沟,垃圾箱、垃圾堆放点往往位于道路交叉口处。

3.3.3 开敞空间

开敞空间作为街道的节点空间以活动中心广场、街头广场、村委会广场等为主(图3.10)。地面铺装材料通常选用水泥板与混凝土路面砖，以满足休闲交往、集会活动、体育运动等使用需求。广场内布置有体育设施与健身器械，但由于缺少管理维护导致部分设施无法使用。

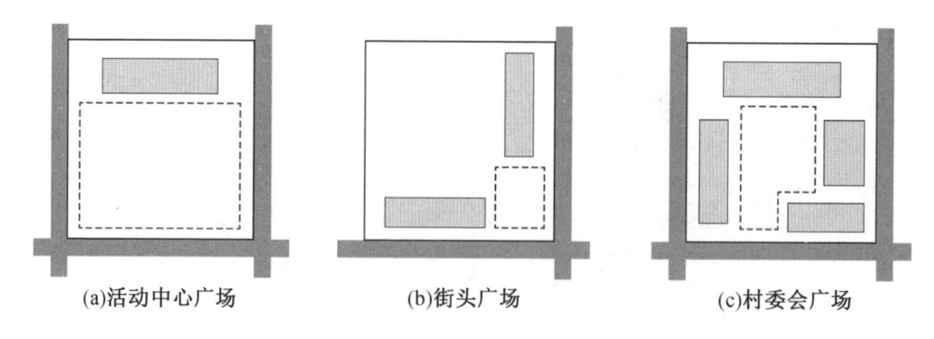

图 3.10　村落广场形式

空间围合以公共建筑与绿化为主，布置于建筑南侧，并在冬季风向一侧布置建筑或绿化，减少冬季寒风对室外活动场地的影响(图 3.11)，占地面积一般在 1 000~2 000 m^2，高：宽为 1：3~1：4，能形成良好的空间界定。农村居民对广场使用活动可分为休闲交往、文体娱乐、农业生产服务三大类，各类活动的内容与使用比例如图 3.12 所示。村落内绿地缺乏，人均绿地指标低于国家与地方标准。

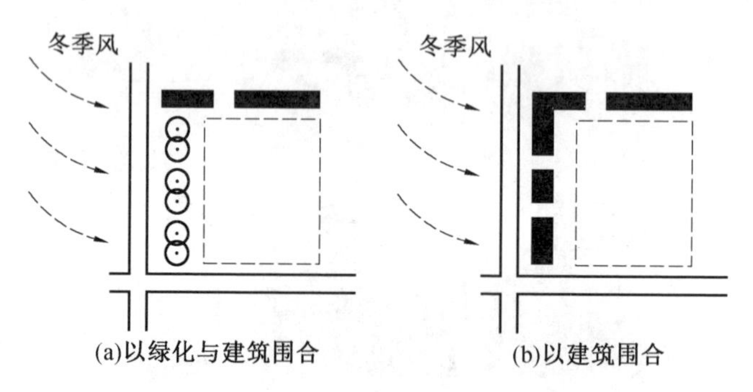

图 3.11　广场布置方式

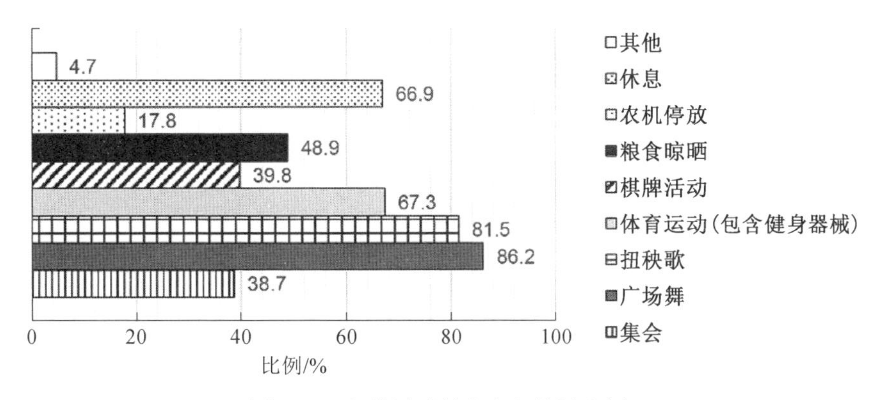

图 3.12　各类活动的内容与使用比例

3.3.4　绿化与设施

东北严寒地区村落绿化方式主要为防护绿地、公共绿地、道路绿化、庭院绿化、滨水绿化和其他用地绿化，调研中发现村落内主要绿化形式以街道两侧的绿化为主。植物种类方面乔木以白杨树、春榆、旱柳、白桦等落叶乔木为主，以红皮云杉、樟子松等针叶常绿乔木为辅，结合榆叶梅、紫丁香等灌木，野牛草、爬山虎等草本与藤本植物和芦苇、菖蒲等水生植物综合配植，起到防风固沙、涵养水源、净化空气和美化环境的作用。

街道设施上，道路亮化与硬化的比例不高，在对政府相关管理部门的访谈中了解到东北严寒地区农村在市政设施上的预算较少，加之村民日常从事农业生产活动，夜间外出活动较少，因此街道的亮化率较低。在垃圾处理上，沿主要道路或在开敞空间内布置垃圾设施（图 3.13），沿街布置的垃圾设施集中在各个庭院出入口 50 m 范围附近，村内统一安排定期对垃圾进行收集与清理，运送到村内垃圾中转站存放，再由镇级环卫部门工人将各村内垃圾运送至垃圾填埋场或垃圾处理厂。

图 3.13　村落垃圾设施

调研的村落内沿街道两侧布置的垃圾设施总体配置上也较为缺乏。

3.4 村落庭院风貌特征

3.4.1 庭院功能与组合模式

东北严寒地区村落庭院的功能、面积与组合模式与村落规模、宅基地面积、生产活动等因素密切相关。调研村落内庭院面积差异较大，大的超过 900 m^2，小的不足 300 m^2，多数庭院面积在 400~800 m^2 之间，约占总庭院数量的 75%（图 3.14）。东北严寒地区村落庭院由村民自发建设，空间布局与功能构成上满足农村居民日常生活与生产活动需求，除日常居住活动空间与仓储空间外，还包含种植、养殖等农业生产空间与室外旱厕等，调研中 95%以上的居民会在自家庭院内进行农业生产活动，自给自足（图 3.15）。

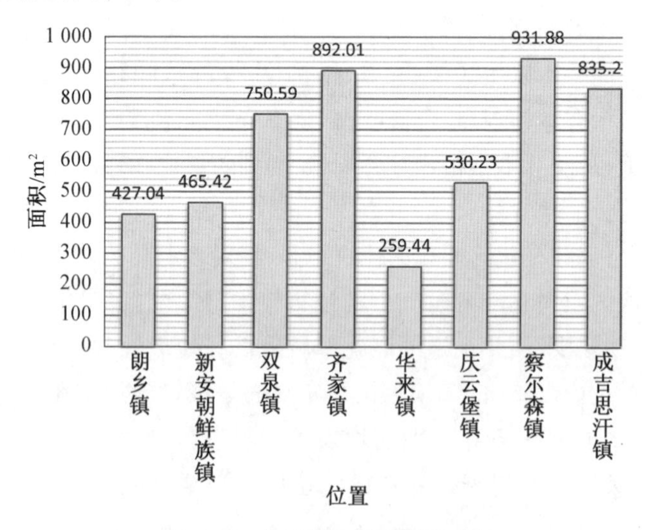

图 3.14 典型样本村镇庭院面积

受自然气候条件、道路与建筑布局、地域习俗等因素影响，东北严寒地区村落庭院平面形态以南北狭长的矩形为主，长边与短边的比例通常在 2∶1~4∶1 之间。住宅作为庭院内的主体建筑，往往位于庭院内的核心位置，结合庭院的功能布局形成前端式、后端式与中心式三种类型。其中，由于前端式将南向庭院空间划分的面积很小，只有在地形与空间受限制的情况下才会出现前端式布局，因此较为少见，占 5%~10%；中心式较为常见，占 70%~80%，住宅往往位于庭院中心偏北的位置；后端式常出现于种植需求较大农户的庭院内，占 10%~20%，南向院落空间丰

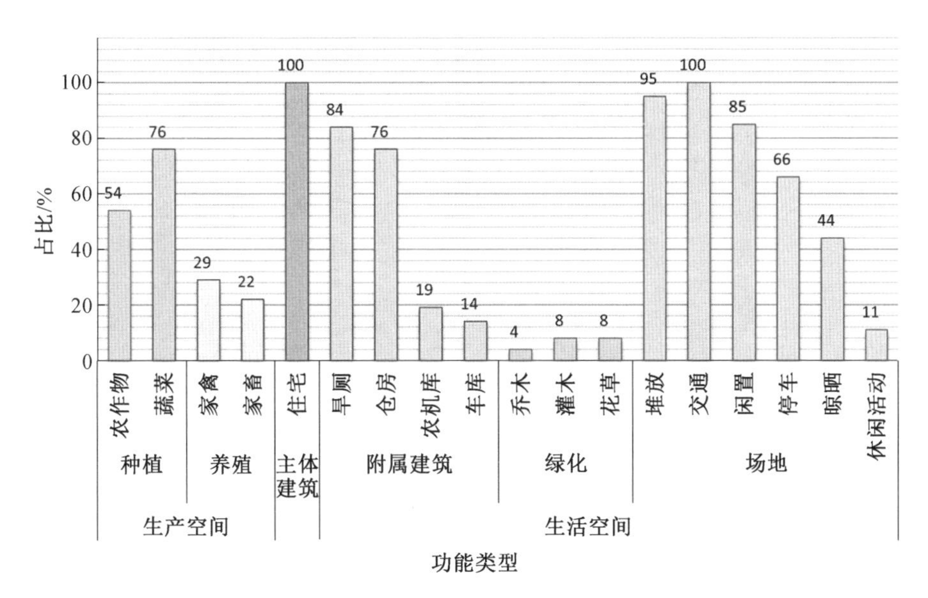

图 3.15　庭院功能类型与配置率

富。不同位置的住宅影响附属建筑物的布局与庭院的空间、功能划分(图 3.16)。庭院内附属建筑以仓房、室外旱厕、禽畜养殖舍棚等为主,功能单一且面积较小,于庭院内围绕住宅布置且相互独立。水果、蔬菜等农作物多种植于住宅后,前院空间较大的庭院在满足交通、日常活动、储存等需求的基础上种植农作物,将空间合理划分与利用。

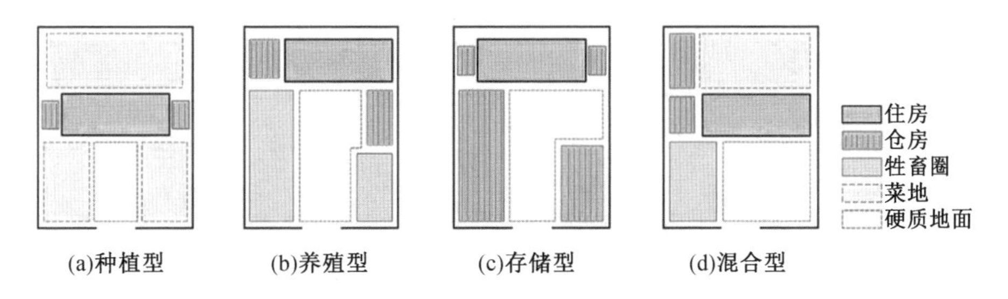

图 3.16　庭院的功能与布局模式

庭院普遍采用封闭式围合的形式,以防止冬季寒风的侵袭。作为庭院空间的主要围合界面,围墙的高度、材质等特性会形成不同的庭院空间感受。村内围墙材质信息要素主要包括天然石材、红砖、木材、金属等(图 3.17),天然石材和木材的围墙在色彩及造型上与环境的关系较为和谐,砖墙比较坚固,使庭院的私密感更强,金属材质的围墙最通透,院落空间感受更开放。庭院围墙高度往往不超过 1.5 m,以便于采光与通风。

(a) 天然石材　(b) 红砖

(c) 木材　(d) 金属

图 3.17　不同材质的围墙

3.4.2　庭院绿化与地面铺装

1.庭院的植被绿化

受东北严寒地区气候因素的影响，村落庭院内的种植以农作物为主，对景观绿化植物的种植比例不高，因此庭院内绿化覆盖率仅为 2%～10%。庭院内植被绿化的种植具有抵御冬季寒风、改善庭院小气候的作用。调研村落内，庭院内种植由于位置的不同，所选择的植物类型也不同。前院内以种植花卉与低矮的灌木为主，主要起到观赏的作用；后院内以种植乔木为主，以气候防护为主要功能。不同的植被种植形式共同构成了村落庭院内的局部景观（图 3.18）。

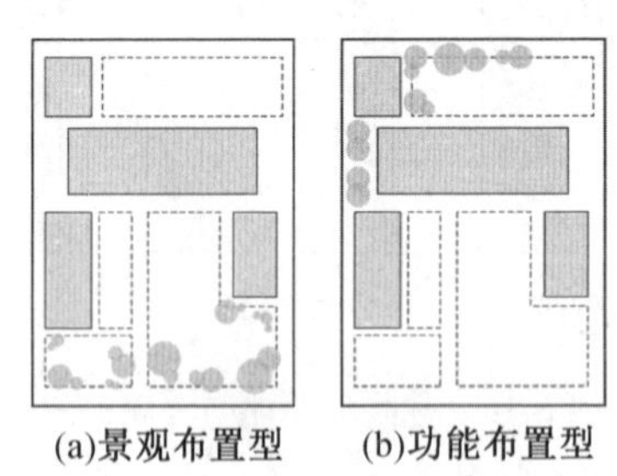

(a)景观布置型　(b)功能布置型

图 3.18　院落绿化布置示意图

2.庭院的地面铺装

东北严寒地区庭院内不同空间功能采用对应的铺装形式，庭院内除种植、养殖与仓储空间外的其他空间通过地面铺装以满足日常活动的需求。铺装材料包括水泥、砖石等硬质铺地和沙土等软质铺地。硬质铺地材质常应用于以交通功能为主的场地内，通常为连接住宅与庭院的出入口以及住宅建筑周围的区域，使庭院内的

主要交通空间地面硬质化。庭院内日常交往、休闲娱乐空间地面根据农户需求与建设能力采用硬质铺装与软质铺装相结合的方式铺就，该活动区域周围通常布置绿化，夏季可作为休息乘凉与晾晒空间，春秋季可作为农机与粮食的临时存放空间，冬季可作为秸秆、农作物、农具的堆放空间（图 3.19）。此外，地面铺装的颜色、图案、组合方式等体现了村落地域与民族特色，吉祥图案、少数民族特色装饰纹样等常出现在地面铺装上，突显了村落人文风貌特色。

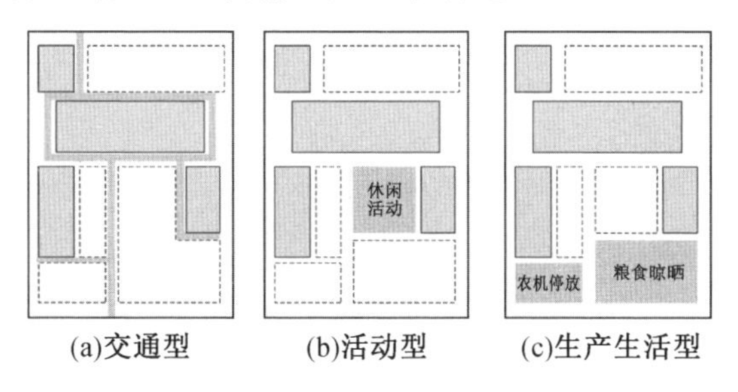

(a)交通型　(b)活动型　(c)生产生活型

图 3.19　地面铺装区域示意图

3.5　村落建筑风貌特征

东北严寒地区村落内建筑以住宅为主，农村住宅具有生产和生活的双重属性，其建设具有自发性和跟随性①。本书调研以严寒地区农村低层独立或联立农宅为主，通过对黑龙江省、吉林省、辽宁省和内蒙古自治区东部典型农村的实地调研，从建筑的基本形式、户型与平面组合、使用功能等方面进行分析，探索村落风貌中建筑设计、建造方式、传统风格与文化特色继承等方面特征。

3.5.1　建筑平面布局

受地形与宅基地面积的影响，不同地区村落内建筑面积也有所不同，平原地区的面积普遍大于山地地区，例如位于平原地区的齐家镇、庆云堡镇、新安朝鲜族镇、察尔森镇以 50~80 m^2 的住宅为主，并存在少量 120 m^2 以上的住宅；而位于山区的朗乡镇与华来镇的住宅面积多在 30~60 m^2 之间，且均在 120 m^2 以下（图 3.20、图 3.21）。

在平面布局上，以“一明两暗”②的模式为主，布局紧凑、规整且单一，将卧室、

① 付本臣，黎晗，张宇. 东北严寒地区农村住宅适老化设计研究[J]. 建筑学报，2014(11)：90-95.

② 张凤婕，万家强. 东北地区汉族传统民居院落原型研究[J]. 华中建筑，2010(10)：144-147.

客厅等主要居住功能的房间布置于南向，以争取充分的日照；储藏室等附属功能空间设置于北侧，厨房往往位于中部，兼具交通功能，灶台与两侧卧室中的火炕相连。

东北严寒地区农村建筑大多由村民自主设计并施工建造，虽然缺乏相关的设计指导和设计规范，农村居民会能动地根据家庭结构与居住习惯对住宅的平面布局进行调整，充分发挥自发性和创造性。但不论如何变化，严寒地区农村住宅平面布局仍以“一明两暗”为基础，在功能上不断拓展。

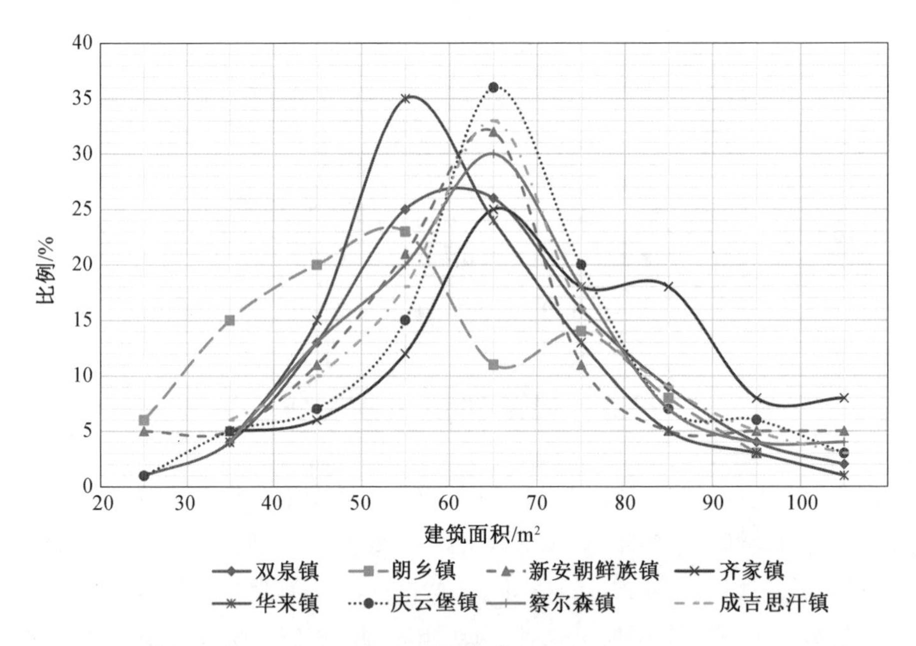

图 3.20 建筑面积比例分布

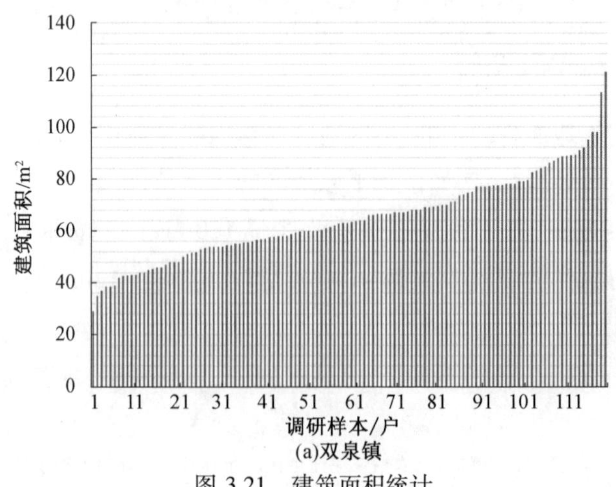

图 3.21 建筑面积统计

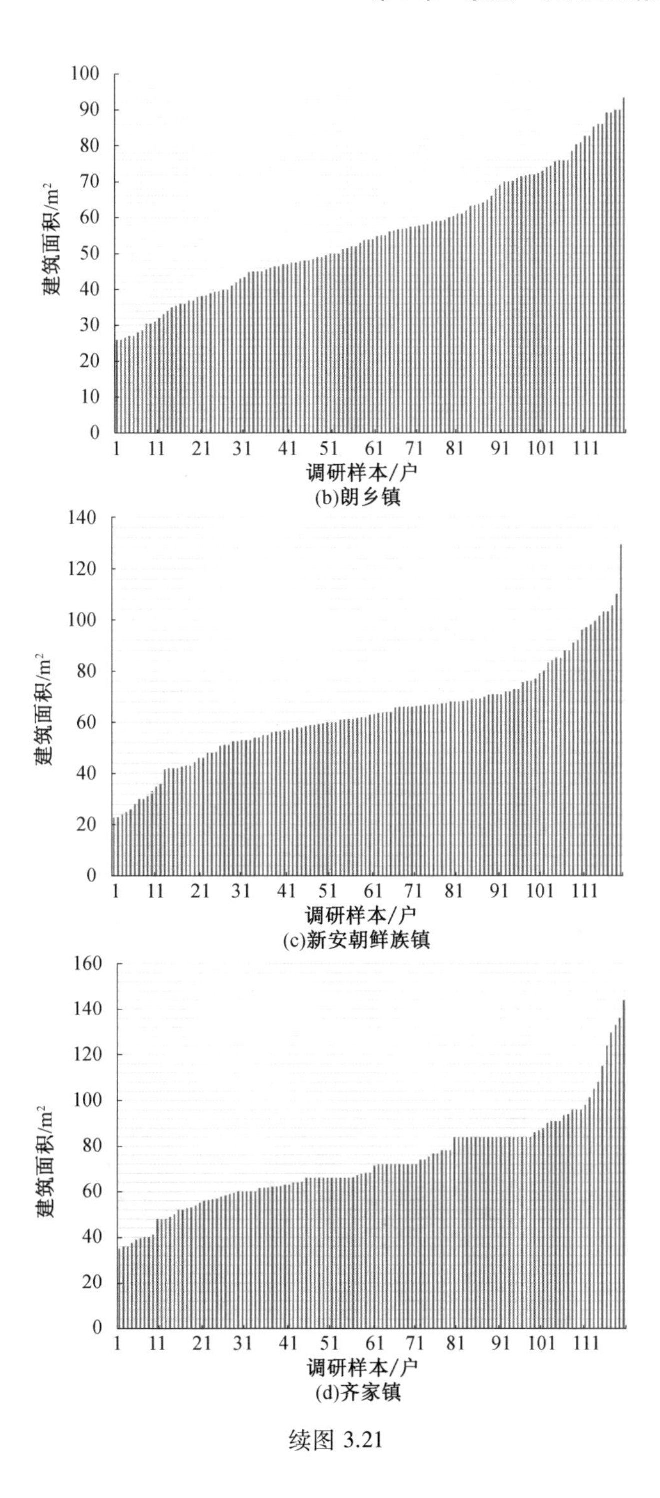

续图 3.21

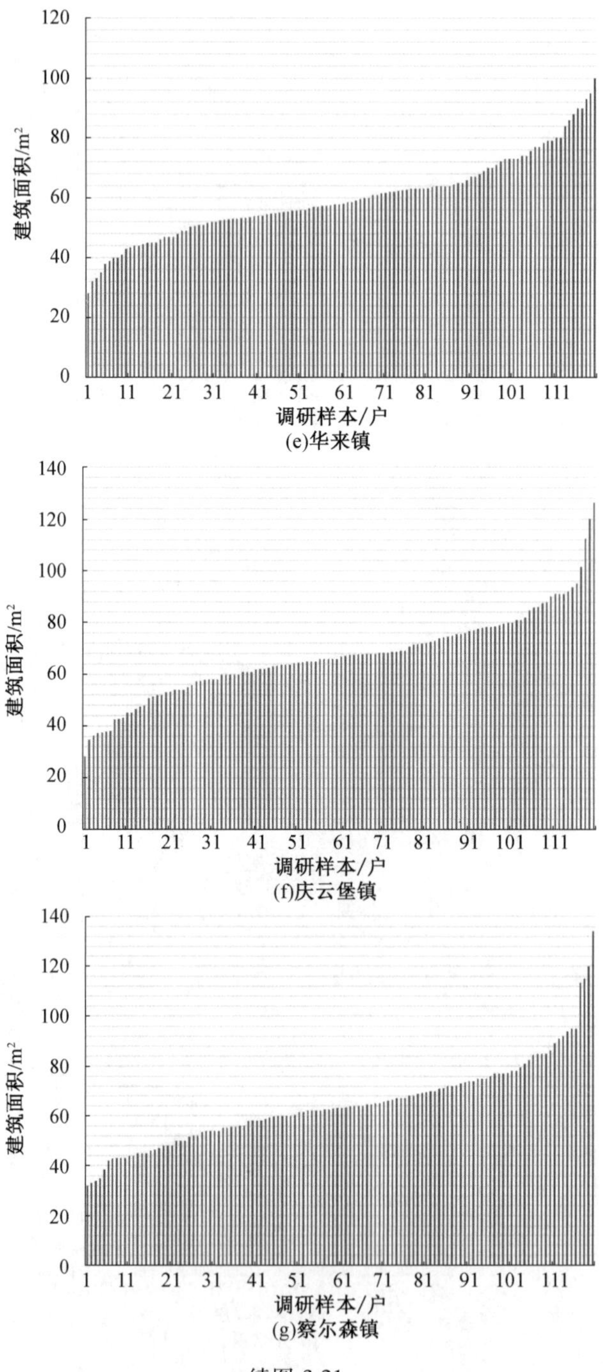

(e)华来镇

(f)庆云堡镇

(g)察尔森镇

续图 3.21

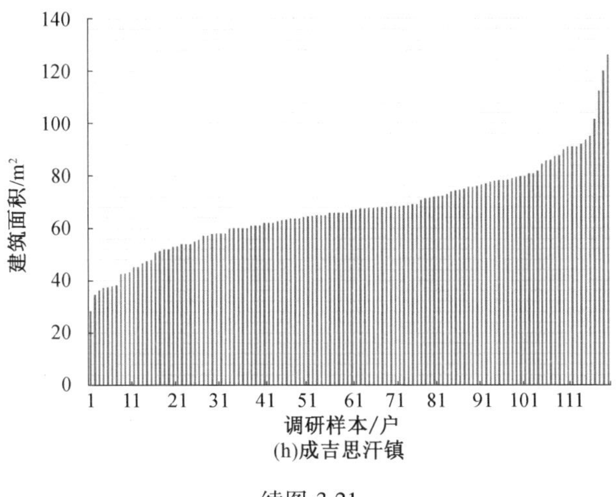

(h)成吉思汗镇

续图 3.21

1.村落建筑的功能特征

东北严寒地区村落建筑使用功能上应满足居民的基本日常生活需求，住宅中的功能性房间仍以卧室、厨房为主，并随着室内面积的增加在功能上产生拓展与演变(表3.3、表3.4)。30 m² 左右的住宅是满足农村居民日常生活使用的最小规模，平面规整方正、功能简单，一般只具备休息和厨务功能；随着面积的增大，30~50 m² 的住宅开始向“一明两暗”的模式演化，平面布局开始讲究对称，住宅内开始具备起居、储存等功能；50 m² 以上的住宅根据家庭结构与使用需求丰富了平面功能，平面设计上也更加灵活丰富。

通过对不同尺寸建筑平面的分析可以看出，东北严寒地区村落住宅功能单一，功能分区混乱。卧室是农村居民日常活动的核心，由于大部分住宅建设年代久远，平面内缺少独立的客厅与餐厅，卧室便成为承载休息、就餐、会客、娱乐等功能的主要空间，使用上存在着行为单元重叠化与并置的问题，即在建筑内同一空间不同时间内或不同区域内具有不同的使用功能与要求①。交通空间位于平面中间，与厨务、储存空间混合。严寒地区农村基础设施建设落后，建筑基本处于“有上水没下水”的状态，室内基本不具备如厕、洗漱、洗衣等功能，因此室内与院落共同构成了满足居民日常生活功能需求的空间载体。

① 李耀培，赵冠谦，林建平. 中国居住实态与小康住宅设计[M]. 南京：东南大学出版社，1999.

表 3.3　典型住宅平面尺寸与功能对比(一)

	基本型	演变型		
空间构成类型	B K F	S B K F	B B K/F	S B K F
平面组织	火炕 厨房 卧室 门厅	卧室 储藏室 厨房 火炕 门厅	卧室 卧室 火炕 火炕 厨房	厨房 储藏 门厅 火炕 卧室
实景照片				
建筑面积/m^2	30	30	44	27
家庭人口	1	2	2	1

注:B 为卧室、K 为厨房、F 为门厅、S 为储存室。

表 3.4　典型住宅平面尺寸与功能对比(二)

	基本型	演变型		
空间构成类型				
平面组织				
实景照片				
建筑面积/m^2	46	46	85	101
家庭人口	2	3	4	4

注:B 为卧室、K 为厨房、L 为客厅、F 为门厅、S 为储存室、W 为卫生间。

2.村落建筑使用的行为流线特征

村落住宅使用流线主要包括休息与起居流线、厨务与就餐流线、会客与娱乐流线,由于住宅功能分区混乱,各功能相互嵌套,各流线之间会产生相互交叉与干扰(图 3.22)。厨房与入口处的交通空间无分割,往往会造成烹饪过程中产生的油烟、废气影响卧室、客厅的空气质量。而私密性最强、使用频率最高的卧室因其兼具就餐、会客、休闲娱乐等功能,造成流线交叉、私密性下降。室外卫生间的布置方式会造成居民在如厕时对厨务、会客等活动的干扰。

3.平面空间的面积尺度特征

村落建筑大小没有统一的规范与要求,通过对不同户型建筑的各功能性房间所占面积比例的统计(图 3.23)可以看出,卧室等私密空间的设置较大,占建筑面积的 50%左右;客厅、门厅等公共空间的面积所占比例过小;厨房面积较为固定,不同户型的住宅内厨房面积一般为 12 m^2 左右。通过对家庭结构与平面布局做相关性分析(表 3.5),可以看出严寒地区村落常年在家人数与住宅面积、卧室面积呈显著

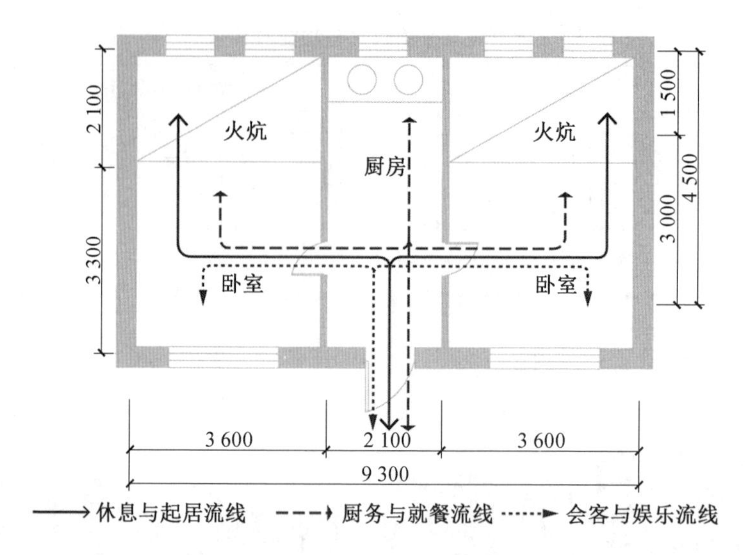

图 3.22　典型村落住宅平面流线分析(单位:mm)

正相关,说明住宅房屋面积的大小随着家庭人口数量的变化而变化;家庭年收入与住宅面积呈显著正相关,说明经济条件好的家庭会选择建造面积大的住宅;住宅面积与闲置面积呈显著正相关,说明随着建筑面积的增加,闲置面积也随之增大,农村居民在设计住宅时不能有效地对空间进行合理的布局与利用,造成了空间的浪费。

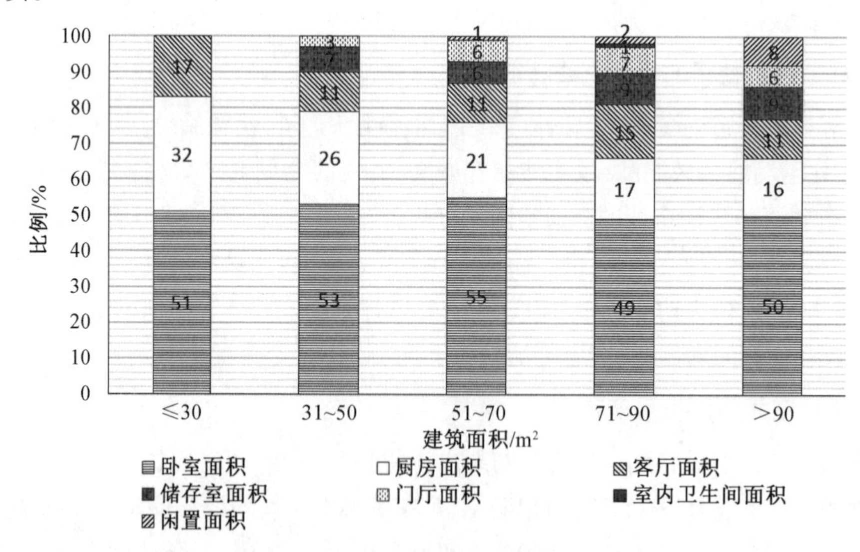

图 3.23　各类功能性房间所占面积比

表 3.5　家庭结构与平面布局相关性分析

	住宅面积	卧室面积	厨房面积	客厅面积	储存室面积	门厅面积	室内卫生间面积	闲置面积
常年在家人数	0.722**	0.502**	0.220*	0.195	0.402**	0.358**	−0.065	0.357**
家庭年收入	0.579**	0.410**	0.315**	0.238*	0.033	0.326**	0.073	0.252*
宅基地面积	0.317**	0.232*	−0.080	0.158	0.161	0.187	0.019	0.302**
住宅面积	1	0.697**	0.309**	0.372**	0.412**	0.376**	0.203*	0.522**

注：** 在 0.01 水平（双侧）上显著相关，* 在 0.05 水平（双侧）上显著相关。住宅面积除了受家庭人口、家庭收入等可量化的因素影响外，还受地方政策、居住习惯、文化风俗等不可量化因素影响，而此类影响因素因无法进行计量统计，所以导致该分析结果显著性降低，因此本书选取数值大于 0.5 的结果并认为是显著相关的。

4.平面布局的民俗特色

不同的民族文化、居住模式与生活习惯导致了建筑平面布局的不同，例如满族住宅的平面布局形式体现出民族鲜明的特征，房屋形似口袋，俗称“口袋房”。满族人以西为贵，因此住宅中西侧卧室更受重视。满族卧室中的炕称为“万字炕”，环室设置，兼具起居与坐卧的功能，南、北炕面宽大，西侧炕面稍窄，炕的东端连接炕灶①（图 3.24）。传统朝鲜族住宅平面布局以锅灶连着大炕的居室为特点，进屋脱鞋，席炕而坐，卧室、客厅、厨房等空间均围绕着炕布置，且没有明确的划分界限②。满族与朝鲜族的住宅在平面布局上虽各具特色，富有变化，但仍然具有以卧室为核心、各空间功能混杂、流线交叉的特点。

建筑矮小且形体规整，墙体厚重，多采用硬山的屋顶形式，平面以长方形为主，布局多为“一明两暗”的模式，紧凑、规整且单一，这样的建筑体形系数较小，有利于保温。

---

① 高丙中. 民俗文化与民俗生活[M]. 北京：中国社会科学出版社，1994.

② 金俊峰. 中国朝鲜族民居[M]. 北京：民族出版社，2007.

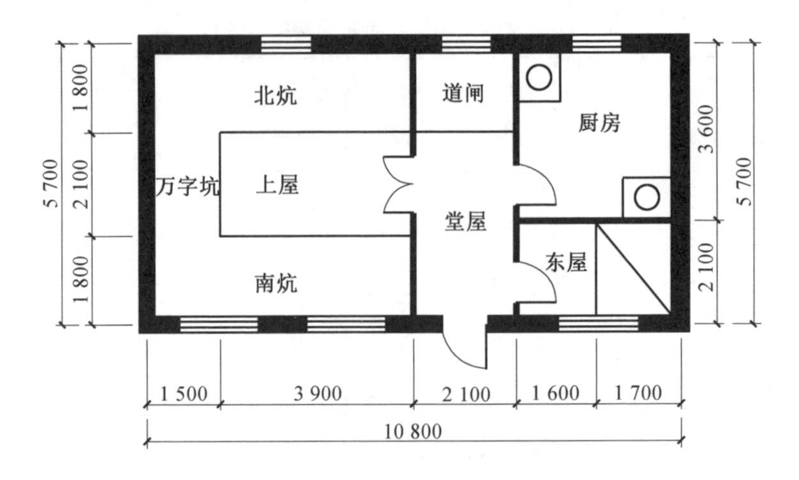

图 3.24 传统满族住宅平面(单位:mm)

3.5.2 建筑立面要素特征

1.建筑建设时间与质量分析

东北严寒地区村落建筑建造年代久,建筑质量有待提升,建造时间在 15 年以上的住宅比例为 63.3%,建筑质量好的仅占 37.7%,而较大部分建筑质量一般,所占比例为 49.2%。为抵御冬季风雪,适应寒冷的气候,严寒地区村落建筑外墙厚重,大都由黏土砖、石材、土坯等材料组成(图 3.25),并采用添加或涂抹泥土等保温措施。

2.建筑各要素高度分析

在建筑各要素的坡度、高度特征上,村落建筑屋顶平均坡度为 33.6%,因年降雪量的差异缘故,一定坡度的屋顶可以减少冬季屋顶积雪。村落建筑墙体低矮,平均高度为 3 m 左右,低矮的墙体可减少建筑的体形系数以便于保温与节能。建筑立面主要风貌要素包括门、窗、台基等。东北严寒地区门的高度通常为 2.5 m 左右,便于秸秆、农具的搬运。窗的高度为 1.65 m 左右,以便在冬季采光。台基的高度特征为靠近北部的村落普遍比南部村落高,如双泉镇、察尔森镇内村落建筑台基平均高度为 0.4 m,华来镇的平均高度为 0.3 m,由于冬季降雪量大,积雪较深,较高的台基可以避免雪水渗透进室内。

将各要素的高度按地区统计总结(表 3.6),可整体把握东北严寒地区建筑各要素的高度特征,也可为村落风貌基础数据库、标准数据库提供资料与设计参考。

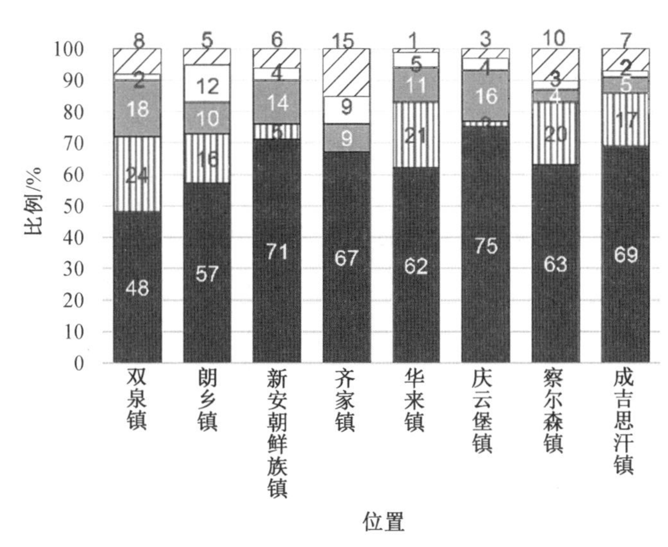

图 3.25　外墙建造材料

表 3.6　各地区建筑各要素高度特征范围表

地区	屋顶坡度 /%	墙体高度 /m	门高度 /m	窗高度 /m	台基高度 /m	烟囱高度 /m
黑龙江省	36～38	2.8～3.0	2.4～2.6	1.6～1.8	0.4～0.5	0.6～0.7
吉林省	32～35	3.0～3.2	2.4～2.6	1.6～1.7	0.3～0.35	0.5～0.6
辽宁省	29～31	3.0～3.2	2.5～2.7	1.65～1.7	0.3～0.35	0.4～0.5
蒙东地区	34～36	2.9～3.0	2.4～2.6	1.6～1.8	0.3～0.4	0.5～0.6

3.建筑各要素建造材料分析

建筑各要素建造材料以地方材料为主，屋顶材料主要为彩钢板与黏土瓦，调研村落中使用的比例分别为 31%、48%。东北严寒地区黏土丰富，黏土砖价格低廉且保温性能好，因此在建筑中广泛使用，68%的建筑墙体、72%的烟囱由黏土砖建造。34%的外墙表面采用水泥砂浆抹灰的方式，25%的墙体采用瓷砖贴面。建筑构件中,门窗的主体框架材料为铝合金、木材、塑钢等,塑钢由于密闭性好、不易冻胀的特点在东北严寒地区村落使用广泛,占比约70%。

4.建筑色彩分析

东北严寒地区村落建筑色彩以白色、灰色、黄色、棕色为主体色,以红色、蓝色、绿色为辅助色。建筑色彩搭配,主墙面以灰色、黄色为主,典型色彩有(CMYK色值):C0、M0、Y0、K30,C40、M0、Y26、K0,C1、M23、Y47、K0;装饰构件以黄色、棕色、红色、蓝色、黑色为主,典型色彩(CMYK色值):C52、M22、Y38、K0;建筑基座以灰色为主,典型色彩(CMYK色值):C48、M26、Y28、K0;建筑屋顶以棕色和蓝色为主,典型色彩(CMYK色值):C48、M26、Y28、K0,C25、M68、Y83、K0)。建筑色彩是地域与民族文化特色在建筑风貌上的体现,不同地区村落建筑色彩上也存在着差异。首先,建筑材料会影响建筑的色彩,不同地区本土材料的使用形成色彩上的地域特色。如森林资源丰富地区村落建筑常采用木材建造,建筑色彩上以棕色系为主;经济条件好、发展水平较高地区村落建筑屋顶常采用彩钢板,形成了蓝色与红色为主的建筑主体色。其次,少数民族村落在建筑色彩上具有独特的色彩选择倾向,不同的色彩具有不同的文化内涵。如蒙古族村落内建筑色彩以白色和蓝色为主,蒙古族崇尚白色,对蓝色尤为喜爱,因此蒙古族又称为“呼和蒙古勒”(蓝色蒙古)。蒙古族人认为白色代表着纯洁、高尚;蓝色代表天空的颜色,是永恒、兴旺的象征,因此在村落建筑上通常以白色为主色,配以蓝色、红色等为辅助色,也有少部分建筑的主体色彩以蓝色为主。

5.建筑屋顶形式分析

村落建筑屋顶主要形式为平屋顶、坡屋顶与拱顶,其中坡屋顶又包括单坡顶、等架双坡顶、不等架双坡顶、四坡顶等形式(图3.26)。东北严寒地区村落建筑多采用坡屋顶的形式,等架双坡顶最为常见。卷棚顶多出现在建设年代久远的夯土建筑中,卷棚顶在造型上与坡屋顶类似,屋顶无脊骨或将正脊做成弧线的形式,具有体形系数小、防水与保温性能好的优点。少数民族在屋顶形式上也体现出民族特色,如蒙古族传统蒙古包采用攒尖顶、朝鲜族建筑采用合阁式屋顶,在屋顶上形成与其他民族不同的造型,建筑风貌特色鲜明。

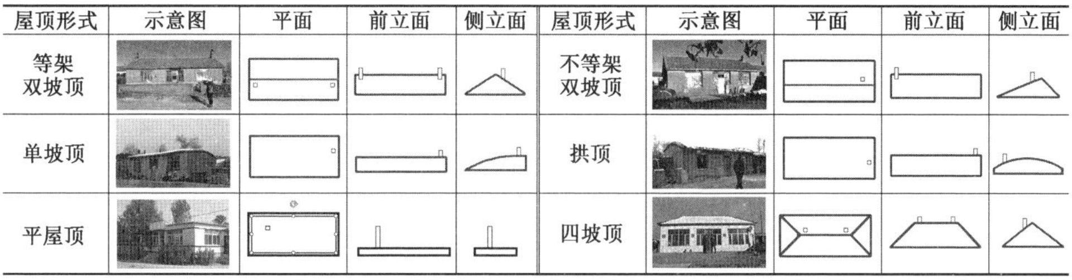

屋顶形式	示意图	平面	前立面	侧立面	屋顶形式	示意图	平面	前立面	侧立面
等架双坡顶					不等架双坡顶				
单坡顶					拱顶				
平屋顶					四坡顶				

图 3.26　建筑屋顶形式①

6.建筑窗墙比分析

东北严寒地区村落建筑窗的开启方式以向外平开为主。调研村落建筑中南向窗墙比为 41%~60%的居多,占 45.3%;窗墙比为 21%~40%的次之,占 37.3%。北向窗墙比以 21%~40%的为主,占 63.6%(图 3.27)。建筑风貌整体上形成南向开窗较大、北向开窗较小的风貌特征。东北严寒地区纬度较高,冬季太阳入射角大,南向开窗面积越大接收的太阳辐射越充足。北向窗户在满足通风与视野要求的基础上,尽可能缩小开口面积以达到保温的效果。

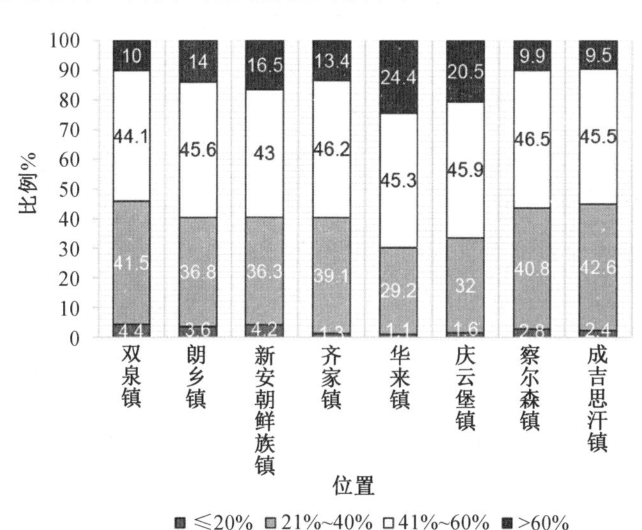

(a)南向

图 3.27　建筑窗墙比统计

① 曾小成. 严寒地区村镇建筑景观风貌数据库设计研究[D]. 哈尔滨: 哈尔滨工业大学,2015.

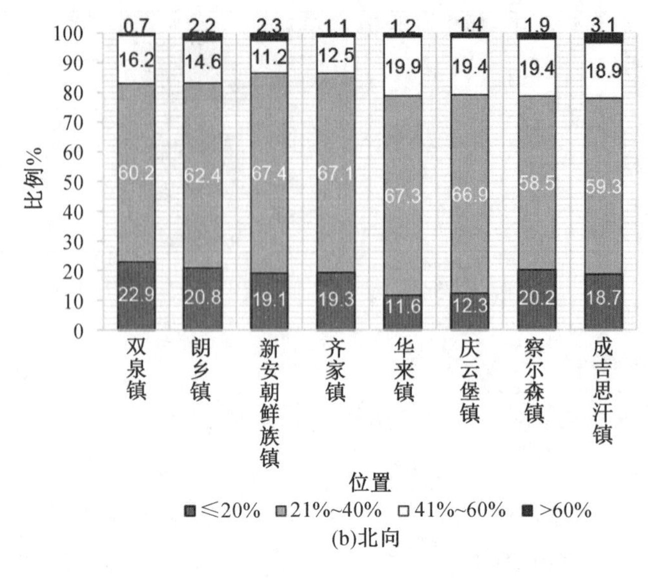

(b)北向

续图 3.27

3.6　村落风貌的形成机制与影响因素解析

严寒地区村落风貌受多种因素驱动演变而成，在动态发展的过程中通过经济、政治、文化等要素交织作用而产生，是特定的自然环境与经济条件下人类建设活动、技术能力、文化诉求等在村落空间上的展现①。影响风貌形成的因素不是恒定不变的，村落在发展建设中通过适应与调整不断地与环境融合；此外，通过内生驱动力对环境进行利用与改造，使其与已形成的风貌相匹配。因此，在多种因素相互影响、相互作用、相互适应的机制下，村落内建筑与基地形成庭院，通过庭院的围合形成街道空间，庭院与街道的组合形成组团，组团的有机联系形成聚落，由此各风貌要素形成了复杂的村落风貌系统（图 3.28）。

驱动因素在村落风貌发展的不同时期起到了促进与制约的作用。气候条件、地形地貌等自然因素作用于风貌发展的各个阶段。新时期村落风貌在利用自然资源、规避自然灾害的基础上受到政策与经济因素的影响而产生变化。城镇化的发展促进了乡村与城市之间人口与资源的流动，农业的机械化、工业与旅游产业的发展带来了农村生产与生活方式的转变，高速路、高铁等基础设施的建设对村落空间

① 段进. 城市空间发展论[M]. 2 版. 南京：江苏科学技术出版社，2006.

布局与结构产生了影响,这些因素将会成为未来村落风貌演变的主要驱动因子。

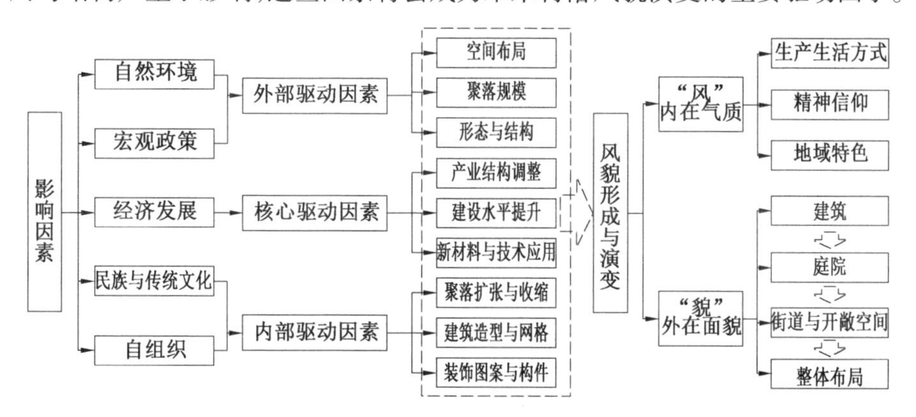

图 3.28　村落风貌发展与形成机制

3.6.1　自然环境与农业生产活动

对调研村落现状的分析表明,在自然气候环境与地形地貌条件相同的情况下,村落风貌发展与演变具有相似性①。地形地貌等自然环境是村落发展建设的基础,在为村落提供资源的同时也制约了村落选址与布局。因此村落选址与布局遵循着因势利导、顺势而为和与自然相结合的原则。传统农业对自然资源的依赖性强,不同的自然环境条件使农业生产活动也有所不同,水体、土壤等资源的分布影响着耕地与村落的分布与规模,进而影响着村落经济与社会的发展。地形地貌特征决定了农业生产中农作物种植品种、生产工具、耕作半径等方面,进而影响着村落布局的间距。村落规模与村落内人口规模密切相关,而人口规模又与农业生产需求和水资源息息相关,一定自然环境条件下的耕地与水资源可供给的人口数量是有限的,进而决定了村落的规模②。

东北严寒地区村落多以农业耕种为主要生产方式,较为传统的农耕方式对村落密度产生影响,村落在面积及布局上有着与农业密切相关的特点。东北严寒地区农村人少地多,农业生产较为粗放,作物种类多样,耕作半径较大,村落的分布形成了密度相对较低的风貌特色。村落内部庭院的面积与其他地区相比也较大。一方面这与东北严寒地区的气候条件、土地资源分布相关;另一方面,农业生产活动过程中需要对农具、粮食、秸秆等进行储存、堆放的空间。调研中发现东北严寒地

① 李立. 乡村聚落:形态、类型与演变——以江南地区为例[M]. 南京:东南大学出版社,2007.
② 金其铭. 农村聚落地理研究——以江苏省为例[J]. 地理研究,1982(3):11-20.

区村落内人均耕地面积与户均建筑面积、宅基地面积呈正相关(图3.29),这与东北严寒地区通过耕地面积大小划定宅基地面积的方法相符合。

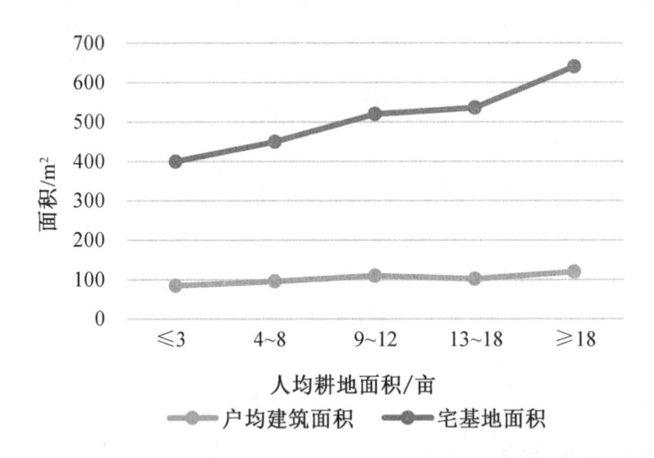

图 3.29　人均耕地面积与户均建筑面积及宅基地面积的关系

村落的规模是动态发展与变化的,随着生产力的提高,农业耕作模式也向机械化、智能化发展,耕作半径、村落密度、村落规模的门槛等也随之发生变化,向着拆并、扩张的趋势发展。

3.6.2　民族与传统文化内涵

东北严寒地区村落风貌是在民族与传统文化长期共同作用下逐渐形成的①。东北严寒地区早期以农耕文化、游牧文化、渔猎文化为主,在发展中随着中原地区人口不断迁入定居,在文化上吸收了中原农耕文化,通过与本土文化的不断碰撞对村落风貌的形成产生推动作用。在本土文化与外来文化的发展与融合过程中,东北严寒地区村落不断适应与发展,形成了各具特色的人文风貌特征②③。

在村落建设中,可从民族文化在村落风貌中的体现以及地域民俗文化对村落风貌的影响两个方面分析民族与传统文化的作用。调研对象包含汉族、蒙古族、朝鲜族、满族等不同民族村落。汉族村落文化历史悠久,在发展中取百家之所长,形成了包容并蓄的特点,在村落风貌上呈现出简洁、大方的特征;建筑以使用功能为出发点,造型与色彩朴实无华,无过多的装饰构件与细节,体现了建筑材料原本的

① 李亚娟,陈田,王婧,等. 中国历史文化名村的时空分布特征及成因[J]. 地理研究,2013(8):1477-1485.

② 赵宾福. 东北新石器文化格局及其与周边文化的关系[J]. 中国边疆史地研究,2006,16(2):88-97.

③ 韦宝畏,许文芳. 东北传统民居的地域文化背景探析[J]. 吉林建筑大学学报,2014,31(2):49-51.

特质。蒙古族崇尚白色的风俗使村落建筑立面颜色以白色为主。朝鲜族活泼乐观的民族性格使村落建筑屋顶与立面变化丰富。满族传统的合院式建筑组合模式体现了礼制文化与传统习俗。不同的民族文化使东北严寒地区村落风貌产生差异。

传统文化与地域民俗文化影响了风貌的形成,风水、礼制等对村落的选址、建筑布局等方面产生了深远的影响。环山抱水、择南向而居等思想不仅是顺应自然环境、躲避灾害的选址要求,也是营造居住舒适性与安全性的心里情感需求。东北严寒地区村落长期的气候条件适应和农业生产劳动形成的生活习惯与居住文化,使卧室内的火炕成为农村居民室内日常活动的中心。东北严寒地区农村住宅内卧室为主要的空间,卧室内的火炕除了具有休息、取暖的基础功能外还承担着就餐、交往等功能。此外,传统的建造技术,石材、木材、黏土砖等地方性建设材料的运用,使村落在建造过程中也呈现出与城市不同的乡土性风貌特征。

3.6.3　村落建设主导模式

东北严寒地区村落建设的主体、主导模式对风貌产生直接的影响。村落发展与建设的主导模式主要为村民自建型、拆村并屯型、宅基地置换型、集体帮扶型、保障房建设型五种类型[①]。东北严寒地区村落民宅大多由居民自主设计与建造,宅基地的申请与审批是地方政府对建设管理的主要约束。农村居民根据自身的经济条件与喜好,选择住宅的风格、面积、材料。这种灵活的建设管理方式可以最大限度地调动居民建设的主观能动性,建筑造型活泼多变,地方适应性强。东北严寒地区村落往往缺少规划引导,并且村落现有的规划编制成果对居民自主设计与建造的房屋在色彩、高度、造型上的指导性不强。此外,建设成本是村民自主建设中需要考虑的重要因素。与传统材料相比,新材料具有性能好、价格低的特点,因此在村落建筑中得到了广泛的应用。但新材料往往会在形式、质感与颜色上与地域风貌相矛盾。如彩钢板具有耐腐蚀、刚性好、强度高、价格低等优点,因此在东北严寒地区村落中广泛用于建筑屋顶中。但彩钢板通常色彩鲜艳,与草坯、黏土瓦等地方材料相比缺乏地域特色,对村落风貌带来了一定的破坏。因此,自主设计与建造的模式在村落风貌上往往难以形成统一的风格。

近几年在拆村并屯与新农村建设等国家政策的影响下,结合地方发展的需求,村落经过了合理规划与引导,风貌建设上也得到了提升。这种由政府主导建设的

① 王芳.黑龙江省农村住房建设模式及相关政策研究[D].哈尔滨:哈尔滨工业大学,2012.

村落内具有较完善的基础设施，宅基地得到了有效的控制，庭院与建筑布局更为紧凑，建筑风格较统一。但存在风格雷同、地方特色丧失的问题。

3.6.4 城镇化与经济水平

随着城镇化的发展，东北严寒地区农村经济水平得到了提高，村落的社会结构、生产生活方式、城乡关系都得到了改善，村落风貌在布局、结构、建筑、景观等方面都发生了改变。受城镇化与经济水平的影响，东北严寒地区村落的发展变化主要包括以下几个方面：

1.国家政策的影响

村落的发展建设与国家政策的调控及引导密不可分，不同时期的国家政策影响着村落的布局、规模等，如美丽乡村、新型城镇化，对于引领村落风貌建设向科学、有序的方向发展具有积极的推动作用。

2.基础设施建设

道路与市政设施的建设会带动农村地区的发展，道路的新建、修建为村落的发展带来了机遇，交通可达性的提高促进了城乡之间信息与要素的流动。在村落布局上，建筑沿主要道路两侧布置，通过服务设施的完善形成村落的中心。新建道路在对路网优化调整的同时会改变村落主要的出入口与发展方向。

3.城市新区建设

城镇化发展使城市不断扩张，城市新区的建设使城郊的村落逐渐合并到城市内，城市的蔓延使远郊型村落逐渐发展转变成近郊型，从而带动了村落风貌的变化。村落内的主导产业、配套设施、形态结构逐渐向服务城市新区转变。

4.空心化现象

调研中发现东北严寒地区村落内空心化严重，大部分青壮年男性在外地打工，村内以老人、儿童、妇女为主。人口的流失制约了村落的建设与发展，村落内建筑也缺乏更新维护，在风貌上呈现出衰败的景象。

经济发展水平在村落建设中有着重要的影响作用，建造技术、材料的革新为建筑风貌带来了改变。调研中发现，建筑质量、新建建筑比例（2010 年后）与户均年收入有着密切的关系，户均年收入越高的村落其建筑年份越新、建筑质量越好。

第4章　东北严寒地区村落风貌信息提取与基础数据库构建

数据的收集整理与提取是东北严寒地区村落风貌数据库建立的基础和前提条件，依托村落实态调研获取大量的风貌信息，需要通过对信息的整合与提取将调研资料转化为各类可读写的基础数据，为实现数据库的编辑、存储、运算、评价的分析处理提供基础。

东北严寒地区村落风貌信息具有结构性与系统性的特征，在对村落风貌信息调研收集的基础上，对各类风貌信息进行识别、整合与提取，建立村落风貌信息体系；明确村落风貌信息的采集与识别方法，建立村落风貌基础数据库，实现对村落风貌信息的储存与管理维护。

4.1　基础风貌信息的集成整理方法

村落基础风貌信息的集成整理是建立村落风貌信息体系的基础，是村落风貌调研中信息收集高效性的保障。通过调研前对风貌信息的初步收集整理可预先对信息获取的难易程度进行了解，对较难收集的信息预先进行处理，确定可替代的备选数据。此外，通过对村落风貌信息收集成果的整理，可以对东北严寒地区村落进行更全面、深入的了解，为后续村落风貌信息体系、量化引导指标框架的构建提供数据基础。

4.1.1　基础风貌信息的核对

在对东北严寒地区村落风貌进行调研的过程中，对风貌信息的收集存在着诸多不确定性因素。在对村落风貌信息的收集过程中，采用测绘、拍照、访谈、问卷调查、相关部门资料收集的方式，对村落风貌特征的理解也不断加深，从而再反馈到调研中。对调研收集资料的核对可以保证调研的科学性与收集信息的准确性，为村落风貌数据库的构建研究奠定基础。

1.数据的核对

对村落基础风貌信息的核对主要是对具有逻辑关系的数据进行核对，对具有可参考标准的数据进行对比，筛选出异常的数据。具有逻辑关系的数据如村落的绿化覆盖率为绿化面积（绿地、街道绿化、庭院绿化）与村落建设用地面积的比值，在数据核对中对这种具有逻辑关系的相关数据进行计算，使各数据保持一致。具有可参考标准的数据的核对中会存在调研收集的数据与标准值差异较大的情况，需要对调研中原始资料进行核对、比较分析，确定异常数据产生的原因。在无法对异常数据进行矫正的情况下，需通过补充调查的方式进行弥补。

2.数据的统一

由于数据来源不同，同一数据可能出现差别，对于这种由于统计口径不一致产生的出入应通过对数据来源进行复查的方式来核对。风貌信息中涉及此类别的数据所占的比例较小，以调研记录与感知类的数据为主，此类数据若出现不同调研小组间数据不统一的情况可根据当时拍摄的照片与文字记录对数据进行核查校准。

通过上述对数据的核对与统一，可得到村落风貌的各类基础数据，主要为村落相关空间表达图纸与调研照片信息、村落调查问卷与访谈记录、村落相关文档数据以及村镇相关统计数据等。

4.1.2　基础风貌信息的整合要点

对村落风貌各类信息的集成与整合是为建立风貌信息系统、搭建基础数据库提供高效提取、储存、编辑、运算等应用分析的基础。通过对调研资料的核对发现，东北严寒地区相关基础信息存在内容不完整、框架不清晰等问题，针对风貌的数据更加缺乏。风貌信息的整合有利于对相关基础资料进行组织，建立清晰的逻辑关系与结构框架，便于村落风貌规划相关研究的展开。

1.不同类别资料的整合

对文档与统计资料、图形资料、调查问卷、观察感知类资料 4 项基础信息进行整理，根据调研中信息收集框架进行核对。村落基础风貌信息来源于不同部门与不同统计资料，对资料的整合可以确保信息来源与收集资料的准确性及对应关系，对重复的信息进行替换，对不准确与模糊的信息进行校对，确保基础风貌信息的可靠性与准确性。

2.基础风貌信息的储存

不同类别风貌信息通过整合后应按照一定的结构关系进行储存。东北严寒地区村落基础风貌信息的储存应符合农村地区相关规划编制调取的方式与习惯，存储单元结构与城乡规划编制体系结构相统一，符合村落科研人员与城乡规划编制

人员的逻辑习惯，便于对各类风貌数据的理解与提取调用。

4.1.3　基础风貌信息的集成与整理

村落基础风貌信息存在数据杂乱、结构不清晰等问题，在村落风貌信息逻辑关系与组织结构梳理的基础上对风貌信息进行集成与整理，为村庄建设、村落风貌规划编制与分析研究等提供支持。结合村落风貌信息的特点和集成与整合要点，提出针对不同类别村落基础风貌信息的集成方法与整理框架（图 4.1）。

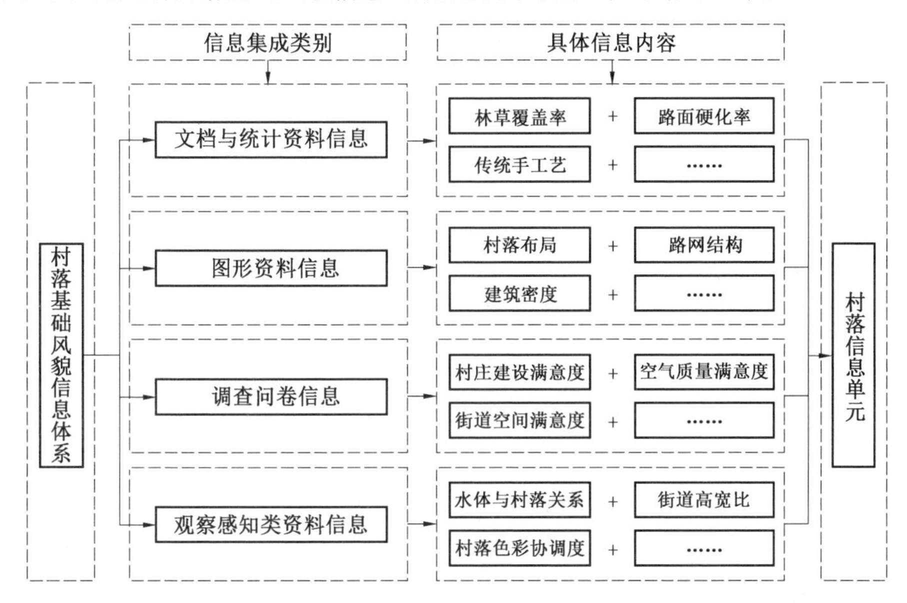

图 4.1　村落基础风貌信息的集成方法与整理框架

从风貌基础信息数据收集来源来看，其主要包括统计部门收集的统计表类数据，规划相关部门实地测绘获得的图形数据，其他相关部门资料收集与访谈、入户问卷调查获得的文档类数据。这也与数据库中对风貌信息的储存类型相呼应，主要包括统计类、文档类、图形类三种储存类型。统计类数据通过统计表的形式进行储存，文档类数据以文字的形式进行储存，图形类数据通过矢量与栅格形式图形进行储存。

（1）按照村镇结构对村落基础信息进行整理。调研各村落的统计资料、规划图纸与文档等信息都与村镇结构关系相对应，村镇层次不同使风貌信息也呈现出差异性，因此村落文档资料信息、统计资料信息、图形资料信息按照村镇等级进行信息分类集成。

（2）村落基础风貌信息的存档。在对调研中村落风貌信息的收集成果进行核对与整合的基础上，根据风貌信息的不同类别，提出风貌基础信息的存档方法，主要内容如下：

①文档与统计资料信息，统计资料信息依据城乡规划编制业务中所需要的资料框架进行整理，包括村落人口、土地总面积、居住等各项用地面积等内容，利用Excel格式文件进行统计整理。文档信息，对村落的发展建设进行介绍，对其他信息进行补充与解释说明，包括地方志、政府工作报告、美丽乡村等申报材料、村容村貌整治文件等，以Word文档、PDF格式文件的形式储存于数据库中。

②图形资料信息，包括村落用地布局现状与规划图、新农村建设规划、农村住宅改造与设计、村落街道与宅院环境照片等，大部分图纸信息以JPG格式保存，根据村落实际情况备存土地利用现状、土地利用规划图的DWG格式文件。

③调查问卷信息，对村落风貌感受、评价等调查问卷信息进行整理，对问卷信息进行提取与统计，包括村落居民基本情况，设施、环境等多项满意度调查等，调查问卷的文件格式为Excel，村落内建筑、庭院、道路等对应唯一的编号，与上述图形资料信息相对应，便于信息的查询。

④观察感知类资料信息，对村落风貌布局形式、街道空间感受、建筑的风格、色彩等信息进行记录。将观察感知类资料信息进行汇总与整理，以Word、PDF格式文件与JPG图片的形式进行储存，可与①和②一起整理归类。

4.2 风貌信息的识别与筛选

4.2.1 风貌的可识别性

1.风貌要素作为格式塔

格式塔为德语“Gestalt”的音译，中文译为“形式、图形”，英文常翻译为“form”，但这些翻译都无法准确传达格式塔的原义。格式塔在心理学中表达的意义为物体通过人的视觉传达至大脑，通过大脑对视觉信息的组织形成主观的心理形象。因此格式塔表达的并非事物原本的图像，而是通过感知形成的印象，这就构成了风貌主观评价的理论基础。人们通过视觉上接收到的风貌信息，形成主观感受，结合自我的经验与偏好对村落风貌进行评价。

格式塔与人的视觉感官和经验密不可分，并且具有结构性与系统性的特征。格式塔可以为事物的整体意向，也可以为事物中具有代表性的组成部分（只要该组

成部分也可被单独看成一个整体)①。

村落的风貌要素也具有格式塔的特点,例如村落建筑中的屋顶由瓦片、草坯、彩钢板等不同材质按照一定的建造与组织形式搭建,形成了建筑屋顶的形象。因此屋顶不仅是材料的叠加,还包含了象征意义。不同材料自身的性质不会影响对其组成形式的识别与认知,如屋顶材料改变或屋顶组成构件残缺不全时,人们对屋顶整体的感知仍存在,这表明当格式塔内组成成分发生变化,但各成分间的结构关系不变时,格式塔的整体性质不会受到影响②。但格式塔内部要素的变化会影响对格式塔细节与成分的识别,如屋顶材料的排列与组合方式发生改变对屋顶的感知会产生细节上的差别。村落风貌中的各要素的形式、特征都会有许多的差异与变化,但通过对各要素内结构关系的识别即可形成风貌要素的意象,风貌要素间具有模糊相似性。

2.风貌要素的标志性与可识别性

村落风貌的可识别性是人对风貌进行主观评价的基础。凯文·林奇的城市意向理论中将区域、边界、道路、节点、标志物作为组成城市整体形象的最主要的要素。

村落风貌同样具有标志性与可识别性,虽然东北严寒地区村落基本由村民自主建设形成,在空间形态上边界不明确、结构不清晰,但村落空间内部并非杂乱无章,存在着一种内在的组织形式与规律,在村落风貌上呈现出有机、自然的形态特征,村落内人工要素与自然要素之间相互融合渗透,形成了丰富多变的空间意象。各村落在风貌上也呈现出差异性,通过村落的形态、结构、道路、主要公共建筑等可以对其进行分辨。最具特色的空间节点往往成为村落的地标,成为村落空间的代表,使村落风貌具有标志性,这是村落风貌的一个重要特征。

村落总体来说具有统一的形态,在统一布局、风格、肌理的空间内穿插具有特殊功能与形态的空间和节点,在富有韵律感的村落风貌结构中产生变化,也使人对村落风貌的感受不同。村落中具有识别性的风貌元素包括特殊形式的建筑要素,特定序列组织的空间要素和蕴含历史、文化、风俗等方面的人文要素等。这些可被识别的要素构成了人们对村落风貌的主要印象,是村落风貌的代表。

---

① 库尔特·考夫卡. 格式塔心理学原理[M]. 李维,译. 北京:北京大学出版社,2010.

② 刘沛林. 古村落文化景观的基因表达与景观识别[J]. 衡阳师范学院学报,2003,24(4):1-8.

4.2.2 风貌信息的识别方法

建立村落风貌信息体系的核心问题在于如何实现村落风貌信息的提取。村落风貌中的任何要素或者特征因子都可以被识别为风貌信息。但实际中风貌内含的信息要素复杂,给风貌信息的具体识别带来了很大的困难。风貌信息在识别过程中应遵循“内在唯一性、外在唯一性、局部唯一性、总体优势性”四个基本原则①。

本书在对东北严寒地区村落风貌信息的识别中,结合刘沛林等人提出的特征解构提取法②,从村落整体环境、聚落意向、道路结构、建筑与庭院造型、村落文化景观等方面,对东北严寒地区村落风貌进行分解:根据村落所在地的自然地理环境因素,分析其所处自然与生态环境的特征;根据村落内街道、庭院与建筑风格初步确定其建筑组群的主导信息要素;根据村落所具有的典型地域文化特征标识确定其人文风貌信息要素。据此建立村落风貌信息识别指标要素体系,然后按照相似的风貌信息类别进行合并与归类,将村落风貌信息细化为具体的、具有可识别性与可操作性的要素(图 4.2)。

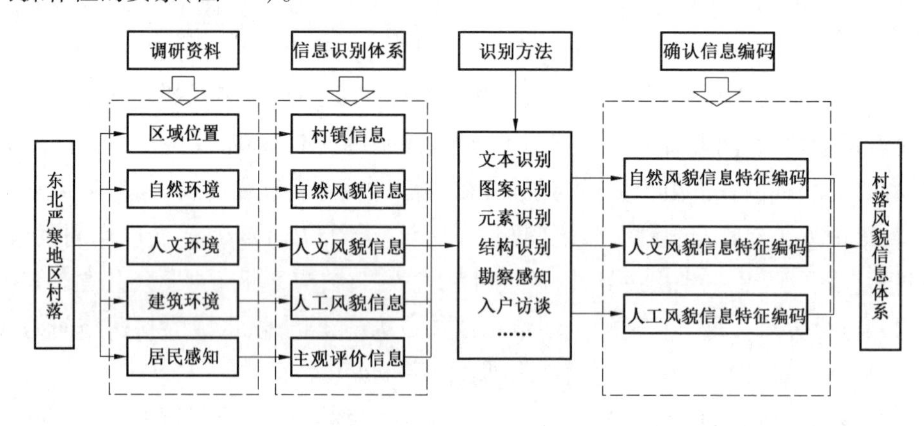

图 4.2 风貌信息的识别方法

结合风貌信息的确定原则建立的村落风貌信息体系要具有相关的描述参数、数量统计参数,即在进行风貌信息提取或者运算处理中具有一定的自组织能力;风貌信息之间要建立从属关系,方便数据库系统中信息的查询与编辑。综合上述内容,本书建立了村落风貌信息识别编码表(见表 4.1、表 4.2、表 4.3)。

① 胡最,刘沛林,邓运员,等. 传统聚落景观基因的识别与提取方法研究[J]. 地理科学,2015(12):1518-1524.

② 刘沛林,刘春腊,邓运员,等. 客家传统聚落景观基因识别及其地学视角的解析[J]. 人文地理,2009,24(6):40-43.

表 4.1　自然风貌信息识别编码

风貌要素	信息识别	信息特征	编码规范
地形地貌	平原	地势平坦开阔	1001
	山地	山系发达	1002
	丘陵	山水相间	1003
水体	水质	Ⅰ类、Ⅱ类、Ⅲ类、Ⅳ类、Ⅴ类、劣Ⅴ类	1004
	滨水绿带宽度	水体沿岸绿化情况与保护程度	1005
植物	本土植物	村落所在区域内部物种	1006
……	……	……	……

表 4.2　人文风貌信息识别编码

风貌要素	信息识别	信息特征	编码规范
生产生活方式	耕种方式	传统耕种季节性特征、农田肌理等信息描述	2001
	手工艺	表达文化内涵，富有装饰性、功能性和传统性的民间艺术	2002
宗教信仰	宗教	佛教、基督教等	2003
	祭祀活动	祭祀节日、习俗、礼数等	2004
民族特色	民族语言	少数民族专有文字	2005
	民族服饰	少数民族专有服饰	2006
……	……	……	……

表 4.3　人工风貌信息识别编码(单体建筑)

类别	项目	数据内容与要求	编码规范
屋顶	材料	1.彩钢板(铁皮),2.水泥瓦,3.红砖瓦,4.青瓦,5.石板瓦,6.麦秸或稻草,7.陶瓷,8.塑料,9.其他	3001—3009
	形式	1.平屋顶,2.等架双坡顶,3.不等架双坡顶,4.单坡顶,5.其他	3010—3014
	颜色	CCS 色彩体系	3015
	屋脊装饰构件	1.有,2.无	3016—3017
	屋顶绿化	1.有,2.无	3018—3019
	太阳能屋顶	1.有,2.无	3020—3021
烟囱	位置	1.屋顶,2.屋前,3.屋后,4.屋侧	3022—3025
	高度	1.≤10 cm,2.11~20 cm,3.21~30 cm,4.>30 cm	3026—3029
	表面材料	1.黏土砖,2.石材,3.饰面砂浆,4.其他	3030—3033
	颜色	CCS 色彩体系	3034
墙体	主体材料	1.黏土砖,2.石材,3.板材,4.砌块,5.草(土)坯,6.其他	3035—3040
	外墙装饰材料	1.瓷砖,2.涂料,3.饰面砂浆,4.石材,5.铝板,6.铝塑板,7.水泥板,8.防腐木,9.其他,10.无装饰	3041—3050
	主体色	CCS 色彩体系	3051
	辅助色	CCS 色彩体系	3052
	构件	1.装饰图案,2.贴面雕塑,3.其他,4.无构件	3053—3056
	装饰内容	1.人物,2.民族符号,3.几何图形,4.地方标志,5.动植物,6.其他	3057—3062
台基	表面材料	1.瓷砖,2.涂料,3.饰面砂浆,4.石材,5.铝板,6.铝塑板,7.水泥板,8.防腐木,9.其他	3063—3071
	颜色	CCS 色彩体系	3072
台阶	表面材料	1.黏土砖,2.饰面砂浆,3.石材,4.涂料,5.钢质	3073—3077

续表4.3

类别		项目	数据内容与要求	编码规范
门		材料	1.木材,2.铝合金,3.塑钢,4.金属,5.其他	3078—3082
		颜色	CCS 色彩体系	3083
窗	南向	材料	1.木材,2.铝合金,3.塑钢,4.其他	3084—3087
		颜色	CCS 色彩体系	3088
		窗墙比	1.≤20%,2.21%~40%,3.41%~60%,4.>60%	3089—3092
	北向	材料	1.木材,2.铝合金,3.塑钢,4.其他	3093—3096
		颜色	CCS 色彩体系	3097
		窗墙比	1.≤20%,2.21%~40%,3.41%~60%,4.>60%	3098—3101
	东西向	材料	1.木材,2.铝合金,3.塑钢,4.其他	3102—3105
		颜色	CCS 色彩体系	3106
		窗墙比	1.≤20%,2.21%~40%,3.41%~60%,4.>60%	3107—3110

4.2.3　风貌信息的识别模式

村落风貌信息的识别模式与前文中风貌信息的识别方法存在着差异。风貌信息的识别方法是对不同风貌要素进行辨别,将要素拆解成若干组成信息;风貌信息的识别模式是宏观的技术框架,指导对村落风貌特色分析与提取。

对风貌信息的识别主要从二维形态、三维空间、空间结构、视觉感知四个方面对村落风貌特征进行解读,研究风貌的信息结构①。对二维形态的识别主要包括村落的平面布局与肌理,建筑的门窗、构件、墙体等立面要素特征等内容。对三维空间的识别主要包括开敞空间、街道空间的比例关系,建筑间组合模式等内容。对空间结构的识别主要包括建筑各要素间的结构关系、建筑与街道的关系、建筑与开敞空间的关系、街道与村落布局的关系等内容。对视觉感知的识别主要包括人们通过对村落内建筑造型、景观小品、装饰构件、地标建筑等具有地域特色与人文内涵的风貌要素的感知,形成对村落的整体印象。因此,本书对村落风貌信息的识别

① 范建红,魏成,李松志. 乡村景观的概念内涵与发展研究[J]. 热带地理,2009,29(3):285-289,306.

采取上述四种模式相结合的方式，从不同的层次研究村落风貌的信息特征（图4.3）。

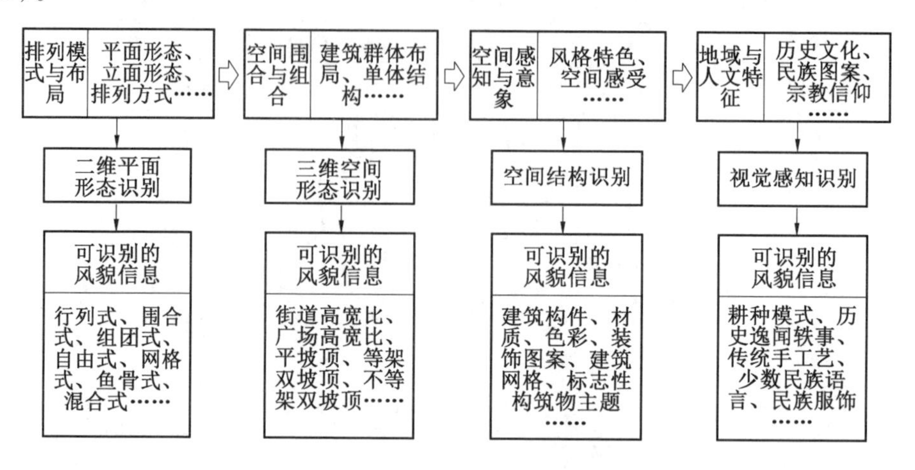

图 4.3　风貌信息的基本识别模式

二维平面形态识别模式基于村落平面肌理与布局形态、道路系统的结构、建筑立面各要素等分析各风貌要素于二维平面内的组合特征。三维空间形态识别模式基于建筑群体、建筑与周边环境等的关系，分析三维空间内各要素的造型、围合方式等特征。结构特征分析模式主要是对建筑与庭院布局关系、群体建筑布局关系、村落空间布局特征等进行分析，了解村落风貌的总体特征的分析方法。视觉与感知分析模式主要是通过对村落的实地调研与勘测记录，对自然环境、人工建设环境、人文环境的特色进行感知，对建造工艺、特色装饰、文化习俗等村落风貌特色要素进行提炼。

4.2.4　风貌信息的识别流程

村落风貌信息的识别流程包含对复杂风貌要素的解析，具有一定的综合性与难度，因此需要科学的引导。从本书研究的目的上看，风貌信息的识别流程主要有风貌信息资源管理流程和识别操作流程。风貌信息资源管理流程是通过对风貌信息的提取与采集和对村落风貌信息特征的分析，构建村落风貌基础数据库，对东北严寒地区村落风貌的形成与发展进行解读，为东北严寒地区村落风貌数据库系统的构建提供数据支持（图4.4）。因此风貌信息资源管理流程是对东北严寒地区村落风貌特征进行研究的整体技术框架。识别操作流程则应用于分析东北严寒地区村落风貌的具体特征。在对村落风貌调研与相关资料收集整理的基础上，结合具体风貌研究与规划设计需求，提出具体的风貌信息识别方法与操作流程（图4.5）。

因此,科学、合理的识别操作流程有利于保证风貌信息识别的质量。

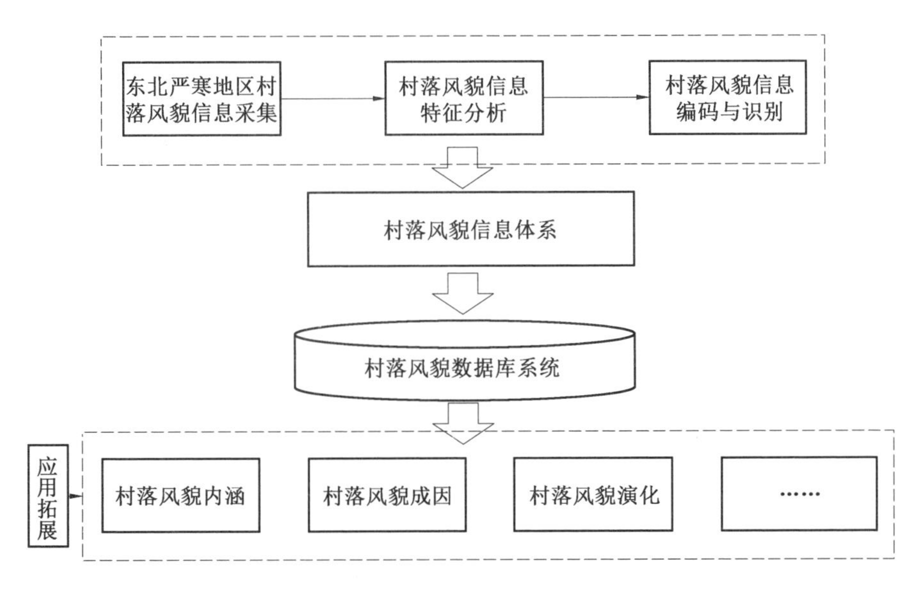

图 4.4　风貌信息资源管理流程

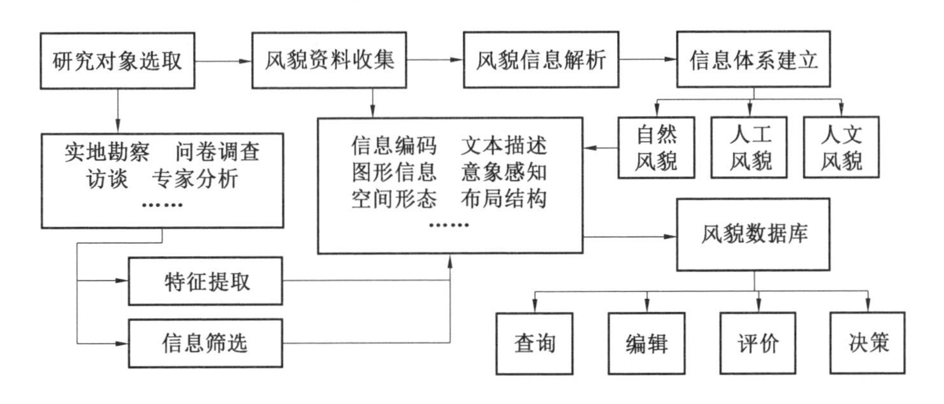

图 4.5　风貌信息识别方法与操作流程

本书通过广泛收集东北严寒地区村落的自然环境特征、地域文化特征、生产活动、人工环境特征等资料,分析了村落风貌信息提取的技术流程:①根据建筑特征、环境特征、文化特征的信息识别指标提取表征东北严寒地区村落风貌的特征信息,并建立这些信息的编码方式,目的是便于将所识别的风貌信息录入风貌数据库内进行统计分析与相关的处理操作;②从村落内活动组织、宗教文化信仰活动等角度分析并识别村落中的人文风貌信息;③从二维平面、三维空间、村落各人工环境内各风貌要素的布局与形态等角度探索村落在空间形态或者空间布局方面所包含的信息内容;④对于无法直接通过数字、符号、图形等进行表达或者不具有物质外形但又具有标志性意义的风貌信息直接通过文本进行描述;⑤通过实地勘查、访谈等方法获取村落居民对村落风貌的认知与对村落环境的评价,进一步完善村落风貌信息体系。对东北严寒地区村落风貌信息进行识别后,准备将结果录入风貌数据库,建立东北严寒地区村落风貌数据库系统。

4.2.5 风貌信息的筛选

对村落风貌各项信息的解读与量化筛选,有利于高效地获取、存储、处理、传递和使用风貌数据资料。对村落风貌特征的提取与要素的识别是构建风貌基础信息体系、为风貌评价服务的关键。参考范建红等人[①]、马金祥等人[②]对乡村景观风貌要素的分类,通过实地与文献调查[③④⑤⑥],从自然风貌、农业生产风貌、人文风貌和人工风貌 4 个方面初步获得东北严寒地区村落风貌要素信息。

在综合考虑村落风貌要素收集的难易程度、风貌信息与风貌要素的契合度的基础上,采用德尔菲法和入户访谈与问卷调查相结合的方式进行信息筛选(图 4.6),获得各个要素信息的权重及与风貌联系紧密度的评分,计算方式如下:

$$F_p = \frac{f_{1p} + f_{2p} + \cdots + f_{mp}}{m} = \frac{1}{m} \cdot \sum_{1}^{m} f_{mp} \tag{4.1}$$

$$F_n = \frac{f_{1n} + f_{2n} + \cdots + f_{mn}}{m} \cdot F_p = \frac{1}{m} \cdot \sum_{1}^{m} f_{mn} \cdot F_p \tag{4.2}$$

$$M_{\text{n}} = F_n \cdot \frac{m_{1n} + m_{2n} + \cdots + m_{mn}}{m} = \frac{1}{m} \cdot F_n \cdot \sum_{1}^{m} m_{mn} \tag{4.3}$$

$$S_n = \sqrt{\frac{1}{m} \cdot \sum_{1}^{m} (m_{mn} - M_n)^2} \tag{4.4}$$

---

① 范建红,魏成,李松志. 乡村景观的概念内涵与发展研究[J]. 热带地理,2009,29(3):285-289,306.

② 马金祥,刘杰. 乡村景观设计中的空间形态组织[J]. 哈尔滨工业大学学报(社会科学版),2010(5):20-25.

③ 欧阳勇锋,黄汉莉. 试论乡村文化景观的意义及其分类、评价与保护设计[J]. 中国园林,2012(12):105-108.

④ 车生泉,杨知洁,倪静雪. 上海乡村景观模式调查和景观元素设计模式研究[J]. 中国园林,2008(8):21-27.

⑤ 梁发超,刘黎明,曲衍波. 乡村尺度农业景观分类方法及其在新农村建设规划中的应用[J]. 农业工程学报,2011(11):330-336.

⑥ 房艳刚,刘继生. 理想类型叙事视角下的乡村景观变迁与优化策略[J]. 地理学报,2012(10):1399-1410.

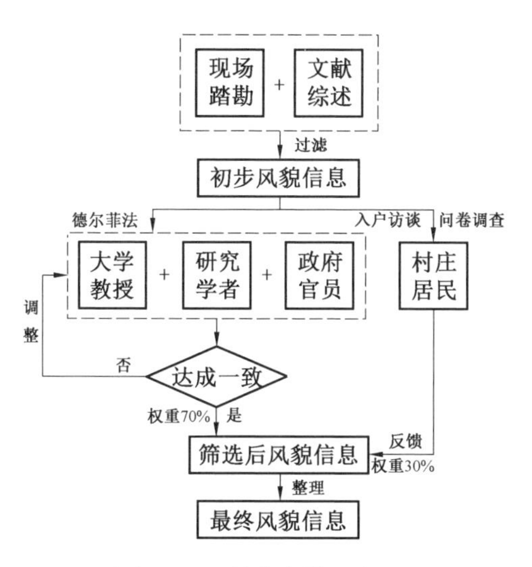

图 4.6　风貌信息筛选流程

$$V_n = \frac{S_n}{M_n} \cdot 100\% \tag{4.5}$$

式中，m 为专家的数量；F_p 为要素信息 p 的平均权重值；F_n 为要素信息 n 的平均权重值；M_n 为要素信息 n 的得分平均值；S_n 为要素信息 n 的得分标准差；V_n 为要素信息 n 的得分变异系数；f_{mp} 为第 m 个专家对第 p 个要素的权重赋值；f_{mn} 为第 m 个专家对第 n 个要素信息的权重赋值；m_{mn} 为第 m 个专家对第 n 个要素信息的打分评判值。权重值表示村落风貌信息对于风貌要素表达的重要程度，平均值表示村落风貌信息与村落风貌要素的契合度，专家意见的一致程度通过变异系数确定。

基于以上的计算方法与分析，打分评判值结果统计见表 4.4。其中，权重大、得分平均值高且变异系数小的风貌信息可直接作为风貌基础数据使用，并且选取各类风貌信息中权重排名靠前的要素作为风貌评价与控制的主导要素，如聚落整体布局形式、水体与村落的关系、街道空间路网结构、建筑屋顶形式、建筑墙体材料与色彩、生产耕作方式、精神信仰中的祭祀等。权重小、得分平均值低且变异系数小的风貌信息，如养殖马场、街道空间断面形式、开敞空间使用频率等，可直接排除，不作为风貌基础数据使用。权重值、平均分与变异系数反差较大的风貌信息，如水体亲水空间、地域特色奇人异事等，虽然与村落风貌表征契合度不高，但为了避免数据库内信息有遗漏，将此类风貌信息重新分析，再次筛选出契合度较高的风貌信息，确保村落风貌基础数据库内的村落风貌信息体系客观、完整。由此得到的风貌要素作为基础数据库的主要参数。

表 4.4　村落风貌信息筛选调查结果统计

类型	要素	信息	权重 Fn	得分平均值 Mn	变异系数 Vn
自然风貌	地形地貌(平原、丘陵、山地)		0.071 7	0.39	11.5%
	气候特征	降水量	0.065 7	0.35	29.7%
		年积温	0.062 2	0.32	25.4%
		无霜期	0.062 7	0.32	21.2%
		积雪深度	0.067 7	0.37	6.9%
		湿润指数	0.054 5	0.18	53.8%
	山体	与村落的关系	0.073 2	0.40	8.4%
		林木覆盖率	0.070 4	0.38	6.3%
	水体	类型(河流、湖泊、水库、池塘、溪流、其他)			
		与村落的关系	0.073 4	0.53	16.2%
		亲水空间	0.059 2	0.19	49.7%
		滨水绿化	0.073 8	0.55	22.1%
		水质	0.069 1	0.38	10.6%
	植物	种类	0.063 7	0.31	16.7%
		色彩	0.071 2	0.42	8.7%
		生长状况	0.061 6	0.23	54.1%
农业生产风貌	种植	耕地	0.118 0	0.45	7.8%
		园地	0.118 8	0.48	12.6%
		林地	0.113 8	0.32	22.7%
	养殖	牧场	0.117 0	0.40	31.4%
		马场	0.097 5	0.30	52.9%
		鱼塘	0.115 5	0.35	24.7%
	服务设施	温室大棚	0.116 5	0.38	9.7%
		农路	0.102 9	0.31	15.6%
		灌排沟渠	0.100 0	0.30	18.9%

续表4.4

类型	要素	信息	权重 Fn	得分平均值 Mn	变异系数 Vn
人文风貌	生产生活方式	耕作方式	0.073 9	0.47	5.7%
		传统手工艺	0.062 3	0.36	16.7%
		居住习惯	0.049 0	0.25	50.6%
		邻里活动	0.044 4	0.23	54.5%
		社区活动	0.052 7	0.33	33.3%
		特色饮食	0.040 7	0.18	62.8%
	精神信仰	宗教信仰	0.100 2	0.55	39.8%
		祭祀	0.101 6	0.62	26.1%
		村规民约	0.044 5	0.24	62.4%
		道德观念	0.046 4	0.25	51.4%
	地域特色	神话传说	0.052 0	0.30	32.7%
		节庆	0.057 1	0.34	24.6%
		奇人异事	0.048 6	0.25	62.8%
		集会	0.057 3	0.39	16.7%
		民族语言	0.057 0	0.35	20.5%
		民族服饰	0.057 0	0.36	15.9%
		民间艺术	0.055 3	0.32	13.8%

续表4.4

<table>
<tr><th>类型</th><th>要素</th><th>信息</th><th>权重
Fn</th><th>得分平均值
Mn</th><th>变异
系数 Vn</th></tr>
<tr><td rowspan="21">人工风貌</td><td rowspan="5">聚落整体布局</td><td>布局形式</td><td>0.269 6</td><td>0.94</td><td>6.7%</td></tr>
<tr><td>建设用地面积</td><td>0.196 1</td><td>0.81</td><td>32.5%</td></tr>
<tr><td>户数</td><td>0.155 8</td><td>0.50</td><td>50.2%</td></tr>
<tr><td>人均居住面积</td><td>0.176 6</td><td>0.58</td><td>38.9%</td></tr>
<tr><td>建筑密度</td><td>0.201 8</td><td>0.89</td><td>18.6%</td></tr>
<tr><td rowspan="9">街道空间</td><td>路网结构</td><td>0.126 0</td><td>0.55</td><td>5.7%</td></tr>
<tr><td>断面形式</td><td>0.098 2</td><td>0.25</td><td>50.1%</td></tr>
<tr><td>高宽比</td><td>0.118 6</td><td>0.48</td><td>12.4%</td></tr>
<tr><td>弯度</td><td>0.104 6</td><td>0.37</td><td>24.6%</td></tr>
<tr><td>铺地</td><td>0.096 8</td><td>0.18</td><td>52.7%</td></tr>
<tr><td>绿化率</td><td>0.114 4</td><td>0.43</td><td>6.2%</td></tr>
<tr><td>亮化率</td><td>0.112 4</td><td>0.42</td><td>8.9%</td></tr>
<tr><td>垃圾清运率</td><td>0.115 5</td><td>0.45</td><td>12.5%</td></tr>
<tr><td>街道设施（排水沟、垃圾箱、座椅、指示牌）</td><td>0.113 6</td><td>0.44</td><td>16.2%</td></tr>
<tr><td rowspan="7">开敞空间</td><td colspan="4">类型（广场、绿地、晒场、其他）</td></tr>
<tr><td>尺寸</td><td>0.152 1</td><td>0.45</td><td>48.9%</td></tr>
<tr><td>服务设施（健身器械、垃圾箱、座椅）</td><td>0.169 0</td><td>0.74</td><td>22.3%</td></tr>
<tr><td>铺地</td><td>0.173 2</td><td>0.74</td><td>36.2%</td></tr>
<tr><td>高宽比</td><td>0.193 6</td><td>0.90</td><td>25.7%</td></tr>
<tr><td>活动组织</td><td>0.162 9</td><td>0.66</td><td>26.7%</td></tr>
<tr><td>使用频率</td><td>0.149 1</td><td>0.42</td><td>38.4%</td></tr>
</table>

续表4.4

类型	要素	信息		权重 Fn	得分平均值 Mn	变异系数 Vn
人工风貌	历史/特色建筑	风格		0.211 5	0.90	9.2%
		与周边建筑高度比例关系		0.199 6	0.86	14.8%
		材料		0.194 0	0.80	25.6%
		色彩		0.202 2	0.92	10.7%
		高度		0.192 7	0.78	53.4%
	标志物	类型(雕塑、粮仓、门楼、塔、桥、其他)				
		材料		0.310 2	0.48	26.7%
		色彩		0.357 9	0.67	10.8%
		高度		0.331 9	0.54	16.7%
	庭院	面积		0.051 5	0.26	28.6%
		朝向		0.048 8	0.20	54.5%
		功能		0.058 6	0.29	13.6%
		布局模式		0.060 0	0.32	24.5%
		长宽比		0.049 3	0.24	42.6%
		植物覆盖率		0.061 0	0.35	17.8%
		硬化率		0.047 9	0.19	50.8%
		地面铺装	材料	0.059 5	0.28	30.5%
			图案	0.071 4	0.40	12.8%
			颜色	0.067 0	0.37	10.8%
		围墙	材料	0.074 8	0.44	8.9%
			颜色	0.065 5	0.37	12.1%
			高度	0.072 0	0.39	17.5%
		院门	材料	0.064 0	0.36	24.5%
			颜色	0.077 5	0.46	13.3%
			高度	0.070 8	0.41	16.4%

续表4.4

类型	要素	信息		权重 Fn	得分平均值 Mn	变异系数 Vn
人工风貌	单体建筑	屋顶	材料	0.039 3	0.13	12.5%
			形式	0.045 9	0.18	6.9%
			色彩	0.041 0	0.16	14.5%
			装饰构件	0.037 1	0.10	18.9%
			屋顶绿化	0.023 8	0.08	60.7%
			太阳能设备	0.024 6	0.08	72.1%
		墙体	高度	0.038 5	0.15	15.6%
			主体材料	0.044 2	0.17	20.5%
			装饰材料	0.038 4	0.15	31.2%
			色彩	0.046 5	0.18	18.9%
			特色构件	0.038 6	0.15	30.8%
		窗	窗墙比	0.059 7	0.28	20.2%
			材料	0.050 3	0.23	16.5%
			色彩	0.053 6	0.25	12.9%
		门	高度	0.054 9	0.25	12.6%
			材料	0.045 5	0.17	18.3%
			色彩	0.050 2	0.20	10.5%
		台基、台阶	高度	0.038 9	0.15	23.7%
			材料	0.043 4	0.16	20.9%
			色彩	0.048 4	0.19	28.5%
		烟囱	位置	0.034 0	0.13	12.3%
			高度	0.036 0	0.12	31.7%
			材料	0.031 2	0.10	15.8%
			色彩	0.036 1	0.14	14.5%

4.3　村落风貌基础信息体系构建与内容解析

本书结合村落风貌基础数据识别与集成整理方法，根据调研村落风貌信息特点，构建东北严寒地区村落风貌基础信息体系。

4.3.1　村落风貌基础信息体系构建的目标与原则

村落风貌基础信息体系的构建在风貌信息的集成与整合的基础上，根据风貌信息的特征提出信息体系的内容，为村落风貌基础数据库建立提供支持。

1.村落风貌基础信息体系构建目标

村落风貌信息是建立基础数据库的基础，结合基础数据库对村落风貌信息处理的需求以及与标准数据库的关系，提出构建目标如下：

（1）根据风貌基础数据的获取与整合方案，构建基础数据搭建框架，以满足基础数据储存与管理的可行性及合理性。对村落风貌信息的获取与整合除了要对村镇基础信息资料进行收集外，还需对村落道路、建筑、庭院等进行人工风貌信息采集，针对不同信息的特征获取的方式也不同。为便于数据库的查询、浏览等操作，风貌基础信息应为结构化数据，包括村落人口、各类用地面积、居民满意度等数据；对于调研获取的村落布局形态、绿地与开敞空间位置等图形数据和地方志等文本数据，通过计算与统计转化为结构化数据（例如对于广场信息的提取，通过对广场的面积、高宽比、位置信息等进行测量，转化为理性的度量数据）。此外，图形、文本数据转化后，对原始文件应给予保留，储存在数据库内，便于日后查看。

（2）村落风貌基础信息体系内数据关系明确、结构清晰。基础信息体系的结构确定了基础数据库内的数据结构逻辑关系，也是对风貌数据量化提取与评价运算的基础。基础信息体系内风貌数据的完整性、准确性决定了数据库的科学性与应用价值。因此，基础信息体系不仅要对村落风貌所包含的要素进行概括与整合，还应客观地描述村落风貌的现状与特色。此外，清晰、明确的基础信息体系结构可提高数据库系统的运行效率。风貌数据库系统的基础信息体系的建立需考虑村落风貌的自然环境条件与文化特色、村落发展建设需求等，结合风貌数据获取的难易程度对村落风貌数据收集成果进行提取与筛选，形成科学、精简、完整的村落风貌基础信息体系，为村落风貌数据库系统的构建提供基础。

2.村落风貌基础信息体系构建原则

东北严寒地区村落风貌基础信息体系的构建应体现村落风貌特色，并包含村落各类风貌要素。

(1)规范性与科学性原则。村落风貌基础信息体系的构建首先应满足数据库开发的相关规范要求,便于数据的输入与导出。基础信息体系的框架构建以城乡规划法规、国家与地方性规范、标准性文件、调研采集数据为依据,确定基础数据库的基本框架,保障基础数据库的科学性。对风貌基础信息体系与基础数据库进行整合,形成紧密的逻辑关系。

(2)高效实用原则。村落调研收集的数据中除各类风貌信息外,还包含村镇政府与各相关部门、企事业单位与农村居民个人信息等内容,涉及自然、经济、社会等方面内容。因此需通过数据的特征分析、应用预测、与风貌的关联性解析等方法对调研数据进行筛选,优化村落风貌基础信息体系内数据量,提高对数据管理的效率。此外,村落风貌基础信息体系内部数据结构可为数据库系统提供清晰的数据调取与运算处理的逻辑关系,形成响应速度快、操作界面简洁、实用性强的数据库系统。

4.3.2 村落风貌基础信息体系框架与内容解析

通过对村落风貌基础信息调研内容的汇总与集成整理,筛选出构成村落风貌基础信息体系的各类别信息,形成基础信息体系框架。将基础信息体系分为 4 个子系统进行探讨,按照基础信息属性对不同子系统的内容进行解析。

(1)村落自然风貌信息主要内容包括地形地貌特征、气候特征和植物。其中地形地貌特征包括山体与村落的关系、水网密度、水体与村落的关系、水质和滨水绿带宽度;气候特征包括降水量、年积温、无霜期、积雪深度等;植物包括种类、色彩、林木覆盖率和本土植物比例等(图 4.7)。

本书将农业生产风貌要素归纳到自然风貌信息内,农业生产风貌是村落内部从事农业生产活动的风貌信息,主要内容包括耕地、园地、林地等种植农作物的面积与颜色等信息,牧场、鱼塘等养殖业信息,温室大棚、农路、灌排沟渠等农业服务设施信息等基础数据内容(图 4.8)。

(2)人工风貌信息为村落风貌基础信息的主体内容,包括聚落整体布局、街道空间、开敞空间、庭院、单体建筑、历史/特色建筑、标志物 7 个部分(图 4.9)。

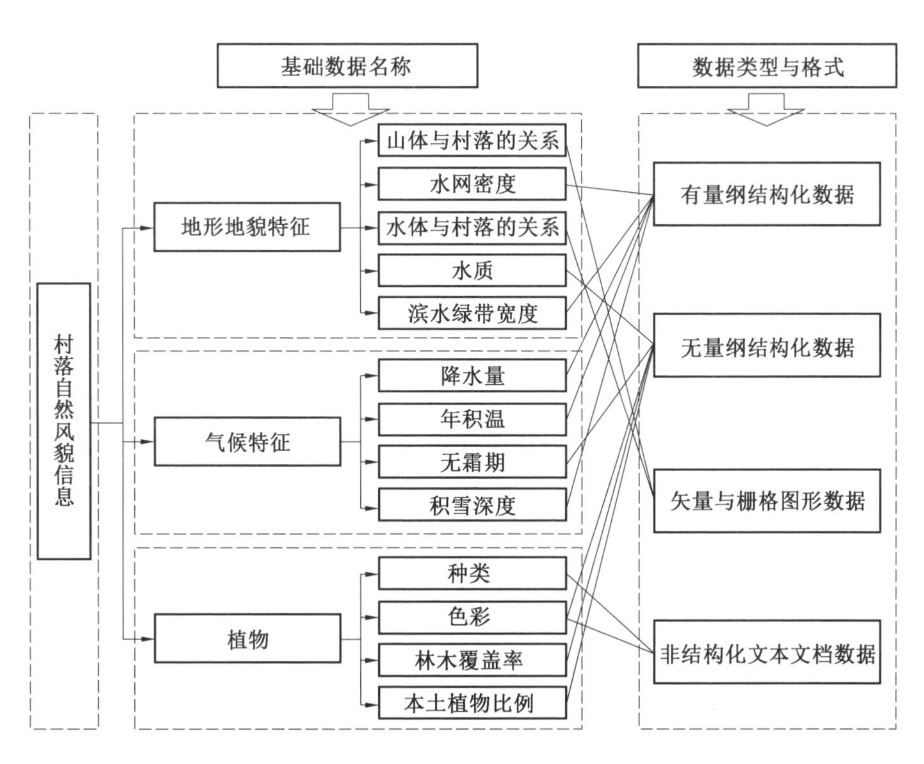

图 4.7　村落自然风貌信息框架

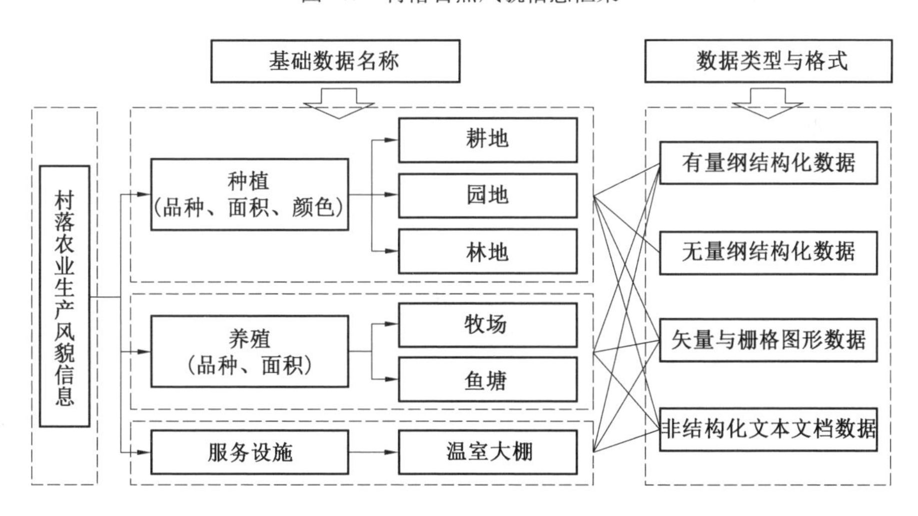

图 4.8　村落农业生产风貌信息框架

①聚落整体布局包括建设用地面积、人均居住面积、建筑密度、布局形式等信息，通过实地调研与卫星图的分析解读，将村落平面布局的特征通过定性与定量相结合的方式进行描述，并将村落布局的特征存储在基础数据库中。

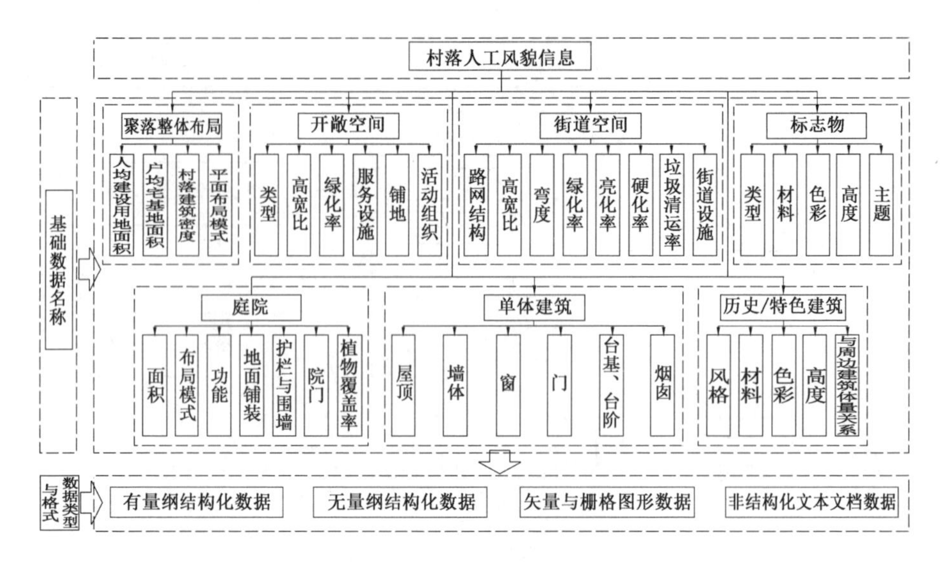

图 4.9　村落人工风貌信息框架

②开敞空间包括开敞空间的类型、高宽比、服务设施、铺地、活动组织等信息，结合上文中风貌信息的识别与提炼，筛选开敞空间对村落风貌关联度最紧密的信息。

③街道空间包括路网结构、高宽比、弯度、绿化率、亮化率、垃圾清运率、街道设施等信息，将村落路网布局、不同等级街道的空间感受与具体细节内容通过不同参数的形式表达出来。

④庭院包括庭院的面积、布局模式、功能、地面铺装、护栏与围墙、院门、植物覆盖率等信息，囊括村落庭院的最主要风貌特征信息。

⑤单体建筑的风貌信息主要为建筑构造中屋顶、墙体、台基、台阶等内容，通过对形式、色彩、材料、装饰构件等内容进行描述来体现村落内建筑的风貌特征。

⑥将历史/特色建筑和标志物从单体建筑分离出来，目的是将村落中传统建筑、历史建筑、风貌特色建筑与非建筑类但能代表村落特色与文化内涵的标志性构筑物重点提炼出来。

(3)人文风貌主要内容包括耕作方式、传统手工艺、社区活动等生产生活方式信息，宗教信仰、祭祀等精神信仰信息，神话传说、节庆、民族语言、民族服饰、民间艺术、集会等地域特色信息。人文风貌信息涉及的内容复杂且难以描述，通过对风貌信息的提炼筛选出最具代表性的信息。人文风貌信息的来源基本为文字描述类的文档类数据与图片数据，基础数据库通过将文档与图片进行整理与提炼，按类别建立村落人文风貌的基础信息(图 4.10)。

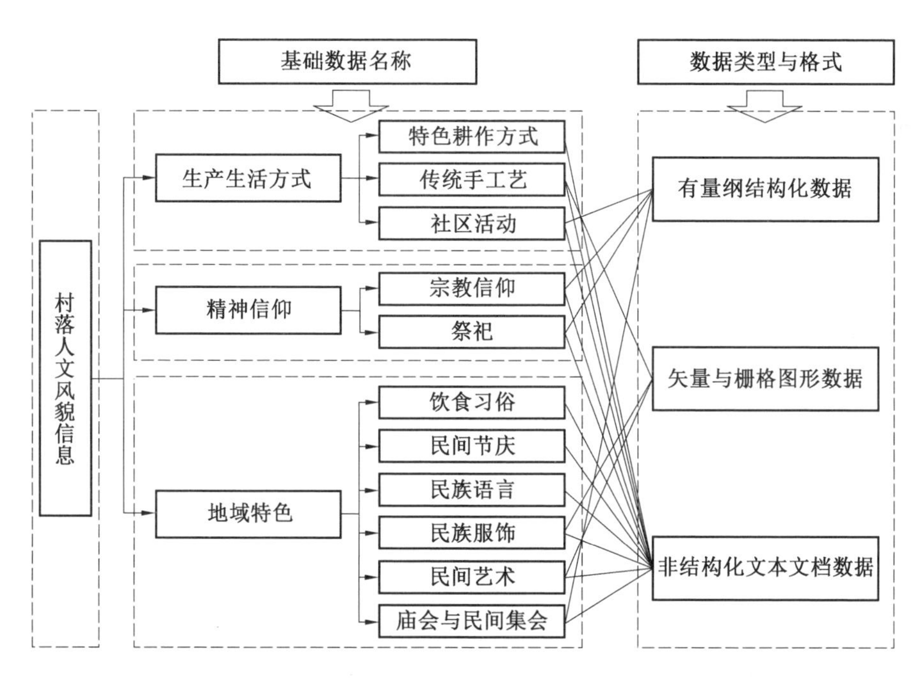

图 4.10　村落人文风貌信息框架

4.4　基于信息集成管理的风貌基础数据库构建

村落风貌信息的集成整理与识别筛选构建了基础信息体系，通过对基础信息体系框架的研究确定了各类风貌信息的编码模式与管理方法，在此基础上遵循数据库设计原理与目标，结合东北严寒地区村落风貌研究的需求建立基础数据库。

村落风貌基础数据库依托基础数据体系而建立，对基础数据体系中各类别数据进行管理，按照基础数据体系的结构和特征确定数据库中数据的储存方式与逻辑结构关系。通过对严寒地区村落风貌要素特征的识别，将其以特定的数据结构和组织形式建立的数据库作为风貌运算与评价处理的基础，对风貌现状信息进行详细的分类与数据化处理，并实现数据查询、分析及数据库结构与内容的检索等。此外，村落风貌基础数据库的建设对促进严寒地区村落风貌建设与管理的系统化、信息化、绿色化发展有着重要意义。

4.4.1 数据库的逻辑结构

村落风貌基础数据库为关系型数据库,因此数据库内部由多个数据表形成一对一、一对多、多对多等不同的关系。村落风貌基础数据库的逻辑结构要综合考虑基础数据表的结构设计和数据表之间的关系。

1.村落风貌基础数据表结构

根据村落风貌基础数据库内不同数据特征,在储存上应符合村镇结构关系,以“×镇×村×数据”的形式对基础数据进行储存。基础数据表的结构应遵循数据库设计中高效、简洁的原则,减少数据表的数量,提高数据库系统数据处理反馈响应速度,减轻日后数据库内村落数据日益增多给系统带来的压力。村落风貌基础数据表内包括字段的名称、类型、长度等内容,以聚落整体布局数据表为例,见表 4.5。

表 4.5　聚落整体布局数据表

字段名称	字段类型	字段长度	约束类型	描述说明
village_idvillage	INT	8	主键	村落代码
pclcarea	FLOAT	11	—	人均建设用地面积
homesteadarea	FLOAT	11	—	户均宅基地面积
density	FLOAT	11	—	村落建筑密度
layoutmode	VARCHAR	8	—	平面布局模式

2.村落风貌基础数据库逻辑结构关系

村落风貌基础数据表的构成为:村落信息表(t_village)、居民信息表(t_residents)、自然风貌信息表(t_naturalfeatures)、农业生产风貌信息表(t_agriculturalfeatures)、人文风貌信息表(t_culturalfeatures)、聚落整体布局信息表(t_settlements)、开敞空间信息表(t_openspaces)、街道空间信息表(t_streets)、庭院信息表(t_courtyards)、单体建筑信息表(t_buildings)、历史/特色建筑信息表(t_historicalbuildings)、标志物信息表(t_landmarks)。村落风貌基础数据库的逻辑结构如图 4.11 所示。

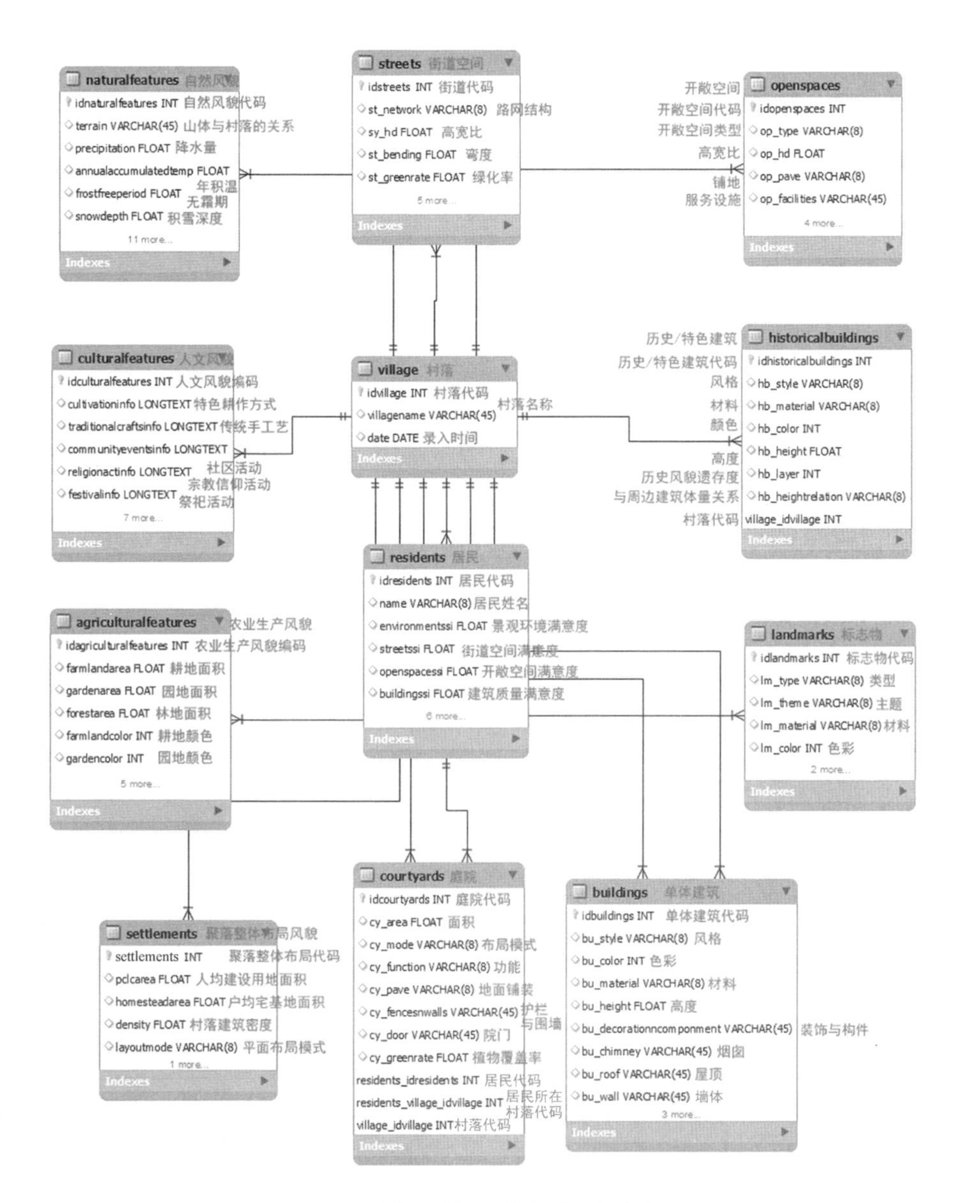

图 4.11 村落风貌基础数据库逻辑结构图

按照村落风貌基础数据表的精简设计要求，通过数据表实现对风貌数据的集成管理。为提高数据库系统的运行效率，基础数据库的逻辑结构关系从整体上看，由于村落具有唯一性，因此自然风貌、农业生产风貌、人文风貌、聚落整体布局风貌等信息统一关联到村落基础信息表中。其他居民、街道空间、开敞空间、历史/特色建筑与庭院等数据表，由于信息记录主体(道路、建筑等)数量并不确定，因此分别作为基础数据表，再与村落基础信息表和居民信息表相关联。

4.4.2 数据库的内部数据组织

数据库的内部数据由基础数据库与标准数据库构成。基础数据库包含了村落风貌信息集成的统计类、文档类、图形类数据，标准数据库由与基础数据相对应的处理运算规则、评价标准、评价指标体系，以及由基础数据计算得到引导村落风貌规划的“正理想解”“负理想解”等数据。无论是基础数据还是标准数据，本质上都是由不同数据表与数据表的关系构成。

根据东北严寒地区村落风貌调研的对象，村落风貌信息收集以村落为单位，因此数据库的内部数据组织也应以村落为单位，如图 4.12 所示。村落作为各项风貌数据的载体，问卷调查、访谈记录、风貌信息等都与村落相关联。以村落为单元的数据组织形式与城乡规划编制以及研究中对基础资料的整理方式统一，便于数据库在规划编制中的应用。

结合数据库系统的应用特征，数据库的导出是实现多平台数据共享的重要内容，因此导出的数据应为常用的标准格式，通过不同平台的调用分析实现多平台的研究分析。因此，数据输出的格式需根据数据库系统的应用需求，结合村落风貌基础数据结构与组织形式、常用城乡规划分析平台综合确定。

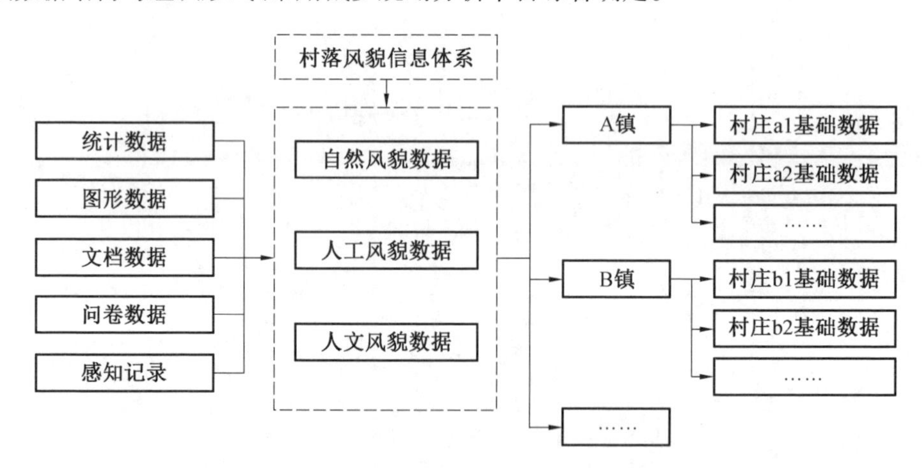

图 4.12　数据库系统后端数据组织框架

4.4.3 数据库的维护与更新

村落风貌数据库的时效性是为村落发展建设提供技术支持的重要保障，因此对数据库的维护与更新管理，可以保证风貌基础数据与标准数据能够如实地反映

出村落的建设状态，与各时期国家和地方发展政策紧密结合。同时，对数据库进行维护与更新操作，可以将不同时期村落数据进行储存，在对村落风貌进行分析研究时可对历史数据进行调取与对比，提高分析结果的科学性。

对信息的收集与集成整理方面，村落风貌涉及多部门、多渠道、多类型的资料信息。在将各类型资料录入数据库的过程中，需要将资料转化为可被数据库编辑的信息。在此人工转化的过程中难免出现失误，因此需要管理员对数据进行核对与定期检查，以保证数据的准确性与有效性。在数据库系统的操作中，对数据库的维护与更新可通过多种方式实现，可在系统操作界面中进行修改、输入、删除等处理，或通过导入的方式将数据大批量地导入数据库内，再对导入的数据进行核对。

1.村落风貌数据的维护

对村落风貌基础数据库的维护，主要是在对数据进行编辑操作后对数据的检查以及根据用户的不同使用需求对数据进行提取拷贝。

(1)数据的检查。数据的检查是为了保证数据的有效性与数据库结构的完整性。数据的检查工作由系统管理员进行操作，当用户与客户端对数据库进行输入、增减、修改等编辑操作后，管理员对新修改提交的数据进行查看，确保数据准确无误后将其更新备份至后台数据库内。数据的检查需要预先准备检查处理预案，对结构化数据进行重点检查，如统计数据是否存在缺失、问卷的信度与效度等。

(2)数据的拷贝。数据的拷贝工作通常由系统用户或其他数据平台管理人员提出数据使用需求，数据库系统管理员将对应的数据提取整理并提供给用户。用户得到数据后根据自己的需求应用于各自的平台与系统中完成相应的分析和运算操作。通过数据拷贝的方式，用户无须访问数据中心就可获得所需数据，保证了数据中心的安全与稳定，减少了数据库的数据处理压力。数据更新时，数据库管理人员可与用户联系，将更新后的数据信息拷贝给用户。因此，数据拷贝的方式也存在着用户信息更新不及时的问题，需要耗费较多的时间与精力进行数据更新。

2.村落风貌数据的更新

数据库内的统计数据、文档数据、图形数据的编辑可通过系统管理员与普通用户进行操作，实现对村落风貌数据的更新。当风貌信息体系、评价指标体系等数据发生变化时，需对基础数据库与标准数据库的结构进行调整，只有系统管理员具有对其进行更新操作的权限。

村落风貌数据的更新伴随着村落规划编制、统计数据更新等。因此需要地方城乡规划管理与建设主管部门定期将村落统计数据与各层次的规划编制成果提交给数据库管理人员，整合数据后上传至系统。数据库中可采用嵌入式触发器，当数据发生变化时对数据进行检测，保证数据的一致性。数据库的更新与城乡规划各数据平台相协调，保证村落风貌基础数据库与时俱进、符合国家宏观政策与地方发展建设要求。

（1）统计类数据。村落风貌基础数据库内统计类数据一般为村落的基础数据信息、村落风貌各要素的描述参数等。统计类数据的更新可与村镇空间规划、村庄整治规划等不同层次规划工作同时展开。在对东北严寒地区村落调研中发现，村镇各部门对基础资料与统计信息的储存管理主要为纸质形式，电子文件所占的比例较小，缺乏对历年统计数据与规划相关资料的储存管理，为数据的更新带来了困难。数据库的更新中，系统管理员需提出数据更新采集的清单与框架并提供给地方相关管理部门，定期收集村落的各类统计数据。相关管理部门根据系统中心提供的具体数据要求，以 Excel 表格的形式将更新的统计数据传送至系统管理员，由管理员进行数据的录入与维护操作。

（2）问卷类数据。问卷类数据是居民对村落建设与空间环境感受的动态反馈，是村落风貌规划中公众参与的体现。根据数据库的容量与样本设计的要求，每个村落的调查问卷至少为 30 份。问卷类数据的更新周期可与统计类数据保持一致，同样可随着相关规划编制工作一同开展，在空间规划调研中由城乡规划主管部门、规划编制单位等的工作人员进行问卷调查工作。问卷类数据内容与格式较为清晰、简单，可由用户将相关信息在客户端进行编辑与上传，完成问卷类数据的更新。此外，随着大数据、互联网的发展，数据库系统可与移动端进行对接，如可通过手机以电子调查问卷的形式对数据进行采集与上传。

（3）图形类、文档类感知类数据。村落风貌基础数据库内对图形类与包含感知记录的文档类数据主要进行储存操作，方便使用时对相关文件的调取。图形类与文档类数据是村落统计类数据、风貌各种参数信息以及调研考察感知类数据，在完成上述信息的储存后需对原始图形与文档数据进行保留。图形类数据主要有村落调研照片、村落各层次规划图纸、建筑设计效果图等，文档类数据主要有规划文本、说明书、政府工作报告等。

数据库对用户更新上传的图形类与文档类数据的容量有一定的限制，为减轻数据库系统运行的压力，规定 20 MB 以内的数据可以自行上传至数据库内；超过规定容量的数据需通过外网传送至系统管理中心，由管理员对不同图形与文档进行处理后统一储存至数据库内。

第5章　东北严寒地区村落风貌信息运算处理与数据库系统设计

数据库系统的设计以村落风貌信息体系与基础数据库为基础，通过对数据库系统在应用层面的功能需求解析，提出数据库系统的总体架构。基于相关规范标准、现实需求及政策引导等多目标体系，通过建立量化引导指标体系和基础数据提取与运算机制形成标准数据库，并实现东北严寒地区村落风貌数据库系统的各项基本功能。

5.1　数据库系统的需求与目标分析

系统需求分析阶段是数据库系统设计的重要基础，目的是将数据库开发需求及其解决方法确定下来。这些需要确定的内容源自于村落规划建设与风貌研究的各环节，包括村镇规划管理相关层面用户对系统功能、数据类型和业务流程等的多项要求。数据库系统的建立要求对风貌数据进行集成管理，实现对风貌信息的统计分析、评价处理等功能需求。高效、安全是数据库系统运行的关键，结合东北严寒地区村落风貌规划与村落建设需求，数据库系统应具备对风貌数据的储存编辑、分析运算、查询检索、更新维护、专题应用分析等功能，以满足实际应用中多方面的使用需求。

结合村落风貌规划技术框架与实施途径，首先，从数据应用管理、维护等需求方面入手，总结数据库系统的应用过程与各环节技术内容需求；其次，通过对各级城乡规划管理用户的分析，探讨对应业务活动、数据维护等内容，为数据库系统的功能模块设计提供较为准确的依据。

5.1.1　数据库系统的需求分析

对数据库系统进行需求分析可以保障系统的结构与功能符合村落风貌规划研究与用户操作的要求。因此，数据库系统的需求分析主要是对用户、数据、功能应用等方面的研究。从风貌规划的实际需求出发，结合风貌数据库系统的开发与应用，从用户需求、功能需求两方面进行需求分析。

1.用户需求

本系统建设的根本目的就是对村落基础信息与风貌信息进行整理储存、更新管理,以及对数据进行提取分析以应用到规划决策中。数据库系统主要面对的是农村地区从事规划工作的相关人员,考虑到数据库系统相关用户具备的数据库相关知识有限,因此村落风貌数据库系统的操作应简单易懂,在数据库系统开发完毕后,为用户提供简洁明了的操作手册,便于用户快速了解村落风貌数据库系统的内容与操作。数据库系统的界面应清晰易懂,数据的录入方式应简单直接。

数据库系统主要作用是整合、更新村落风貌现状信息数据与村庄建设、风貌规划相关的规划成果,将与风貌研究相关的零散资料整合为逻辑与结构清晰的风貌信息资源,便于提取分析与使用。因此,风貌数据库系统针对用户在应用层面的需求,应具有实用性。保证系统的实用,首先要保证系统数据的准确性与时效性;其次系统的功能设计要与实际应用相结合,功能模块的设计与开发应尽可能考虑到实际应用的各种可能,提高数据库系统的应用价值,确保系统能够尽快投入实际应用。

2.功能需求

通过前期调研,并结合村落风貌规划设计与研究所需的资料,村落风貌相关数据主要包括统计数据、文本数据、矢量与栅格图像数据等。对于数据库中储存的数据,用户需要能够随时调用查看,为提高工作效率提供保障。数据库系统在功能上应满足以下要求:

(1)对数据合理的分类、分层。村落风貌数据库系统内数据种类多、结构复杂,对数据合理科学的分类、分层可简化数据储存,使数据的组织与管理结构清晰。

(2)良好的数据结构。数据库系统的功能实现本质上是对数据的提取与处理,因此数据结构设计中数据表间应逻辑关系清晰,实现非冗余数据结构的定义,优化数据储存容量,同时对各类数据进行快速的查询与定位,减少数据查询响应的时间。

(3)规范化和标准化。数据库内部数据结构与数据库系统的开发设计要满足相关规范与标准的要求,内部数据遵循分类编码等原则,并考虑到在空间规划中风貌数据的多平台共享,体现村落风貌数据库系统在规划应用中的意义。

(4)独立性与安全性。独立性与安全性是数据库系统运行与使用的基本保障。数据的独立性可提升系统管理操作的灵活性,确保数据库进行拓展优化、维护升级时,数据结构与调用方法发生改变时,对数据库系统与用户使用的影响不大。

(5)动态性与可扩充性。村落风貌数据是根据村落发展建设不断更新的,因此要保证数据库系统能够进行动态更新。任何系统都可能存在缺陷,百密一疏。此外,用户对数据库系统的使用需求是动态变化、不断发展的,因此系统须具有可扩充性以反映在村落发展建设中不断出现的新变化。在数据库更新扩充时会产生新的数据,数据库系统的可扩充性要求可容纳新产生的数据,以满足村落风貌规划与管理需求。

(6)数据备份与恢复。数据的备份与恢复是系统安全性的保障,以确保数据库系统在突发情况下能快速恢复运行,也提高了数据库系统的可靠性。

5.1.2　数据库系统的设计目标

1.村落风貌规划与空间规划相关内容的补充

东北严寒地区现行的村落规划与风貌规划框架存在一定的程序缺失,村落风貌规划的基础依赖于复杂的调研与基础信息收集,而往往与风貌相关的基础数据在村落中缺乏整理与收集。从实施效果来看,数据库与信息管理平台在多数农村地区的应用较少,因此农村地区对于基础数据的积累较缺乏,造成了风貌调研数据收集的高难度与部分历史数据的缺失。另外,村庄相关规划编制成果在内容上存在重复与衔接性差的问题,仅仅依赖于上位规划及相关现状分析,村庄规划与风貌规划普遍的实施状况并不理想。本书结合目前东北严寒地区村落风貌规划现状问题与客观需求,依托村落风貌数据库系统,从村庄规划与风貌规划的流程与框架层面对传统规划过程进行完善与补充(图 5.1)。

此外,村落风貌规划数据库系统是在空间规划数据库中的人口、经济等基础数据,地形图、土地利用现状等空间信息数据的基础上结合村落风貌信息数据而形成,通过数据库系统中的运算与评价处理功能对村落风貌进行综合分析,为国土空间规划中城镇特色风貌规划提供辅助与决策支持(图 5.2)。因此,严寒地区村落风貌数据库系统对国土空间规划数据库起到了拓展与补充的作用。

村落风貌规划编制与实施涉及全过程工作任务,如基础资料收集、调研踏勘、规划公示、审批等,由于本书研究的村落风貌数据库系统是在现行的规划与管理程序基础上进行的创新与优化,因此关注的业务事项主要为面向数据收集、评估等对传统规划过程的完善与补充的内容。

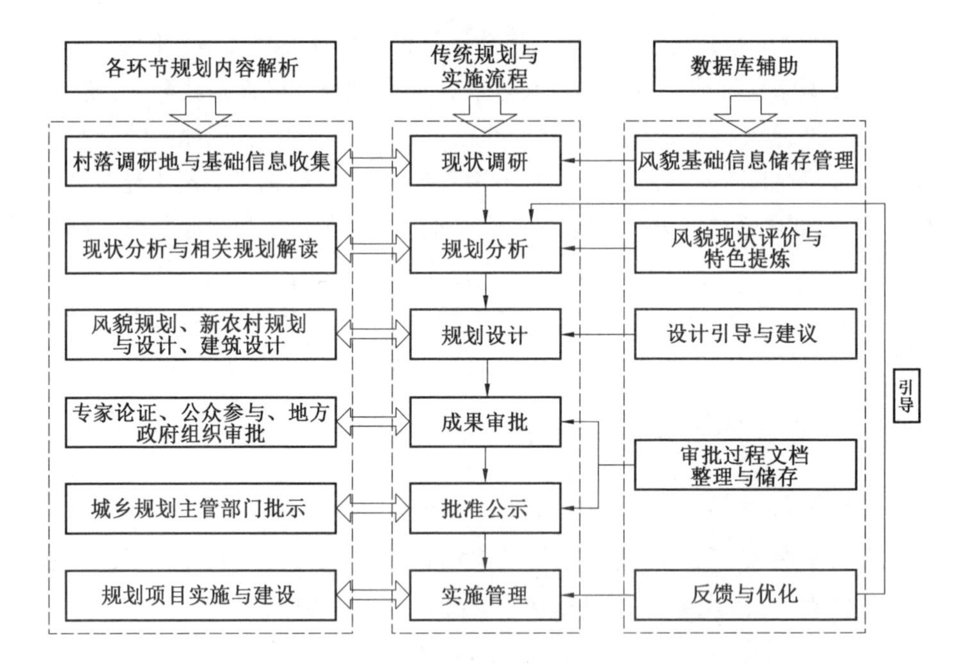

图 5.1　数据库对传统规划过程的完善与补充

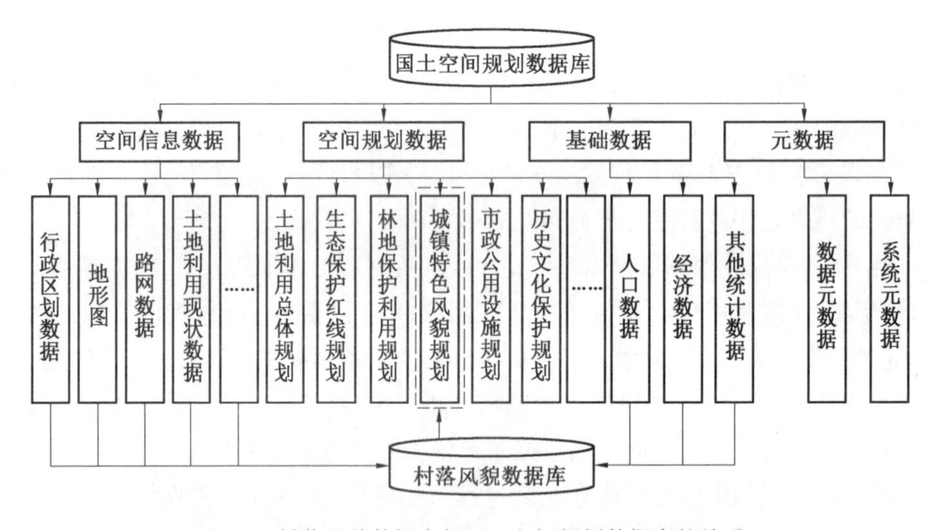

图 5.2　村落风貌数据库与国土空间规划数据库的关系

通过数据库中数据采集储存、数据统计分析整理、风貌特色评价等内容，对传统规划过程中规划编制、审批、实施管理等对应环节进行技术支持。相比于原有风貌规划的基于现状调研的基础信息整理，按照基础数据库的框架进行风貌数据的采集，可以保障数据的有效性与连续性，能够有效降低村落规划前期的时间与人力成本，作为当前大数据背景下的规划信息平台构建主要方式，严寒地区村落风貌数

据库系统的设计应符合当前趋势。

在风貌规划的过程中，前期现状调研阶段通过村落基础信息、风貌信息的收集、处理、整合，形成村落风貌信息资料库，方便对风貌数据信息进行调用与横向比较。在规划分析与解读中，通过村落风貌信息的整理，对村落建设现状与问题形成基本的认识，对风貌数据中占主导的特色风貌数据进行提炼，在规划设计编制中提供参考与建议。在规划实施与管理中，对不同阶段的规划数据进行储存并与不同阶段的数据进行对比，形成长期数据的维护，结合村落建设不同发展状态采用相应的数据提取方法与评价手段，完善风貌规划建设的各个环节，增强村落风貌规划的科学性与延续性。

2.村落风貌规划与管理的技术支撑

数据库系统的设计主要为村落风貌规划与管理各个环节提供技术支持，在村落现实条件与发展建设需求的基础上为村落风貌的信息储存、管理、评价分析等提供平台。

（1）风貌信息的整合与集成管理。风貌信息的整合是对村落风貌现状要素与特征的收集提取，与传统乡村规划中调研数据收集方法相比，数据库系统增加了居民评价、专业判断等信息数据。以“开敞空间满意度”的信息收集与集成处理为例，在对开敞空间的尺度、空间比例等数据采集的基础上，增加了居民主观使用感受评价信息，对开敞空间相关信息获取更为全面与丰富。可见对不同属性村落风貌规划基础信息的集成管理十分重要，应对不同渠道与来源的信息进行统一处理并整合至同一平台中。此外，对村落风貌基础信息的维护与更新管理可以为未来村落建设提供数据支持。

（2）风貌特色引导评价指标的维护与更新。风貌特色的引导评价指标涉及调用大量村落的数据，通过统计分析提炼出风貌特色要素，因此在数据库系统中风貌数据应具备自主生成与更新能力，通过对村落风貌中的定量数据设定相应的评价计算法则，在录入基础数据后自动得到相应的分析结果，为规划分析提供技术支撑。风貌特色引导评价指标的维护与更新是为了考虑未来数据库使用过程中，减少随着输入的村落不断增加、评价计算法则与标准值的不断更新带来的繁杂的工作量，为数据库系统未来在农村推广提供便利。

当前大数据、信息化成为规划普及与应用的趋势，针对村落风貌规划层面的基础风貌信息资料集成、量化引导与分析处理等需求，数据库系统需整合风貌数据管理与应用等功能需求，通过信息平台的功能拓展推动数字化建设在东北严寒地区农村的推广与使用。

5.2 数据库系统的总体架构

数据库系统通过技术手段对风貌数据进行组织,实现村落风貌管理应用,满足数据库的使用需求。对数据库系统总体架构的研究主要包括两方面内容:①根据东北严寒地区村落风貌特征与需求和数据库设计与开发规范确定数据库系统的硬件要求、网络环境与数据开发和管理维护等要求;②依据风貌信息特点与使用操作需求确定数据系统结构,通过界面设计实现数据运算处理与管理维护操作。

5.2.1 数据库系统的架构条件与要求

通过东北严寒地区村落的实态调研,我们对村落风貌与村庄建设情况有了初步的认知。根据数据库系统设计的目标和对风貌信息量化处理的需求,本书在上轮调研选取村镇基础上,对研究对象进行拓展。为了更加深入地了解东北严寒地区不同类型村落风貌的差异,更为完善地收集东北严寒地区村落风貌信息,使对东北严寒地区村落风貌评价分析的结果更科学客观,在前期调研选取 8 个乡镇的基础上增加 5 个乡镇,按照第 3 章中调研样本筛选方式,在 13 个乡镇中选取 28 个村落(图 5.3),并对收集的样本进行更加细致的分类(表 5.1)。根据村落的数量与风貌信息量、数据处理要求等,确定数据库系统软件与硬件要求。

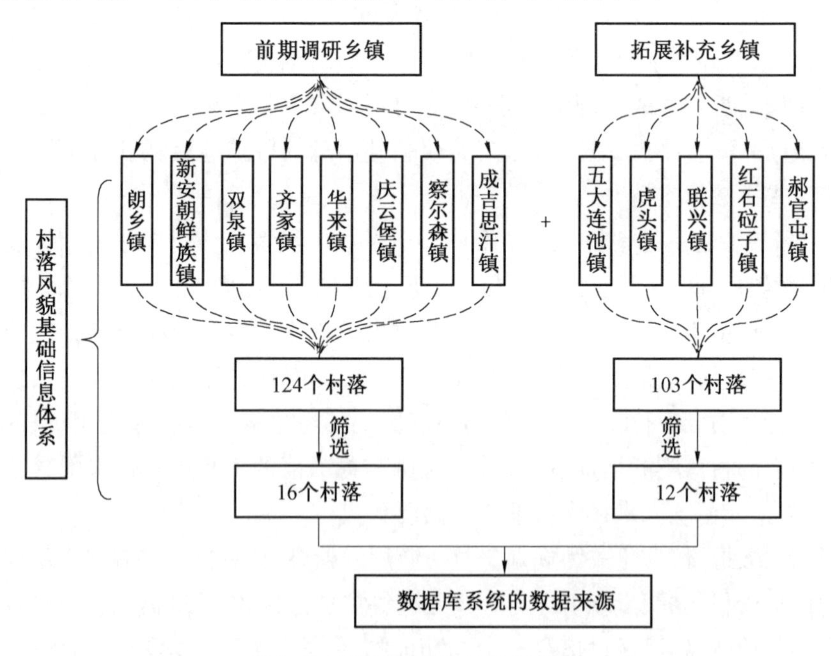

图 5.3 数据库系统的数据来源

表 5.1　调研村镇的分类

省份	镇	村	属性	地貌	备注
黑龙江省	五大连池镇	青泉村、龙泉村	地方型	山区	全国特色小镇
	双泉镇	双泉村、宝泉村	地方型	平原	世界三大冷矿泉乡之一
	新安朝鲜族镇	西安村、光明村	地方型	山区	省级文明乡镇标兵、朝鲜族镇
	虎头镇	半站村、月牙村	地方型	平原	国家级生态乡镇、全国特色景观旅游名镇
	朗乡镇	达里村、迎春村	森工型	山区	国家级生态乡镇、中国十佳最美风情小镇
	联兴镇	兴农村、兴团村、永跃村	地方型	平原	省级文明乡镇、满族乡
吉林省	齐家镇	管家村、永安村、长兴村	地方型	平原	全国文化之乡
	红石砬子镇	临江村、小红石村	森工型	山区	全国特色景观旅游名镇、吉林省文明镇
辽宁省	华来镇	东堡村、西堡村	地方型	山区	国家级发展改革试点镇、满族镇
	庆云堡镇	老虎头村、兴隆台村	地方型	平原	小康示范镇
	郝官屯镇	钱家屯村、孙家屯村	地方型	平原	辽宁省文明乡镇
蒙东地区	察尔森镇	振兴嘎查、沙力根嘎查	地方型	浅山丘陵	兴安盟历史文化名镇
	成吉思汗镇	岭航村、领航新村	地方型	平原丘陵	全国特色景观旅游名镇

(1)村落风貌数据库系统数据量的预测。根据东北严寒地区村落实态调研资料收集情况,对村落风貌数据库系统数据量进行预测。村落基础数据所占容量平均为 1~3 GB,其中包括村落相关文档资料、规划图纸、调研照片、调查问卷等(表 5.2),根据调研村落样本数量,基础数据总量约为 90 GB。

表 5.2　村落风貌数据库系统数据量预测(以单个村落为例)

数据类别	数量/份	数据量	备注
统计资料	1	150~300 KB	人口、经济、各类用地面积数据等
图形	1~5	1~2 GB	测绘图、村庄规划等栅格或矢量数据,村落环境、街道、庭院、建筑等照片
文本文档	5~10	100~500 MB	地方志、政府工作报告等文本数据
问卷调查	30~60	5~10 MB	问卷与访谈的统计数据

数据库系统的容量确定需考虑未来样本的增加以及原有村落数据的更新需求,5 年内单个村落风貌信息量为 2~4 GB,预计增加的村落数量约为 30 个,因此未来 5 年增加的数据总量为 150~200 GB。考虑到数据库系统自身所占容量和数据硬盘备份的要求,总数据量约为 500 GB。

(2)村落风貌数据库系统访问量及网络需求。村落风貌数据库系统的应用以规划研究分析为主,系统的用户主要为课题组人员、地方政府与城乡规划管理部门人员、相关科研人员等,预计 5 年之内用户总量为 80~100 个。

数据库系统基于 Web 服务,在设计中需考虑对网络的需求。为减轻服务器的压力,数据的下载以导出拷贝的方式为主,数据的在线编辑采用数据压缩的方式进行传输,减少对网络资源的占用。通过对访问量的预测与数据传输的流量控制,内网接口带宽需达到 264 Mbps。

(3)村落风貌数据库系统的主机与备份系统。主机为数据库系统运行与数据储存的硬件设备,服务器为联系系统与用户、实现数据传输服务的桥梁,因此数据库系统的主机与服务器应具备高效、安全、稳定的特征。数据库系统的主机应具备高可用性(high availability,HA),以缩短突发性系统崩溃与日常维护操作带来的停机时间。常用的方式有双机热备、双机互备、双机双工。

结合村落风貌数据库系统的实际需要,服务器采用双机热备的方式,当主机发生故障与系统错误时,从机可替代主机提供服务,确保了系统的稳定性与安全性。当主机恢复运行后,主、从机同步运行,从机将数据与事件信息发送到主机上,主机将故障期间产生的新数据从从机上拷贝,实现了实时数据的热备份。

5.2.2　数据库系统的总体结构框架

村落风貌数据库系统总体架构应符合东北严寒地区村落风貌特征,基于 B/S 结构形成数据层、逻辑层、应用层的总体结构(图 5.4),结合村落风貌特色规划的应用需求,确定数据库系统的逻辑结构、数据分析处理方式以及数据的访问与管理

等方面的要求。为了方便数据的采集、编辑储存及系统应用,数据库系统的构建基于互联网平台,采用 Node.js、Express 架构 Web 应用框架,采用 MongoDB 作为核心建库工具,并用在 Web 应用中能实现端对端服务,采用 AngularJS 作为数据库系统前端开发工具。

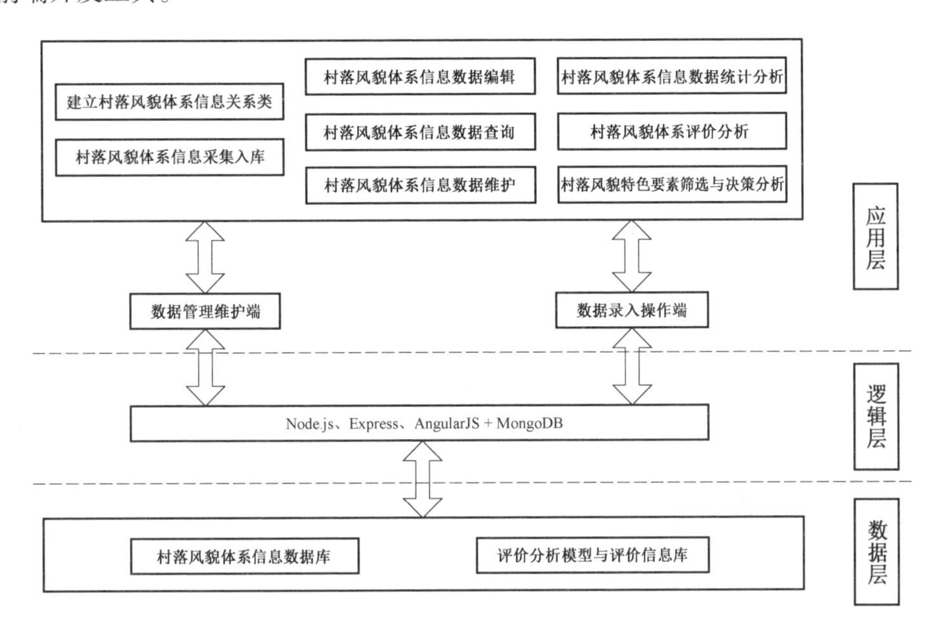

图 5.4 村落风貌数据库系统总体结构框架

数据采集、输入和更新维护是数据库运行、计算与分析评价的基础,也是数据库系统的核心部分。东北严寒地区村落风貌数据库系统是整合基础风貌数据、统计分析数据、评价标准数据、评价模型数据的数据平台。数据库系统的结构主要为数据层、逻辑层、应用层三部分。数据层是数据库系统功能应用的基础,包括村落风貌体系信息数据库、评价分析模型与评价信息库。逻辑层为系统开发与管理的程序和软件,通过逻辑层建立数据层与应用层的联系。应用层是实现数据库系统功能的操作层,由系统开发与管理人员根据用户的需求对数据进行调用,主要包括数据的录入、查询、维护以及数据的分析与应用。数据库系统可对用户输入的风貌信息进行统计分析与评价处理,在此基础上对村落风貌特色要素进行筛选,为规划决策提供支撑。用户在使用数据库系统时,于前端界面进行操作,通过逻辑层将各操作要求转化为内部指令,对数据层进行数据调用分析。这种结构使数据库系统逻辑清晰,保证了系统运算效率与数据的安全,为数据库系统的日常管理维护提供了便利。

5.2.3 数据库系统的界面设计与技术架构

数据库系统的界面设计主要面向使用者,用户通过客户端内的操作界面对系统下达指令,通过服务器传送至数据库系统,系统接收指令信息后进行相应的处理,将结果通过服务器传送回客户端,于界面上呈现给用户。清晰的界面设计便于用户进行数据浏览、查询等操作。

1.数据库系统前端界面设计思路

村落风貌基础数据的查询、编辑、统计与评价计算分析结果为数据库系统前端界面的主要内容,每项内容应单独显示。界面的内容框架应满足城乡规划数据的访问习惯,便于用户对不同类型的数据进行查询;对基础数据的分析结果应结构清晰、主次分明,便于用户对各类风貌数据分析结果的查看与分析。

2.数据库系统界面设计

按照后端数据的组织方式,系统的前端界面以村镇为单位进行展开,按照一般交互界面设计规则,顶部为系统各项界面的名称和索引、帮助区域,左侧20%~30%的界面为村镇树形结构与风貌类型选项,右侧70%~80%的界面为主要数据展示空间,在主要数据展示空间的顶部设置信息类别分项选择按钮,可对信息进行分类快速浏览(图5.5)。

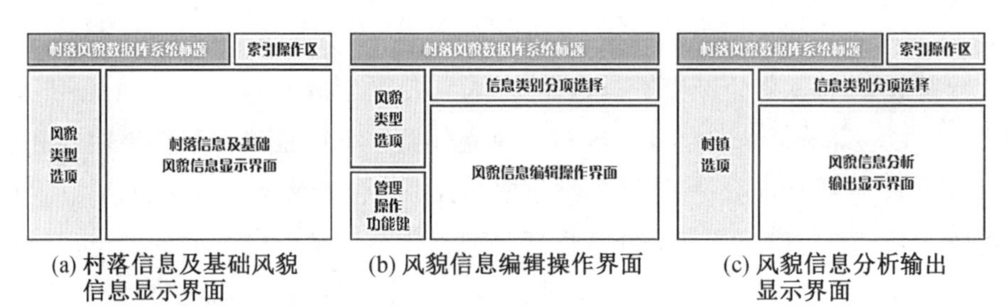

(a) 村落信息及基础风貌信息显示界面　(b) 风貌信息编辑操作界面　(c) 风貌信息分析输出显示界面

图5.5　数据库系统界面设计与布局规则

3.数据库系统前端界面技术实现方案

数据库系统基于Node.js平台搭建,前台操作界面使用Coffee Script语言编译,采用Jade模板生成HTML(超文本标记语言),并通过JSON(JS键值对数据)与后台交换数据。Node.JS是将JavaScript运行在服务端的开发平台,对Chrome V8引擎进行了封装,具有轻量高效的特点,故采用此方案完成对数据库系统前端界面的搭建。

4.数据库系统后端技术方案

村落风貌数据库系统后端技术框架主要为 Express 框架和 ORM 框架,通过 Node.js 语言进行编译。使用 XAMPP 集成环境的 MySQL 开发(图 5.6),通过 phpMyAdmin 进行数据查看与编辑(图 5.7)。数据库部分结构代码如下所示:

```
├── app
│   ├── controllers //控制器
│   └── models //数据表模型
├── base //项目继承基础
├── bin //程序入口
├── conf //配置文件
├── field //字段及解释方式定义
├── func //项目核心函数
├── judgement //判断规则
├── node_modules //库文件
├── public //静态文件
│   ├── images
│   ├── javascripts
│   ├── script
│   └── stylesheets
│       └── component
└── views //前台文件
```

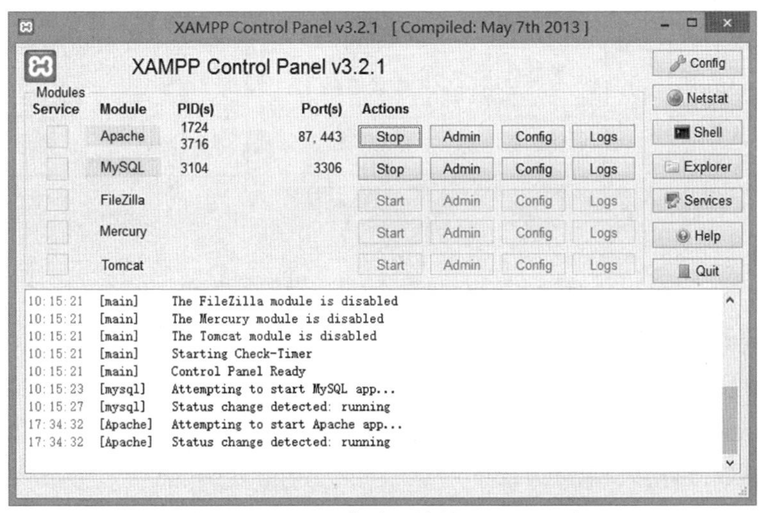

图 5.6　XAMPP 集成环境的 MySQL 开发

图 5.7　通过 phpMyAdmin 对数据进行管理

5.2.4　数据库系统运行与基本功能的实现

数据库系统的运行是村落风貌相关研究开展的重要支撑，数据库在运行上包括风貌信息编码与录入、计算与评价，以及计算结果的输出等主要模块（图 5.8）。数据库系统的计算结果可通过输出 Excel 文件格式的基础数据表，与 ArcGIS、SPSS（社会科学统计软件包）等进行数据对接，对村落风貌数据信息进一步分析与挖掘。

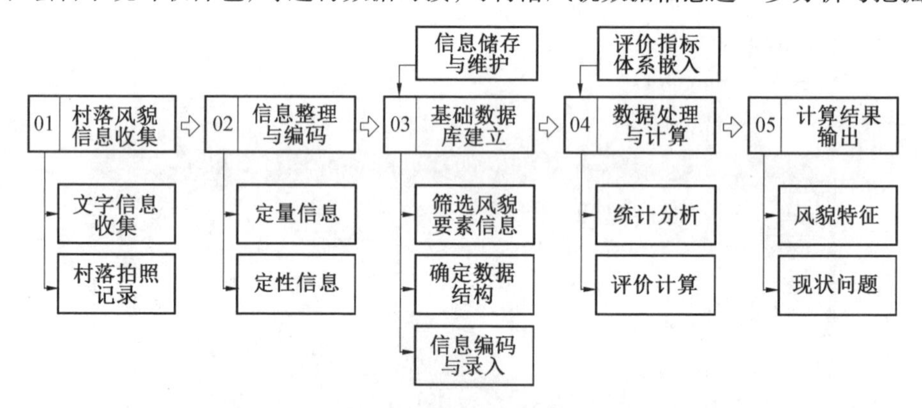

图 5.8　村落风貌数据库系统运行流程

(1)基础数据的浏览。在数据库系统数据界面，可以通过左侧的索引栏选择需要浏览查看的风貌信息类别，通过左侧的村镇基本信息、建筑外部环境、庭院与建筑等系统选项，可显示指定的风貌类别内的基础数据，通过地区与乡镇限定，显示指定地区的村落风貌数据（图 5.9）。

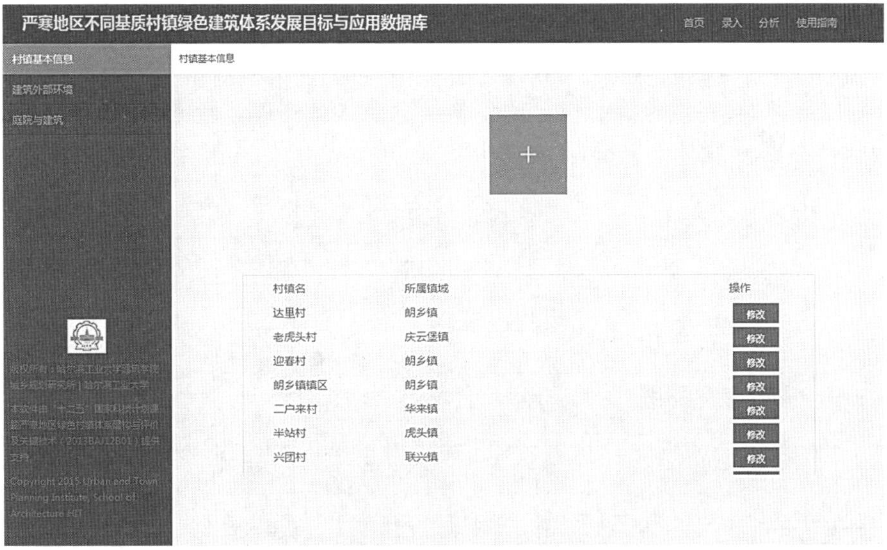

图 5.9　数据库系统基础数据浏览界面

(2)基础数据的编辑。通过数据库系统操作平台,可对严寒地区不同基质村落风貌数据(文字、图像)进行录入与编辑操作,录入方式为输入和选择(图 5.10)。为了使风貌信息便于录入数据库进行数理分析,数据库依据村落风貌信息特征进行编码,用户可以将调研收集的资料与数据库中已设定的信息要素进行比对,选择

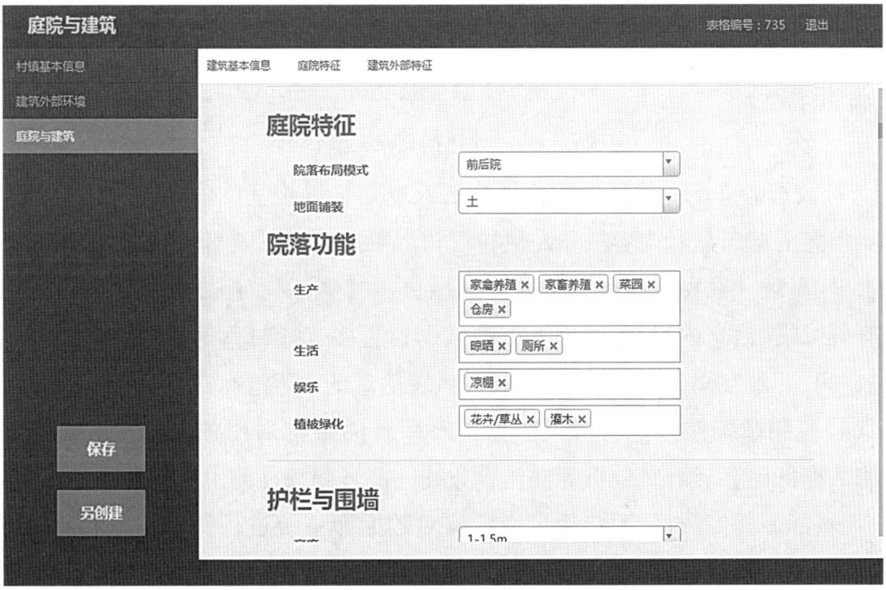

图 5.10　风貌信息录入操作界面

能正确描述现状信息的一项。例如,对某建筑的墙体风貌信息进行录入,在数据库系统录入界面中找到“墙体”一项,在各子项下拉菜单中选择对应的数据信息(图5.11),以此类推,将该建筑所包含的各项信息录入数据库系统并保存。图像数据可以将符合格式要求的文件上传至数据库。

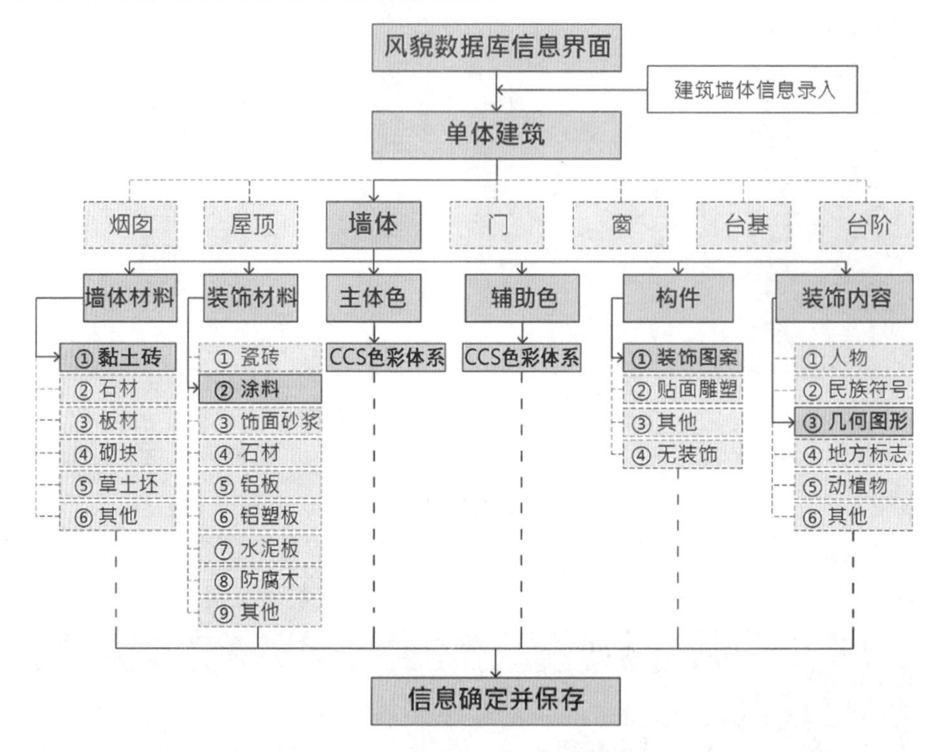

图 5.11　建筑墙体信息录入流程示意

(3)数据的查询。按照风貌信息的录入规则将风貌基础信息输入至数据库系统后,信息的输出显示内容按照左侧村镇树形菜单、右侧风貌信息统计结果显示界面的结构呈现。在左侧树形菜单内可选择目标村落,则右侧界面显示该村落已通过整理的风貌信息内容,可通过上方的索引栏直接选择村落信息、标志性构筑物、街道空间、开敞空间、庭院与建筑等相关风貌信息的内容进行查看(图5.12)。

(4)应用系统接口。村落风貌数据库系统的架构采用独立中心服务器的模式,将数据的储存、编辑、分析等操作服务统一部署到独立的中心服务器中,用户的客户端不部署任何数据,用户通过浏览器对数据库系统进行使用。采取此种方式是考虑东北严寒地区农村的经济条件,可降低数据库使用成本。村镇各部门在对系统进行操作时,只需通过对相应的接口程序进行调用,无须掌握数据库系统的内

图 5.12　数据库系统分析与评定结果浏览界面

部结构与逻辑关系,降低了数据库系统在东北严寒地区村镇各部门使用与推广的难度。使村落风貌数据库系统具有共性特征,可以与国土空间规划数据库进行对接,对空间规划数据进行提取与分析利用;风貌数据可以共享使用,对国土空间规划数据库进行补充。

当前 Web 服务实现的主流方案包括 XML-RPC(XML remote procedure call,远程过程调用)、SOAP(simple object access protocol,简单对象访问协议)、REST(representational state transfer,描述性状态迁移)三种,REST 与 XML-RPC 和 SOAP 相比较形成的 Web 服务方案更简洁,并且具有采用缓存的方式提高系统的响应速度、兼容性高、拓展性好等优点。结合东北严寒地区村落风貌数据库的数据结构与需求,本书采用 REST 模式,设计 RESTful Web Service 服务架构。参考 RESTful Web Service 中的 GET(查询/下载)、POST(修改/更新)、PUT(增加/上传)、DELETE(删除)的方法,将数据库系统的服务与应用功能封装处理,保障用户对接口的调用,接口包括:数据查询服务、数据统计服务、数据下载服务、账户接入服务等。

5.3 基于风貌信息特征的数据提取与运算机制

东北严寒地区村落风貌数据库系统的应用主要是对基础数据库的提炼与分析。结合第4章对村落风貌信息的编码整合,根据不同类别风貌信息处理特征,通过对村落风貌基础数据体系的数据提取,设定对风貌基础信息分析处理的标准、运算法则与分析结果的表达方式。数据库辅助的村落风貌分析具有信息处理量大,数据分析结果直观、实用性强等优势。

5.3.1 运算标准数据的确定依据

风貌信息的提取和运算以村落风貌分析与引导的标准数据为主,除了对基础数据中从属关系类数据不做处理外,主要对定量风貌数据与转化后的定性风貌数据进行处理。运算标准数据的设定在充分考虑东北严寒地区村落风貌基础信息体系内各类别风貌数据的特征外,还需参考国家与地方标准、规范和相关研究成果,结合东北严寒地区村落风貌现状特征与发展建设需求,确定运算标准。

本书运算标准数据的来源主要参照《国家生态文明建设示范村镇指标(试行)》《美丽乡村建设指南》(GB/T 32000—2015)等国家层面的相关标准与规范内与村落风貌研究相关的具有指导意义的指标与内容,因此具有较高的权威性与可信度。另一方面,由于部分风貌信息在评定分析上缺少可参考的国家与地方标准及规范,对于此部分信息的运算处理标准数据主要参考借鉴既有的风貌研究的相关成果,见表5.3。

表5.3 主要量化标准的来源依据

参考来源	主要参考数据(同一数据可能源自多个参考)
《国家生态文明建设示范村镇指标(试行)》【环发〔2014〕12号】、《生态环境状况评价技术规范》【HJ 192—2015】	林草覆盖率、水网密度、水质、村民对环境状况满意率等
《美丽乡村建设指南》【GB/T 32000—2015】	道路路面硬化率、山体与村落的关系、水体与村落的关系、历史/特色建筑特征、标志物特征、民族服饰、民间艺术、社区活动等

续表5.3

参考来源	主要参考数据(同一数据可能源自多个参考)
《国家级生态村创建标准(试行)》【环发〔2006〕192 号】	绿化覆盖率、本土植物比例、街道垃圾清运率等
《旅游资源分类、调查与评价》【GB/T 18972—2017】	传统手工艺、神话传说、祭祀活动、节庆活动等
文献等相关研究成果①②③④	开敞空间高宽比、街道高宽比、户均宅基地面积等

5.3.2　运算标准数据的分类解析

从提取的村落风貌基础数据的特征来看,运算标准数据可分为客观性数据与主观性数据两大类。客观性数据包括客观数据类与资料分析类数据,可通过对调研中的政府相关部门访谈、收集的资料进行分析整理与计算获得,也可收集提取网络资源中相关的统计年鉴等数据。客观性数据多为数值。主观性数据以调查问卷类和调研考察感知类数据为主。

1.客观统计类数据解析(表 5.4)

该类指标全部为客观数据,真实、准确、直观地反映村落风貌特征,不受人的主观意识与判断的影响,是标准数据体系的重要数据基础。在对客观统计类数据的计算处理上,以参考既有的较成熟的评价指标体系为主,如垃圾清运率、街道绿化率;个别指标较为专业,参考相关专业规范而得,如林草覆盖率、水网密度等,参考《国家生态文明建设示范村镇指标(试行)》制定。在获取方式上,一类指标可直接通过镇级以上统计、自然资源、住建、环保等部门直接获取;对于无法直接获取的指标,需通过对调研资料的处理与计算获取,如户均宅基地面积、绿化覆盖率等。

---

① 张茜,肖禾,宇振荣,等. 北京市平原区农田景观及其要素的质量评价研究[J]. 中国生态农业学报,2014(3):325-332.

② 吴雪,陈荣,张云路. 面向多类型、多尺度协同传导的乡村景观特征识别与评价方法——以科右前旗为例[J]. 北京林业大学学报,2022(11):111-121.

③ 黄莹莹,谈石柱,陈倩婷,等. 基于景观特征识别和评价的乡村景观营造模式[J]. 浙江农林大学学报,2022(4):894-901.

④ 于佳,王雷. 基于美丽乡村建设的乡村景观评价体系初探[J]. 农业经济,2021(9):45-46.

表 5.4　客观统计类数据解析

序号	数据名称	计算方法	方式
1	林草覆盖率/%	林草地面积之和(ha)/村土地总面积(ha)×100%	计算获取
2	绿化覆盖率/%	绿化面积(绿地、街道绿化、庭院绿化)之和(ha)/村建设用地面积(ha)×100%	计算获取
3	水网密度	[A_{riv}×河流长度/区域面积+A_{lak}×水域面积(湖泊、水库、河渠)/区域面积+A_{res}×水资源量/区域面积]/3	计算获取
4	水质	Ⅰ类(5分)、Ⅱ类(4分)、Ⅲ类(3分)、Ⅳ类(2分)、Ⅴ类(1分)	直接获取
5	本土植物比例	地方植物种类数/(地方植物种类数+外来植物种类数)	计算获取
6	滨水绿化宽度/m	≤5(1分)、5~10(2分)、11~20(3分)、21~30(4分)、>30(5分)	直接获取
7	人均建设用地面积/$m^2 \cdot 人^{-1}$	建设用地面积/常住人口数量	计算获取
……	……	……	……
16	路面硬化率/%	道路路面硬化面积/道路路面总面积×100%	计算获取

注:A_{riv}为河流长度归一化系数,A_{lak}为湖库面积归一化系数,A_{res}为水资源归一化系数。

2.部门资料分析类数据解析(表 5.5)

该类数据也属于客观性数据但较难直接获得。部门资料分析类数据分为两种形式,一部分数据较难用客观定量的数据去描述,如村落生产生活方式、宗教信仰、地方节庆活动等。对于此类数据的处理方法是根据政府统计资料、村务信息公开文件等,将无法量化的统计资料按照设定的方式转化为评价的度量形式。另一部分数据不是强制性统计内容,在常规统计年鉴与统计资料里无法找到,并且在东北严寒地区农村中也缺少相关数据的基础资料。风貌规划研究人员与数据库系统的使用者可通过对村落现状的测绘图、地形图、相关规划图纸等资料间接分析与计算得到相关数据,如聚落平面布局模式、路网结构等。

表 5.5　部门资料分析类数据解析

<table>
<tr><th>序号</th><th>数据名称</th><th>计算方法</th><th>方式</th></tr>
<tr><td>1</td><td>水体污染情况</td><td>有两种及以上污染物(1 分)、有一种非工业污染物(3 分)、无污染物(5 分)</td><td>直接获取</td></tr>
<tr><td>2</td><td>特色耕种方式</td><td rowspan="4">至少有一项具有极高的观赏价值、游憩价值、历史价值、文化价值或艺术价值(5 分),至少有一项具有很高的观赏价值、游憩价值、历史价值、文化价值或艺术价值(4 分),至少有一项具有较高的观赏价值、游憩价值、历史价值、文化价值或艺术价值(3 分),至少有一项具有一般的观赏价值、游憩价值、历史价值、文化价值或艺术价值(2 分),至少有一项相关内容(1 分)</td><td>直接获取</td></tr>
<tr><td>3</td><td>传统手工艺</td><td>直接获取</td></tr>
<tr><td>4</td><td>民间节庆</td><td>直接获取</td></tr>
<tr><td>5</td><td>饮食习俗</td><td>直接获取</td></tr>
<tr><td>……</td><td>……</td><td>……</td><td>……</td></tr>
<tr><td>13</td><td>开敞空间活动组织</td><td>≤2 次/周(1 分)、2~5 次/周(3 分)、>5 次/周(5 分)</td><td>直接获取</td></tr>
</table>

3.调查问卷类数据解析(表 5.6)

该类指标全部为主观评价类,通过村落内居民的满意度调查来获取。该类数据虽然比较主观,但村落风貌本质上是以人为主导建设的,满足人们居住与审美的情感需求,因此调查问卷类数据可以真实反映村民对村落风貌和景观环境最直观的感受与现实状态。此类数据在获取上要注意问卷的难度不易过大,问题简洁易懂,调研居民在年龄、学历、职业等方面尽可能做到分布合理,问卷发放后应及时回收。满意度问卷采用五级量表的方式,将满意度以 1~5 分的形式进行度量(非常满意为 5 分,依次递减,非常不满意为 1 分),村民根据自身判断选择对应的分值,本书通过计算问卷内相应问题得分的平均值确定各指标值。

表 5.6　调查问卷类数据解析

序号	数据名称	计算方法	方式
1	村庄建设满意度	对村庄内建筑、道路建设与维护工作及生态与景观环境状况的满意程度(5 分~1 分)	直接获取
2	水质量满意度	对饮用水质量、地表水水质状况的评价(5 分~1 分)	直接获取

续表5.6

序号	数据名称	计算方法	方式
3	空气质量满意度	对居住环境内空气质量的评价(5 分~1 分)	直接获取
4	声环境质量满意度	对居住环境内声环境质量的评价(5 分~1 分)	直接获取
5	街道空间满意度	对街道可达性、路面质量、绿化、设施等的综合评价(5 分~1 分)	直接获取
6	开敞空间满意度	对开敞空间的环境、空间感受、活动组织、设施等的综合评价(5 分~1 分)	直接获取
7	景观环境满意度	对居住环境内绿化、植物搭配与景观设计等的综合评价(5 分~1 分)	直接获取
8	建筑质量满意度	对住宅的造型、色彩、建造质量、维护与修缮等的综合评价(5 分~1 分)	直接获取

4.调研考察感知类数据解析(表 5.7)

村落风貌受人的审美、喜好等主观感受所主导,因此风貌信息中有一部分主观性数据难以通过问卷调查及资料收集等方式获取准确信息,需要村落风貌研究者与数据库使用者进行现场探查与感知,并对应预先设定好的处理方式进行数据转化与评定分析。该类数据的确定,要求多人对村落进行调研考察,对每个人的调查结果进行算数平均值计算,以此代表该村落的风貌水平。

表 5.7 调研考察感知类数据解析

序号	数据名称	计算方法	方式
1	山体与村落的关系	村落建设与周边山体生态环境特色的协调关系(1 分~5 分)	直接获取
2	水体与村落的关系	村落建设与周边水体生态环境特色的协调关系(1 分~5 分)	直接获取

续表5.7

序号	数据名称	计算方法	方式
3	村落布局与地形的结合	布局规整、顺应地势,结合场地自然条件,对建筑的体型、朝向和楼距等进行优化设计(1 分~5 分)	直接获取
4	街道高宽比	(0,1)(3 分)、[1,3](5 分)、(3,6)(3 分)、[6,+∞)(1 分)	直接获取
5	垃圾箱服务半径	≥300 m(1 分)、150~300 m(3 分)、<150 m(5 分)	直接获取
6	开敞空间服务设施	雕塑、座椅、健身器械等设施有 3 种以上(5 分)、有 3 种(4 分)、有 2 种(3 分)、有 1 种(2 分)、无(1 分)	直接获取
7	村落色彩协调度	结合单体建筑色彩、设施色彩、植物色彩等基础数据,判断村落色彩特色与协调度(1 分~5 分)	直接获取
……	……	……	……
14	传统格局和历史风貌遗存度	≤20%(1 分)、20%~40%(2 分)、41%~60%(3 分)、61%~80%(4 分)、>80%(5 分)	直接获取

5.其他

除对上述风貌信息的提取分析处理外,基础数据库内还包含一些表征从属关系与风貌客观状态的无法评价的信息,如建筑屋顶的色彩、庭院地面铺装材料、道路的弯度等。标准数据库对此类数据采用统计分析其数量、比例等特征的处理方式,并将统计分析结果储存在标准数据中,便于后续相关研究的查询与调取。

5.3.3　基础数据的提取与运算处理流程

对基础数据的运算处理是在风貌现状分析、风貌基础数据录入的基础上进行,对风貌信息逐一设定运算参考标准与运算方法,村落风貌信息录入后将自动生成统计与计算结果,完成对目标村落风貌的量化分析处理。

根据风貌信息属性的不同,采用数理统计分析的方法对风貌基础信息提取与分析,并与已设定的标准数据进行比对,得出相应的得分。例如,对街道绿化率的评价参数设定为“达到40%及以上,得5分;达到31%~40%,得4分;达到21%~30%,得3分;20%以下,得2分”,若通过计算得出街道绿化率为25.6%,则该项得分为3分。对定性信息要素进行归纳总结,得出各类要素的特征及所占样本比例,用户可根据统计结果进行判断与选择。例如,对于景观色彩的评价,通过对植物、建筑等色彩的统计,确定主色调与辅助色调。因此,用户可以在输入现状风貌信息后直接得到各类信息的分析结果,直观地感知村庄风貌情况,操作简单、便于在农村地区与非专业群体中推广应用。通过对四大类风貌信息中得分较高的要素进行筛选可以识别出现状中占主导地位的风貌信息,对得分较低的要素进行分析可以确定村庄未来规划与建设中需要调整和完善的内容。针对评价结果较差的项,标准数据库将给出符合不同基质村落建设需求的指导建议与参考案例(参考案例需预先储存于数据库中)。数据的提取与运算处理流程如图5.13所示。

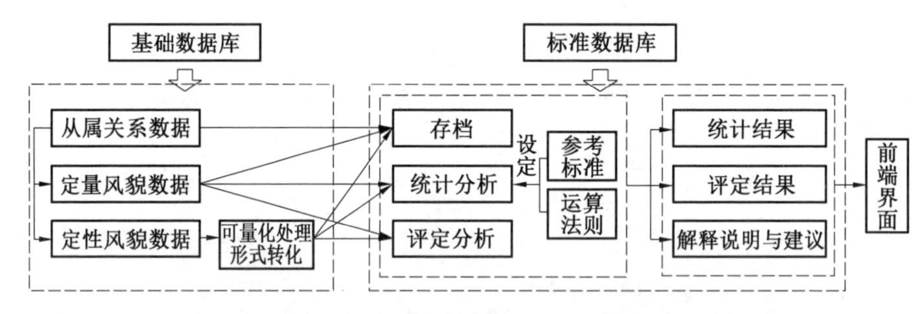

图5.13　数据的提取与运算处理流程

对基础信息的评定是通过数据库的运算得到一个直观的风貌评定结果,可为村落风貌规划、改造提供重要的前期现状分析与评价基础。此外,数据库系统可对储存的数据进行批量处理,使村落风貌的评定结合基础数据库内的数据特征,对评定标准和运算法则进行修改与完善,以满足不同地区、不同基础条件、不同建设导向下的需求。标准数据体系由数据库系统的开发者与管理人员提前在数据库后端设定,非管理员权限的使用者只可以对基础数据进行录入、修改与更新管理操作,若对标准数据进行编辑操作,需向数据库开发者与管理人员申请,提供需要修改的数据后,由数据库开发者与管理人员对标准数据库进行更新与维护。

5.4　面向现实需求的风貌量化引导指标框架与标准数据库建立

5.4.1　风貌量化引导指标框架

基于东北严寒地区村落风貌规划目标与风貌特征评价，通过对风貌基础数据库信息提取与整合进行运算处理，形成量化分析结果，能够真实、客观地衡量村落发展建设水平，辅助风貌数据库数据处理功能，实现对东北严寒地区村落风貌的量化评价。结合量化引导与评价结果制定合理的村庄规划与建设实施手段，对严寒地区村落风貌的现状解读、风貌特色提升与风貌特色规划具有重要的现实意义。

1.引导指标框架指标构建的原则

结合村落风貌信息体系框架与对应的风貌信息运算处理数据体系，对风貌基础信息中的量化信息及可被量化转化的信息进行提取分析，通过对基础信息的整理建立指标体系。在风貌信息的量化引导指标框架构建过程中要注意以下原则。

（1）全面性与代表性结合。框架内指标的选取要具有全面性才能够真实客观地反映村落风貌的实际情况。但指标过多会出现指标体系庞杂、内部信息重叠等问题，会影响评价结果的科学性。因此，前文虽然构建了信息丰富、全面的村落风貌信息体系，但许多风貌信息对应描述同一个风貌要素，在选取指标时应对其进行整合，使其既能代表村落风貌的各要素内容又能凸显出风貌特色。

（2）可操作性与可比性结合。建立风貌量化引导指标框架的目的是通过对现状风貌的提取分析以指导规划实践，因此量化引导指标框架应具有可操作性。对于风貌信息内较难获取的数据应结合实际情况，选取可替代、易获取的指标。此外，各指标之间应存在一定的关系，指标的可比性可以使不同评价结果具有可比性，多评价对象比较分析得到更为真实准确的结果。

（3）定性与定量结合。村落风貌与人的主观意愿密不可分，因此指标的选取应定性与定量相结合。以量化指标为主，对于无法量化的指标可将其转化为定性指标，如村庄建设满意度、院落空间布局与功能的合理度等。

2.村落风貌规划提升相关要点的分析与提取

风貌量化引导指标框架体系构建的关键在于对指标的选取，本书在满足国家与地方相关规范标准、村落建设需求、村落发展政策引导等多方面的要求同时，对各类文件中与村落风貌相关内容进行整理与提取，为指标体系的建立提供参考。引导指标框架的建立是为了在满足现行的城乡规划相关技术要求的基础上，紧密结合国家政策前沿与时代背景诉求，为东北严寒地区村落风貌的规划与建设提供引导依据，确定村庄建设的目标与方向，具有很强的现实意义。

(1)相关规范标准及文件的分析与提取。国家层面主要包括技术标准与规范性文件和规章制度与指导性文件两类，提取出来的要素主要包括村庄格局、土地利用、生态文明与环境保护、街道设施、建筑风格与地方特色塑造等内容。其中《国家级生态村创建标准(试行)》《国家生态文明建设示范村镇指标(试行)》等将村庄布局与建设相关内容进行了指标量化;《关于改革创新、全面有效推进乡村规划工作的指导意见》中提出乡村风貌规划应分区制定田园风光、自然景观、建筑风格和文化保护等风貌控制要求等内容，为引导框架内指标的选取与确定提供了参考。地方层面主要从东北严寒地区的相关村庄规划编制办法与技术导则进行要素提取。具体如图 5.14 所示。

(2)新时代国家政策的分析与提取。城乡规划受国家宏观政策的影响，不同时期关注的重点也不同，村镇层面规划也是如此，村落建设受国家政策的指导呈现出不同的风貌。在国家宏观政策层面，《国家新型城镇化规划(2014—2020 年)》提出乡村地区的城镇化建设提倡风貌的多样化与特色塑造，建设具有民族特色、历史记忆、地方习俗、文化脉络的美丽城镇。“十三五”规划中明确提出了加快建设美丽宜居乡村，为村落风貌规划提出了导向与要求。《乡村振兴战略规划(2018—2022 年)》对村庄建筑布局、建筑设计、道路与绿地景观建设等内容也提出了发展与建设要求。引导框架的构建需对国家政策中与村落风貌相关的内容进行落实，使指标具有时效性。具体如图 5.15 所示。

(3)乡村建设要求与指导的分析与提取。近年来国家对乡村地区的建设提出了如美丽乡村、美丽宜居村庄、绿色村庄创建等工作要求，并相应地出台了一系列的标准与指南，对乡村景观设计、村容村貌塑造、空间布局、文化传承等内容进行了指导，对风貌引导框架的要素与指标选取具有重要的参考与借鉴意义。地方层面也相应地提出了对应的创建标准与行动计划，结合东北严寒地区的实际情况与现状提出了更有针对性的内容。具体如图 5.16 所示。

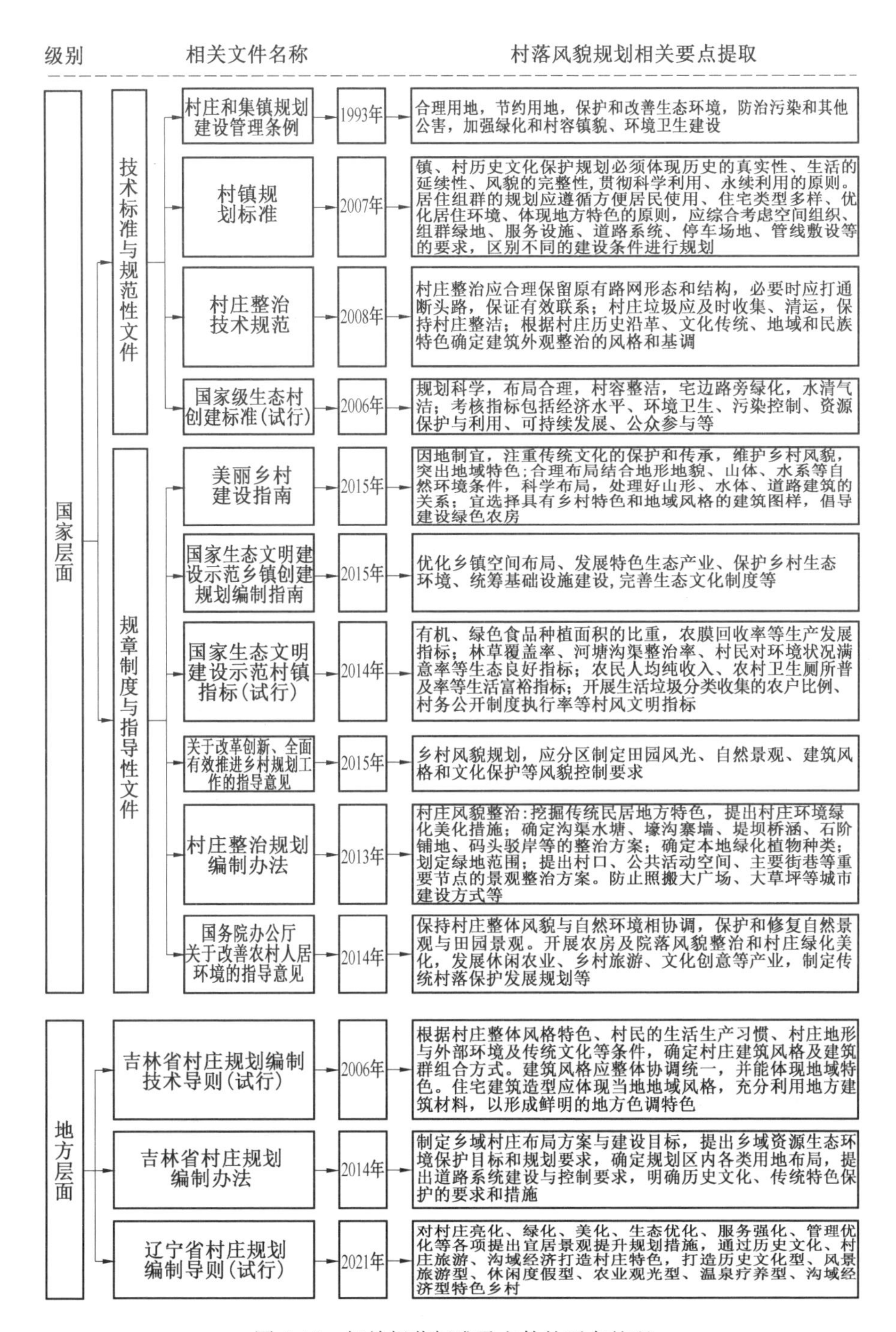

图 5.14　相关规范标准及文件的要点整理

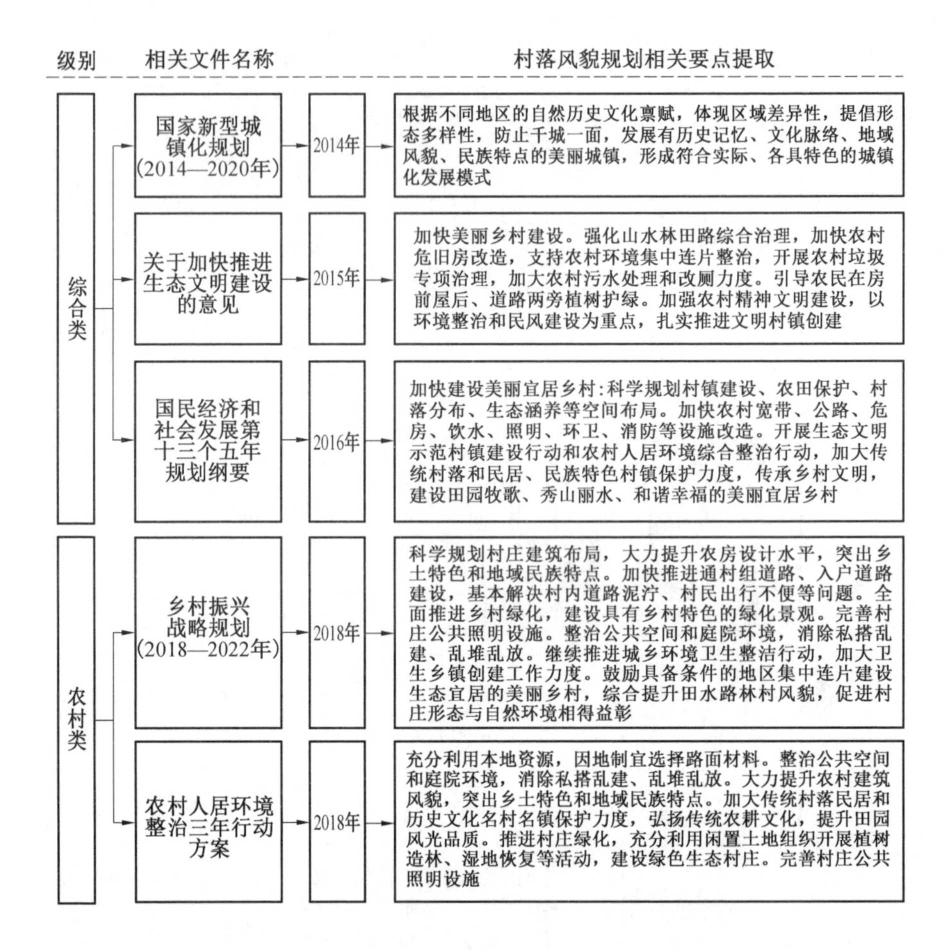

图 5.15 新时代国家政策的要点整理

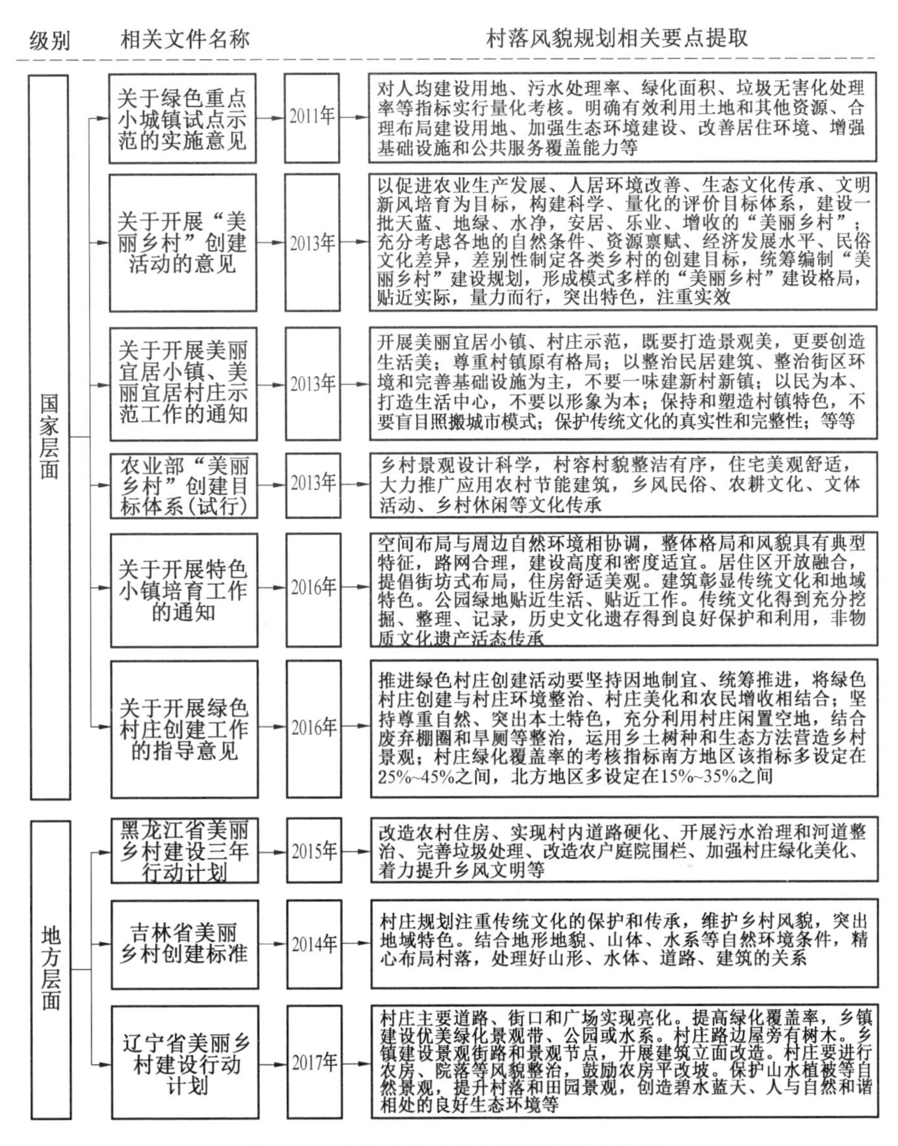

图 5.16　乡村建设要求与指导的要点整理

3.引导指标框架体系的层次结构

本书参考国家与地方规范标准、相关政策与风貌评价相关研究①②③④⑤,建立初选要素指标。运用德尔菲法对初选指标进行筛选,根据指标入选程度的强弱采用5级量表的方式进行赋值。通过邮件与纸质问卷的方式征求包括大学教授、设计院技术人员、政府管理者、课题组科研人员等32名专家的意见,收集他们对于各个指标的评分情况,结合基础数据库内风貌信息内容最终确定量化引导指标。

对各指标进行因子分析,KMO统计量为0.723>0.7,Bartlett's球形检验值为0.000<0.05,说明本书的问卷内容适合做因子分析。通过主成分分析法对指标进行提取,指标层内可以抽离出3个主要的因子(图5.17),这3个因子累计方差贡献

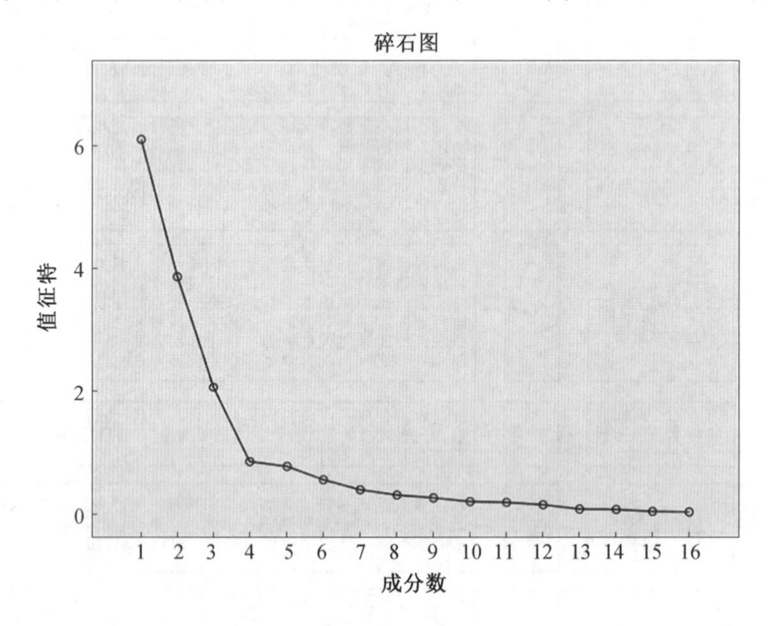

图5.17　陡坡检验

① 张继刚,赵钢,蒋勇,等.城市风貌的模糊评价举例[J].华中建筑,2001,19(1):18-21.

② 张继刚.城市景观风貌的研究对象、体系结构与方法浅谈——兼谈城市风貌特色[J].规划师,2007(8):14-18.

③ 蔡晓丰.城市风貌解析与控制[D].上海:同济大学,2005.

④ 吴一洲,章天成,陈前虎.基于特色风貌的小城镇环境综合整治评价体系研究——以浙江省小城镇环境综合整治行动为例[J].小城镇建设,2018(2):16-23.

⑤ 白敏.统领·管控·示范——《福建省城市景观风貌专项规划导则(试行)》解读[J].规划师,2015,31(9):45-50.

率达到 75.165%。因子 1 可解释 34.563%的指标，因子 2 可解释 20.580%的指标，因子 3 可解释 20.022%的指标（表 5.8）。根据旋转成分矩阵（表 5.9）可知，构成因子 1 的指标有 8 个，分别是聚落空间布局、建筑高度协调性、色彩协调性、标志性、街道空间环境、院落关系、历史风貌传承与保护、开敞空间环境，可将该因子概括为人工建造风貌特色；构成因子 2 的指标有 4 个，分别是地方植物、自然景观、环境质量与保护、地方材料运用，可将该因子概括为自然生态风貌特色；构成因子 3 的指标有 4 个，分别是民俗与传统文化、村庄活力、建筑特色、地方特色元素运用，可将该因子概括为地域人文风貌特色。

表 5.8　解释的总方差

成分	初始特征值			提取平方和载入			旋转平方和载入		
	合计	方差/%	累积/%	合计	方差/%	累积/%	合计	方差/%	累积/%
1	6.097	38.105	38.105	6.097	38.105	38.105	5.530	34.563	34.563
2	3.863	24.142	62.247	3.863	24.142	62.247	3.293	20.580	55.143
3	2.067	12.918	75.165	2.067	12.918	75.165	3.203	20.022	75.165
4	0.857	5.358	80.523						
5	0.778	4.862	85.385						
6	0.562	3.511	88.895						
7	0.399	2.494	91.390						
8	0.313	1.955	93.345						
9	0.266	1.664	95.009						
10	0.207	1.296	96.305						
11	0.193	1.205	97.510						
12	0.155	0.966	98.476						
13	0.084	0.525	99.001						
14	0.078	0.486	99.488						
15	0.045	0.282	99.770						
16	0.037	0.230	100.000						

提取方法：主成分分析法。

表 5.9　旋转成分矩阵

	成分		
	因子 1	因子 2	因子 3
聚落空间布局	0.853	−0.222	0.236
建筑高度协调性	0.845	0.052	0.021
色彩协调性	0.836	−0.064	−0.158
标志性	0.821	−0.308	0.149
街道空间环境	0.819	0.181	−0.124
院落关系	0.818	−0.296	0.335
历史风貌传承与保护	0.801	−0.218	0.078
开敞空间环境	0.793	−0.049	0.320
地方植物	−0.047	0.929	0.086
自然景观	−0.124	0.917	0.185
环境质量与保护	−0.091	0.756	0.159
地方材料运用	−0.145	0.696	−0.044
民俗与传统文化	0.038	0.112	0.932
村庄活力	0.006	0.265	0.908
建筑特色	0.217	0.326	0.835
地方特色元素运用	0.105	−0.154	0.636

为更好地突出东北严寒地区村落风貌的基本特征，量化引导指标体系的结构层次应与村落风貌信息体系结构层次一致。根据前文村落风貌信息体系的结构与相应数据的处理机制，形成了“目标层+准则层（一级指标）+指标层（二级指标）+数据层（三级指标）”框架结构（图 5.18）。

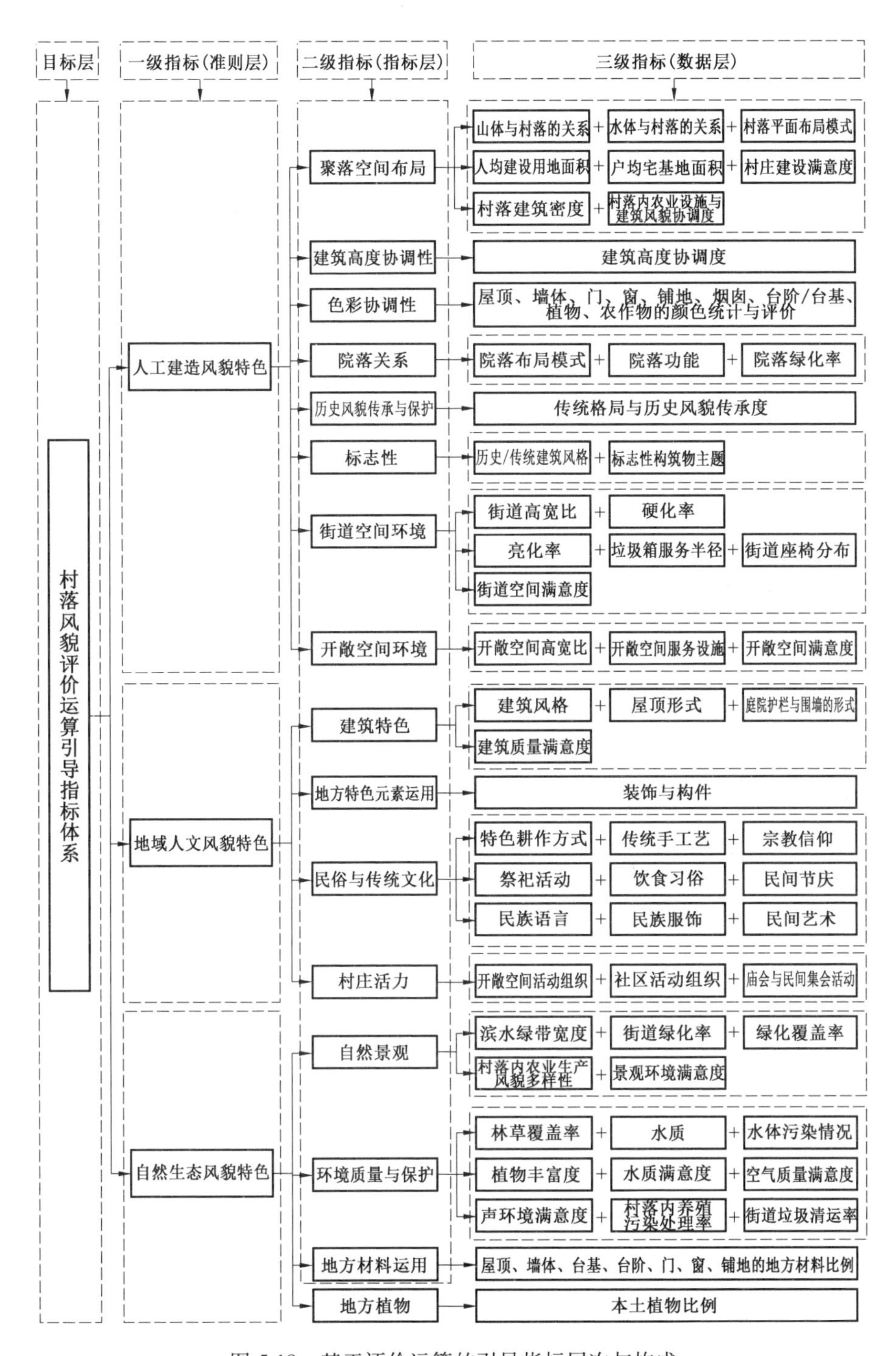

图 5.18　基于评价运算的引导指标层次与构成

准则层为村落风貌的主要因素,体现东北严寒地区村落风貌发展的特征,从宏观层面表达东北严寒地区村落风貌与村庄建设的要求。一级指标的选取,主要基于前文对风貌的分类,从村落自然、人文、人工风貌三方面进行展开。由于村落风貌体系内各类别相互独立却又互相关联,因此在评价体系中一级指标做出调整;本书中农业生产风貌仅限于村落内包含的农业生产与服务设施相关的风貌内容,因此将农业生产风貌中可被量化评价的指标拆分至自然、人文、居住风貌评价指标中。因此一级指标由村落人工建造风貌特色、地域人文风貌特色、自然生态风貌特色构成,表征村落人工、人文、自然风貌内容。为了更好地突出村落风貌特征,一级指标内的二级、三级指标内容与基础数据库内各类别风貌信息不完全对应,存在风貌信息的穿插,以便更真实准确地对相关风貌内容进行评价。

指标层是对准则层指标分解细化,形成若干个反映一级指标要素特征的状态层指标。二级指标是对一级指标展开描述,同时也引出三级指标,对二级指标的合理选取可保障指标框架科学合理地展开,引导三级指标的合理选取。根据一级指标的内涵特征,通过对三级指标进行概括和筛选,最终确定二级指标,可以反映村落风貌内的各个要素内容。各二级指标的内容解读见表 5.10。

表 5.10　二级指标内容解读

类别	指标内容	说明
人工建造风貌特色	聚落空间布局	村落布局与山体、水体及周边自然环境的关系;建筑簇群关系、布局的序列特点、围合特色等
	建筑高度协调性	建筑高度错落有致,统一协调且富有变化,建筑轮廓线优美和谐
	色彩协调性	色彩有主次之分,主色调与辅助色搭配协调,特色突出、层次分明
	院落关系	建筑与院落的布局方式得当,院落功能、绿化与铺地合理且美观
	历史风貌传承与保护	历史文化建筑与周边环境协调,保护修复与开发得当
	标志性	建筑物或构筑物高度协调、造型合理,体现当地人文精神,反映本地风土民情
	街道空间环境	尺度人性化,较好的道路绿化,铺地景观性强;拥有垃圾箱、座椅等街道家具,位置、服务半径合理
	开敞空间环境	尺度合理、使用率高、具有完备的服务设施与良好的绿化环境,能满足居民日常休闲与文体活动使用要求

续表5.10

类别	指标内容	说明
地域人文风貌特色	建筑特色	结合村落的自然环境和人文环境，整体建筑风格统一，新旧建筑协调
	地方特色元素运用	特色构件结合村落环境，反映地方建筑特色与民俗民风
	民俗与传统文化	民族语言、符号、节庆、习俗等地方特色的表达；神话传说、名人事迹、地方奇人异事等文化的多样性
	村庄活力	居民交往活动、社区内活动组织情况
自然生态风貌特色	自然景观	村落内环境优美，绿化覆盖率高
	环境质量与保护	村落自然环境状况，人工环境的整洁度，固体垃圾、污水、废气以及噪声对环境的影响程度
	地方材料运用	根据建筑性质、造型、空间处理方式而选用不同的材料，选材上考虑绿色、经济、环保等方面，多选用本土材料、绿色材料
	地方植物	采用本地的树木花草品种的比例，兼顾经济性的同时与本地的生态环境相协调

第三层级的数据层根据准则层及指标层的特征，将指标拓展至可计算操作的层面。第二层级内的各项指标都包含若干个数据层指标，数据层指标源自风貌数据库内基础数据体系中客观统计类、部门资料分析类、调研考察感知类、调查问卷类数据，能够更深入地反映村落风貌的细节特征与状态，其度量形式主要有数值、比率、满意度等。

4.引导框架下风貌数据库初步分析结果

根据框架中指标所需要的风貌数据特点，不同类别的数据通过不同的方式进行收集，并录入数据库中。结合不同类型数据处理与引导特点，组织相应的数据处理方式：客观统计类数据、部门资料分析类数据可在对地方政府部门的资料收集、访谈中一并获取。在对村落进行补充调研中可结合现状资料中缺失的数据进行有针对性的收集。调研前应准备收集资料清单与访谈提纲,避免在调研中收集的信息产生遗漏。调查问卷类数据通过设计简洁、容易理解的调查问卷对居民满意度等信息进行收集。满意度调查中,每个样本村落内问卷数量为30份,共计840份,回收的有效问卷为826份。调研考察感知类数据方面在确定现场调研需收集信息的基础上,调研者需提前熟识数据库内不同风貌数据对应的评分标准。通过对调研村落进行现场测绘与感知,对评价对象的风貌各要素特征进行打分。将以上四类风貌数据采集后录入数据库中,根据量化引导指标框架内的指标对数据的提取要求,形成初步的风貌统计与评价结果,见表5.11。

表5.11 风貌数据库初步统计分析示意

指标	山体与村落的关系	水体与村落的关系	村落平面布局模式	村落建筑密度	人均建设用地面积/m^2	户均宅基地面积/m^2	村庄建设满意度	……	景观环境满意度
序号	1	2	3	4	5	6	7	……	58
振兴嘎查	4.0	4.0	2.4	0.10	524.00	913.19	3.2	……	2.1
沙力根嘎查	4.0	3.8	1.0	0.09	336.00	950.56	3.0	……	2.0
岭航村	4.0	null	4.0	0.11	233.00	648.43	3.8	……	2.8
领航新村	4.0	null	5.0	0.18	327.00	1 022.11	4.6	……	3.8
青泉村	4.0	4.0	4.5	0.17	243.00	594.60	4.2	……	3.4
龙泉村	3.5	3.6	4.1	0.13	285.00	781.03	3.2	……	2.4
西安村	null	4.6	3.8	0.20	262.00	480.84	4.5	……	5.0
光明村	null	null	3.0	0.22	226.00	450.00	3.7	……	3.0
半站村	null	3.0	3.9	0.17	305.22	546.11	3.9	……	3.6
月牙村	null	2.5	3.0	0.31	154.78	267.50	4.0	……	5.0
达里村	5.0	5.0	1.0	0.10	240.00	486.22	3.0	……	3.0
迎春村	5.0	5.0	3.5	0.25	220.00	347.86	4.5	……	2.4
双泉村	null	4.5	4.0	0.12	214.00	850.23	3.6	……	4.5
宝泉村	null	3.4	4.0	0.15	246.00	650.95	3.8	……	3.0
兴农村	null	null	4.0	0.16	265.00	643.30	4.0	……	3.0
兴团村	null	null	4.0	0.15	255.00	673.21	4.2	……	3.0
永跃村	null	null	4.2	0.18	156.00	667.03	4.0	……	3.0
管家村	null	2.0	3.8	0.08	512.00	1360.19	3.6	……	2.6
永安村	null	2.5	5.0	0.15	437.00	626.05	2.8	……	2.3
长兴村	null	1.6	2.5	0.20	468.00	689.79	3.4	……	3.9
临江村	5.0	5.0	4.3	0.21	251.00	650.37	4.1	……	4.5

续表5.11

指标	山体与村落的关系	水体与村落的关系	村落平面布局模式	村落建筑密度	人均建设用地面积/m^2	户均宅基地面积/m^2	村庄建设满意度	……	景观环境满意度
小红石村	4.6	4.2	4.0	0.19	217.00	528.86	3.9	……	4.0
东堡村	4.8	2.0	3.0	0.33	261.00	295.23	4.2	……	3.0
西堡村	4.8	2.0	3.0	0.31	203.00	223.65	4.1	……	3.0
老虎头村	null	1.5	3.6	0.26	214.76	378.72	4.5	……	3.0
兴隆台村	null	1.2	4.6	0.18	220.00	681.73	4.8	……	4.2
钱家屯村	null	null	2.8	0.14	396.00	722.89	4.2	……	3.9
孙家屯村	null	null	4.0	0.20	254.00	489.92	4.0	……	4.3

注：null为无数据。

5.4.2　引导指标的权重确定

通过网络分析法（ANP）（图5.19）与专家问卷的形式确定各层级评价指标的权重。问卷调查专家包括哈尔滨工业大学、东北大学、东北林业大学等东北严寒地区高校城乡规划专业教师16名，哈尔滨工业大学城市规划设计研究院有限公司、

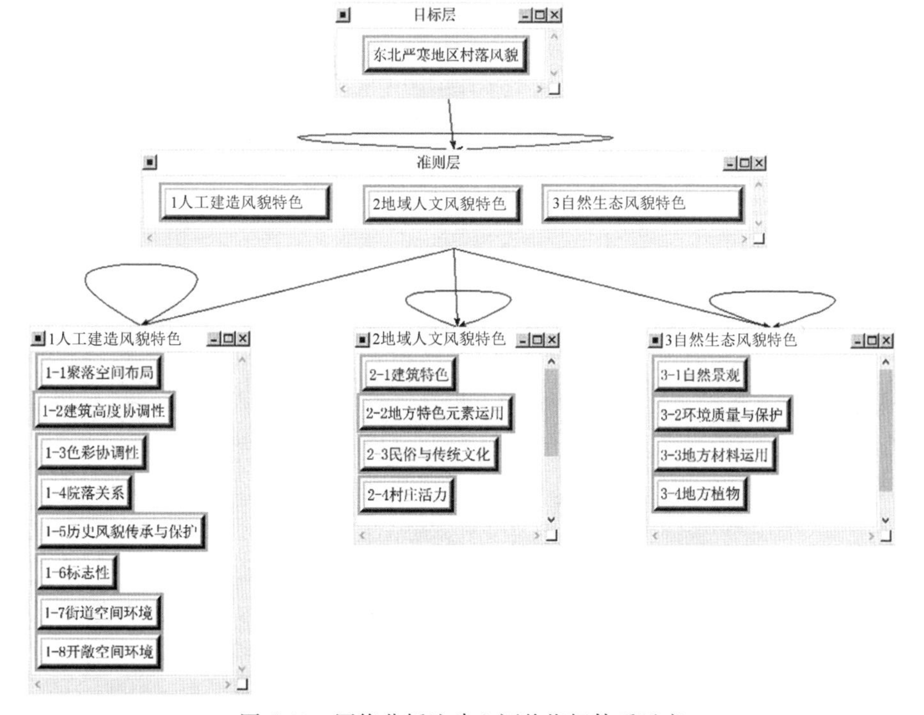

图5.19　网络分析法建立评价指标体系示意

长春市城乡规划设计研究院等城乡规划设计单位规划师 22 名，以及课题组研究人员 12 名，共发放问卷 50 份，回收问卷 47 份，其中有效问卷 45 份。通过对评价指标两两比较确定各指标的重要度（图 5.20），通过对其一致性进行检验（一致性比率≤0.1），从而确定各指标的权重值，见表 5.12、表 5.13。

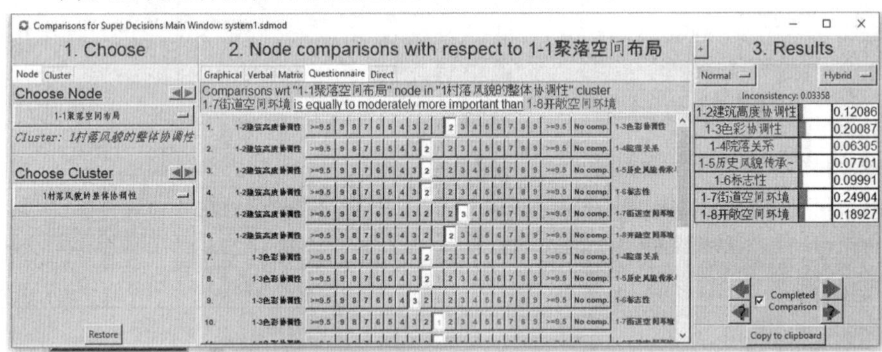

图 5.20　基于 Super Decisions 的评价指标权重赋值

表 5.12　一级指标与二级指标的权重

一级指标	一级权重	二级指标	二级权重
人工建造风貌特色	0.463 3	聚落空间布局	0.082 3
		建筑高度协调性	0.068 5
		色彩协调性	0.071 5
		院落关系	0.038 0
		历史风貌传承与保护	0.041 4
		标志性	0.045 7
		街道空间环境	0.060 8
		开敞空间环境	0.055 1
地域人文风貌特色	0.251 0	建筑特色	0.074 4
		地方特色元素运用	0.059 1
		民俗与传统文化	0.055 6
		村庄活力	0.061 9
自然生态风貌特色	0.285 8	自然景观	0.090 6
		环境质量与保护	0.084 4
		地方材料运用	0.047 7
		地方植物	0.063 1

表 5.13　三级指标的权重

三级指标	三级权重	三级指标	三级权重	三级指标	三级权重
山体与村落的关系 X1	0.009 1	街道座椅分布 X21	0.009 5	开敞空间活动组织 X40	0.020 8
水体与村落的关系 X2	0.009 7	街道空间满意度 X22	0.010 5	社区活动组织 X41	0.022 3
村落平面布局模式 X3	0.012 0	开敞空间高宽比 X23	0.018 0	庙会与民间集会活动 X42	0.018 8
村落建筑密度 X4	0.010 2	开敞空间服务设施 X24	0.019 3	滨水绿带宽度 X43	0.018 3
人均建设用地面积 X5	0.009 5	开敞空间满意度 X25	0.017 8	街道绿化率 X44	0.020 1
户均宅基地面积 X6	0.010 6	建筑风格 X26	0.020 8	绿化覆盖率 X45	0.017 3
村庄建设满意度 X7	0.010 9	屋顶形式 X27	0.019 0	村落内农业生产风貌多样性 X46	0.016 4
村落内农业设施与建筑风貌协调度 X8	0.010 3	庭院护栏与围墙的形式 X28	0.017 1	景观环境满意度 X47	0.018 5
建筑高度协调度 X9	0.068 5	建筑质量满意度 X29	0.017 5	林草覆盖率 X48	0.008 5
各类风貌要素颜色统计与评价 X10	0.071 5	装饰与构件 X30	0.059 1	水质 X49	0.009 8
院落布局模式 X11	0.013 1	特色耕作方式 X31	0.006 8	水体污染情况 X50	0.009 8
院落功能 X12	0.013 1	传统手工艺 X32	0.005 9	植物丰富度 X51	0.008 5
院落绿化率 X13	0.011 8	宗教信仰 X33	0.005 7	水质满意度 X52	0.009 6
传统格局与历史风貌传承度 X14	0.041 4	祭祀活动 X34	0.005 6	空气质量满意度 X53	0.009 8
历史/传统建筑风格 X15	0.021 0	饮食习俗 X35	0.006 1	声环境满意度 X54	0.008 8
标志性构筑物主题 X16	0.024 7	民间节庆 X36	0.006 2	村落内养殖污染处理率 X55	0.009 5
街道高宽比 X17	0.009 5	民族语言 X37	0.006 3	街道垃圾清运率 X56	0.010 1
硬化率 X18	0.010 7	民族服饰 X38	0.006 3	地方材料比例 X57	0.047 7
亮化率 X19	0.010 5	民间艺术 X39	0.006 7	本土植物比例 X58	0.063 1
垃圾箱服务半径 X20	0.010 1	—	—	—	—

5.4.3 基于量化引导指标框架的标准数据库内容

村落风貌标准数据库由风貌引导指标、引导序列值构成。引导指标序列的建立是为东北严寒地区村落风貌规划与村庄建设提供技术辅助与决策支撑。引导指标序列的内涵为“标准值”“最优值”“最劣值”所构成的指标数据排列组。从村落风貌量化引导指标的计算中可发现，在村落风貌信息获取完备的基础上，通过量化引导与计算可得到村落风貌的最优值和最劣值。

标准序列中引导指标值的确定需考虑村落风貌体系评价测算的误差，得到各村落风貌比较真实客观的评价结果，更全面地反映出东北严寒地区村落风貌整体情况。此外，引导指标框架需结合城乡规划编制的方法与数据需求，相关指标体系应具有可操作性。

(1)村落风貌体系标准值序列。村落风貌体系标准值的确立关系到数据库系统基础数据计算处理结果的准确性与科学性。此外，标准值序列由村落风貌未来发展与村落建设目标确定，是各村落规划建设的参考依据。村落风貌体系标准值由各类风貌信息的量化引导数据构成，标准值的来源为前文 5.3 中所涉及的东北严寒地区村落风貌数据库内对各项风貌信息运算处理的标准数据。

标准值的确定既要具有一定的前瞻性，又要结合东北严寒地区村落建设能力与实际情况。标准值确定过高会造成村落评价分析结果偏低，对村落风貌建设的引导脱离实际。因此标准值的确定除了以前文中提到的相关评价标准及规范中指标值、相关研究成果作为参考外，还要对数据库内各指标的村落现状最优值与发展预测目标值进行综合分析，确定各指标的最终标准值，见表 5.14。需要注意的是村落风貌体系标准值需要根据风貌数据、国家政策、法规标准的变化而调整。

表 5.14　规范标准与样本目标导向综合确定的标准值

序号	单位	标准值	序号	单位	标准值	序号	单位	标准值
X1	无量纲	5.00	X21	无量纲	5.00	X40	无量纲	5.00
X2	无量纲	5.00	X22	无量纲	5.00	X41	无量纲	5.00
X3	无量纲	5.00	X23	无量纲	5.00	X42	无量纲	5.00
X4	%	25～30	X24	无量纲	5.00	X43	m	30
X5	m^2	140	X25	无量纲	5.00	X44	%	40
X6	m^2	按地方标准	X26	无量纲	5.00	X45	%	40
X7	无量纲	5.00	X27	无量纲	5.00	X46	无量纲	5.00
X8	无量纲	5.00	X28	无量纲	5.00	X47	无量纲	5.00
X9	无量纲	5.00	X29	无量纲	5.00	X48	无量纲	80
X10	无量纲	5.00	X30	无量纲	5.00	X49	无量纲	5.00
X11	无量纲	5.00	X31	无量纲	5.00	X50	无量纲	5.00
X12	无量纲	5.00	X32	无量纲	5.00	X51	无量纲	0.28
X13	%	50	X33	无量纲	5.00	X52	无量纲	5.00
X14	无量纲	5.00	X34	无量纲	5.00	X53	无量纲	5.00
X15	无量纲	5.00	X35	无量纲	5.00	X54	无量纲	5.00
X16	无量纲	5.00	X36	无量纲	5.00	X55	无量纲	100
X17	无量纲	5.00	X37	无量纲	5.00	X56	%	95
X18	%	100	X38	无量纲	5.00	X57	%	90
X19	%	100	X39	无量纲	5.00	X58	%	100
X20	m	<150	—	—	—	—	—	—

(2)最优值序列与最劣值序列。东北严寒地区村落风貌引导指标的最优值与最劣值的确定,需要通过数据库对调研录入的数据与标准值进行比对后初步计算出结果,在计算结果中选取样本村落中各项评价结果中的最大值和最小值的集合,见表5.15、表5.16。最大值即最优值,是某一指标所反映的系统要素状态的最佳状态。最小值即最劣值,是指标中背离最佳状态的情况。随着村落新增基础数据调整,按照量化指标的运算规则,村落风貌体系标准值是动态变化的,新增加的村落数据可能高于最优值或低于最劣值,因此需对最优值与最劣值进行更新管理,保障数据库系统内评价计算结果的可靠性。

表5.15 样本指标的最优值确定

序号	单位	最优值	序号	单位	最优值	序号	单位	最优值
X1	无量纲	5.00	X21	无量纲	4.00	X40	无量纲	5.00
X2	无量纲	5.00	X22	无量纲	4.86	X41	无量纲	5.00
X3	无量纲	5.00	X23	无量纲	4.00	X42	无量纲	4.50
X4	%	25	X24	无量纲	5.00	X43	m	25
X5	m^2	154.78	X25	无量纲	4.86	X44	%	30
X6	m^2	367.86	X26	无量纲	4.25	X45	%	28
X7	无量纲	4.80	X27	无量纲	4.55	X46	无量纲	4.80
X8	无量纲	4.50	X28	无量纲	4.55	X47	无量纲	5.00
X9	无量纲	4.60	X29	无量纲	4.75	X48	%	68
X10	无量纲	4.55	X30	无量纲	3.75	X49	无量纲	5.00
X11	无量纲	4.60	X31	无量纲	4.60	X50	无量纲	5.00
X12	无量纲	4.85	X32	无量纲	3.50	X51	无量纲	0.28
X13	%	46	X33	无量纲	4.50	X52	无量纲	5.00
X14	无量纲	2.50	X34	无量纲	4.50	X53	无量纲	4.90
X15	无量纲	3.00	X35	无量纲	4.50	X54	无量纲	4.80
X16	无量纲	4.00	X36	无量纲	4.80	X55	%	90
X17	无量纲	4.50	X37	无量纲	5.00	X56	%	85
X18	%	100	X38	无量纲	5.00	X57	%	90
X19	%	90	X39	无量纲	4.00	X58	%	100
X20	m	200	—	—	—	—	—	—

表 5.16　样本指标的最劣值确定

序号	单位	最劣值	序号	单位	最劣值	序号	单位	最劣值
X1	无量纲	3.50	X21	无量纲	1.00	X40	无量纲	1.00
X2	无量纲	1.20	X22	无量纲	1.00	X41	无量纲	1.00
X3	无量纲	1.00	X23	无量纲	1.00	X42	无量纲	2.00
X4	%	8	X24	无量纲	1.00	X43	m	5
X5	m^2	512.00	X25	无量纲	1.00	X44	%	10
X6	m^2	1 360.19	X26	无量纲	2.40	X45	%	11
X7	无量纲	2.80	X27	无量纲	2.00	X46	无量纲	1.00
X8	无量纲	2.00	X28	无量纲	2.40	X47	无量纲	2.00
X9	无量纲	3.30	X29	无量纲	2.50	X48	%	30
X10	无量纲	2.40	X30	无量纲	1.00	X49	无量纲	2.00
X11	无量纲	2.00	X31	无量纲	2.00	X50	无量纲	3.00
X12	无量纲	3.00	X32	无量纲	1.00	X51	无量纲	0.11
X13	%	10	X33	无量纲	2.00	X52	无量纲	2.00
X14	无量纲	1.00	X34	无量纲	2.00	X53	无量纲	3.05
X15	无量纲	1.00	X35	无量纲	2.00	X54	无量纲	3.10
X16	无量纲	5	X36	无量纲	2.00	X55	%	20
X17	无量纲	2.00	X37	无量纲	1.00	X56	%	20
X18	%	10	X38	无量纲	1.00	X57	%	69
X19	%	10	X39	无量纲	1.00	X58	%	95
X20	m	null	—	—	—	—	—	—

5.4.4　村落风貌标准数据库的数据组织方式

根据村落风貌标准数据体系的数据结构、运算机制以及对基础数据处理中新产生的数据类型，确定标准数据库的数据组织方式。结合村落风貌量化引导指标与 TOPSIS 综合评价法对数据的需求，标准数据体系内标准值序列(S)较为稳定，与国家政策和规范、地方标准等相关，短期内变动不大，所需储存容量也较小。最优值序列（Smax）和最劣值序列（Smin）根据村落样本的数量变化而发生变化，因此在数据量与数据运算上不稳定，数据的储存量也较大。因此在标准数据库内对这两类数据的储存与管理采用不同的模式，可以提高数据库的运行效率。

基于以上分析，村落风貌标准数据库内的最优值序列（Smax）和最劣值序列（Smin）的运算仅采用视图的方式。视图（view）是数据库中虚拟的表，与真实的表相同点在于视图也具有表的行、列和数据，但视图内的数据并不储存于数据库中，是根据运算动态生成的。因此数据库只需存储视图的定义，通过视图的定义对相关的数据表进行提取。因此，数据库内无须对最优值序列（Smax）和最劣值序列（Smin）进行储存，这样可减轻标准数据库内新产生的数据量对系统带来的储存压力。对村落风貌量化引导标准值序列（S）采用表进行数据存储，见表 5.17。

表 5.17　村落风貌量化引导标准值数据表（部分）

字段名称	字段类型	字段长度	约束类型	描述说明
village_idstandard	INT	8	主键	村落 ID
layout	FLOAT	11	—	村落空间布局
heightcoordination	FLOAT	11	—	建筑高度协调性
colorcoordination	FLOAT	11	—	色彩协调性
courtyardrelationship	FLOAT	11	—	院落关系

标准数据表（t_standard）即村落风貌量化引导标准值的存储载体，根据村落风貌标准数据体系的运行与数据更新逻辑，标准数据表（t_standard）随着基础数据表（t_village）的更新而变化。因此村落风貌标准数据表的操作需由系统管理员进行检查与核对，保证系统内数据的准确无误。

5.5　数据库系统的管理框架

良好的管理措施可以保障数据库从数据录入到分析输出各个环节顺畅进行。数据库系统的应用主体为系统管理员与系统用户，系统用户通过客户端浏览器对系统进行操作，数据库管理员通过 RDS（关系型数据库系统）控制台对数据库系统

进行管理(图 5.21)。结合数据库系统不同使用主体的操作权限与需求,对数据库系统的管理主要从系统用户管理、系统管理员运行维护制度、数据更新维护机制展开。

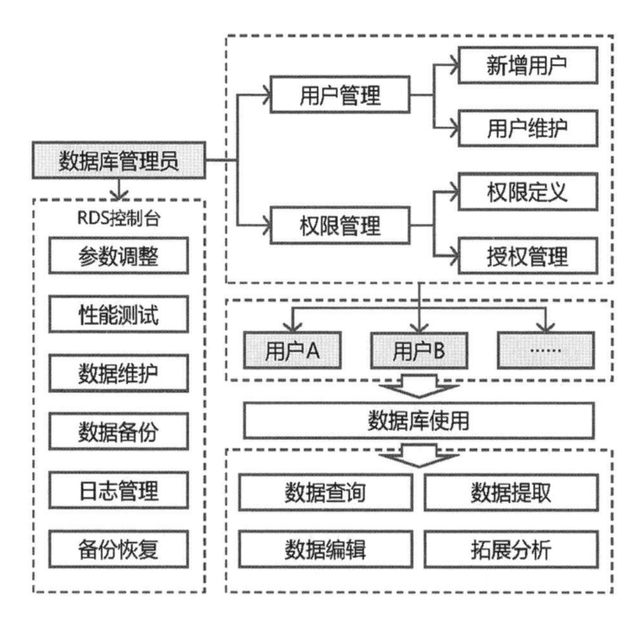

图 5.21　村落风貌数据库系统管理框架

5.5.1　系统用户管理

村落风貌数据库系统以服务东北严寒地区村落风貌规划研究、为村落建设提供数据分析平台为目标,通过建立风貌基础数据库与标准数据库实现对村落风貌信息储存维护与评价分析等功能。因此,数据库系统以相关科研使用为主,兼顾与其他平台的数据共享。为保证数据库系统的安全,系统管理员需根据使用需求对不同用户设定管理权限。普通用户可以对系统进行数据的查看、数据的运算、数据的导入导出的操作。系统管理员的主要职能是保障数据库系统运行的稳定性,因此具有最高的使用权限。根据使用者的身份与使用要求,数据库系统需设置严格的账户与访问权限,以确保数据库系统的安全性。数据库系统中的用户主要有城乡规划主管部门、村镇规划建设办公室、高校、城乡规划研究机构等,结合不同用户的业务需求确定合理的使用权限。

对于地方政府与城乡规划主管部门的用户,以储存村落基础信息、使用数据库系统的分析运算功能为主,因此可获取对应的村落基础数据编辑与标准数据运算分析的权限。通过对数据库系统的运用及对村落风貌数据的集成整合,与地方城乡规划数据平台对接,实现数据共享与多样化的研究。此外,该类用户不具有对其他村落相关信息的访问与编辑的权限,确保相关数据的安全,对村落信息进行保密。

对于高校与城乡规划研究机构的用户,其使用目的以科研为主,可提供包含所有村落信息的基础数据访问权限与完整的系统运算和拓展功能,满足不同的研究需求。

5.5.2 系统管理员运行维护制度

系统管理员在对数据库系统进行日常维护管理的同时,还需对用户的权限进行管理设定。系统管理员为缺省设置,主要的任务为将不同权限赋予不同用户,相同权限可以分派给多个用户,结合实际需求对用户权限进行调整。系统管理员对用户的管理操作主要有增加、删除用户和对用户的权限的分配、修改。系统管理员的数据库管理工作主要有对系统运行进行监控和对数据进行更新备份等。

此外,除了权限分配外,系统管理员还负责对系统内各项参数进行调整。村落风貌数据库系统内的各项参数是指基础数据框架、风貌评定分析标准数据、数据处理运算法则等内部数据,应由地方政府、科研机构、高校等一般用户根据使用需求提出更新与修改调整申请,由数据库系统管理员对数据库系统后台内各项参数进行调整、设置与运行测定,确保数据库系统运行无误后反馈给用户,完成更新工作。

5.5.3 数据更新维护机制

数据的更新维护是确保系统性能的主要操作方式,主要是对数据进行检查、增加、删除、修改等维护工作,根据不同平台应用需求对数据进行导入、导出等格式转换与发布操作等,由于基础数据的录入会产生新的数据,因此风貌标准数据统计与评价结果也会发生相应的变化,在系统运行中,所有数据的更新需要后台管理员校核、确认后,系统用户界面层相应的统计、评价结果才会更新。

数据更新的目的是使数据库系统与国家宏观政策和村落发展建设需求紧密结合,与时俱进,保证风貌数据库系统的时效性。作为村落风貌规划实施层面一项长期的工作,在风貌数据库系统的共享环境下,完善的数据更新与维护机制是确保数据库系统高效、稳定运行的保障,通过更新维护不断完善系统的性能。一方面,以各村落为主体,通过村落相关规划编制工作的展开,由相关工作人员将调研收集的数据上传至数据库,完成对数据的更新与补充。另一方面,通过村落风貌相关研究

的开展,定期掌握东北严寒地区村落风貌的情况,进行相关数据的收集,并登录系统按照要求录入数据(图 5.22)。对于问卷、访谈等主观性信息的收集可结合移动端,在相关指导下进行填写,减少了数据更新维护的工作量。

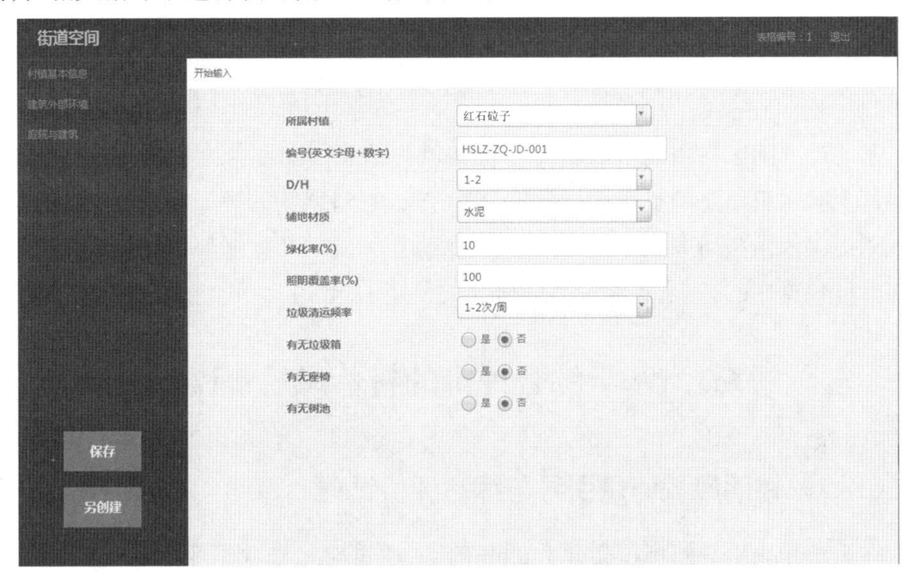

图 5.22　数据库录入界面

第6章　东北严寒地区村落风貌特色识别评价与规划设计研究

东北严寒地区村落风貌数据库系统在风貌信息的储存与维护基础上，可通过对村落现状风貌信息的提取进行评价分析，解读村落风貌的特征与问题，为村落风貌规划提供依据与研究支撑。此外，借助数据库系统的功能框架，通过对基础数据库与标准数据库的拓展，可满足不同研究的使用需求。

6.1　基于综合评价的村落风貌解读

6.1.1　村落风貌信息引导与综合评价过程

在风貌量化引导指标框架建立的基础上，通过对基础数据库内各类风貌信息的提取与运算处理来引导框架内各级指标的赋权，通过 TOPSIS 综合评价法对东北严寒地区 28 个村落的村落风貌进行评价分析，得到各村落风貌的综合评价结果、排名及各类风貌评价横向对比结果，对村落风貌现状特征与问题进行解读（图 6.1）。

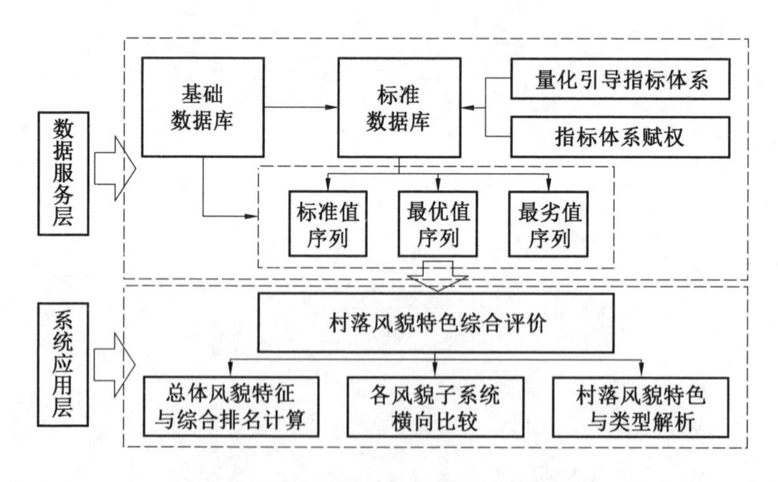

图 6.1　村落风貌信息提取引导处理流程

1.与主观审美感受相结合的综合评价框架

村落风貌的可识别性使风貌可从主观层面进行评价，以区分不同村落风貌的特征与特色；风貌的主观评价又和人的审美与带来的心理感受密不可分。对村落风貌的评价不能单纯地从客观数据上得来，也不能抛开客观事实只从个人喜好上进行评价。因此本书采取客观理性分析与主观判断相结合的评价方法，力求对东北严寒地区村落风貌的评价能够真实并且符合现实情况。

数据库对村落风貌信息的处理与评价流程在本书第 5 章中已做详细的介绍。人对村落风貌的审美评价过程大致可以概括为 4 个阶段：第一阶段是人们对风貌信息接收的准备过程，对村落的环境、建筑以及风土人情产生期望的过程。第二阶段为风貌感知形成的过程，是人们对村落的布局结构、建筑风格、景观小品、建筑装饰与构造等视觉信息产生愉悦的心理感受的过程。第三阶段是人们对村落风貌产生认知的过程，通过对村落风貌的理解形成内心的印象。第四阶段是通过对村落风貌的审美，形成对风貌的评价的过程。结合数据库系统的评价分析，得到对村落风貌的综合评价结果，具体评价流程如图 6.2 所示。

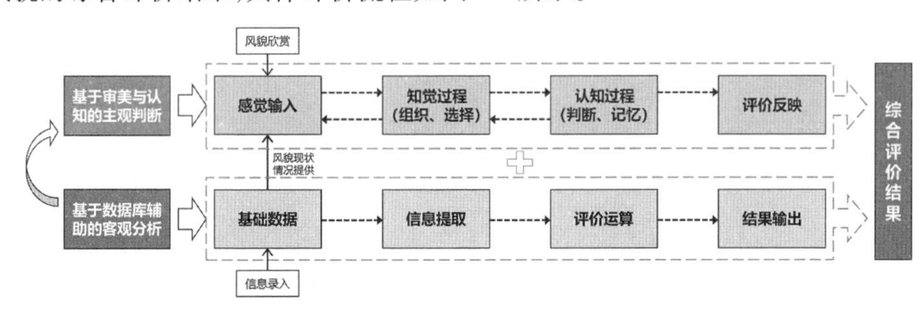

图 6.2　基于主观感知与客观数据分析的村落风貌评价流程

2.加权 TOPSIS 评价计算

(1)数据的归一化处理。对部分样本数据进行归一化处理之前需要对各指标进行同趋势化处理，收集的村落样本数据在录入数据库后经过数据库的处理已得到同趋势的指标数据，因此可直接对数据库输出的数据进行归一化计算，计算公式如下：

$$a_{ij} = X_{ij} / \sqrt{\sum_{i=1}^{n} X_{ij}^2} \tag{6.1}$$

式中，X_{ij}表示第 i 个村落在第 j 个指标的取值；a_{ij}表示处理后第 i 个村落的第 j 个指标的归一化值。处理后，获得参与评价归一化后的数据，见表 6.1。

表 6.1　样本村落的数据标准化处理

指标	山体与村落的关系	水体与村落的关系	村落平面布局模式	村落建筑密度	人均建设用地面积	户均宅基地面积	村庄建设满意度	……	本土植物比例
序号	1	2	3	4	5	6	7	……	58
振兴嘎查	0.787 4	0.787 4	0.283 5	0.049 2	0.276 4	0.017 7	0.504 0	……	0.049 2
沙力根嘎查	0.815 3	0.735 8	0.051 0	0.041 3	0.246 6	0.007 8	0.458 6	……	0.051 0
岭航村	0.834 8	null	0.834 8	0.075 1	0.702 8	0.026 3	0.753 4	……	0.052 2
领航新村	0.678 6	null	1.060 3	0.519 6	0.230 3	0.019 6	0.897 5	……	0.040 7
青泉村	0.718 5	0.718 5	0.909 3	0.519 1	0.559 6	0.025 3	0.792 1	……	0.044 9
龙泉村	0.643 3	0.680 6	0.882 8	0.302 5	0.450 9	0.008 0	0.537 8	……	0.052 5
西安村	null	0.804 7	0.549 2	0.608 5	0.404 2	0.025 6	0.770 1	……	0.038 0
光明村	null	null	0.410 4	0.804 3	0.648 0	0.033 7	0.624 2	……	0.045 6
半站村	null	0.432 7	0.731 3	0.658 2	0.335 1	0.021 6	0.731 3	……	0.048 1
月牙村	null	0.279 8	0.402 9	1.031 5	1.027 2	0.043 0	0.716 3	……	0.044 8
达里村	1.209 4	1.209 4	0.048 4	0.048 4	0.616 5	0.031 7	0.435 4	……	0.048 4
迎春村	0.994 3	0.994 3	0.487 2	0.994 3	0.592 6	0.039 0	0.805 4	……	0.039 8
双泉村	null	1.051 6	0.830 9	0.299 1	0.806 2	0.004 1	0.673 1	……	0.051 9
宝泉村	null	0.549 6	0.760 7	0.427 9	0.579 1	0.015 4	0.686 5	……	0.047 5
兴农村	null	null	0.670 7	0.429 3	0.432 0	0.018 8	0.670 7	……	0.041 9
兴团村	null	null	0.677 9	0.381 3	0.478 3	0.011 0	0.747 4	……	0.042 4
永跃村	null	null	0.849 2	0.695 2	1.095 4	0.015 1	0.770 3	……	0.048 1
管家村	null	0.203 3	0.734 0	0.032 5	0.000 5	0.000 1	0.658 8	……	0.048 8
永安村	null	0.317 3	1.269 2	0.456 9	0.029 3	0.015 4	0.398 0	……	0.050 8
长兴村	null	0.129 5	0.316 0	0.809 1	0.004 9	0.017 0	0.584 6	……	0.050 6
临江村	1.125 8	1.125 8	0.832 6	0.794 4	0.523 6	0.011 3	0.757 0	……	0.045 0
小红石村	1.024 4	0.854 0	0.774 6	0.736 4	0.736 4	0.032 6	0.736 4	……	0.048 4
东堡村	1.024 7	0.177 9	0.400 3	0.822 3	0.475 6	0.043 6	0.784 5	……	0.040 1
西堡村	0.983 6	0.170 8	0.384 2	0.864 5	0.717 6	0.034 6	0.717 6	……	0.038 5
老虎头村	null	0.099 5	0.573 3	1.105 9	0.683 2	0.027 6	0.895 8	……	0.041 6

续表6.1

指标	山体与村落的关系	水体与村落的关系	村落平面布局模式	村落建筑密度	人均建设用地面积	户均宅基地面积	村庄建设满意度	……	本土植物比例
兴隆台村	null	0.060 3	0.885 6	0.542 4	0.623 6	0.014 1	0.964 3	……	0.040 2
钱家屯村	null	null	0.362 1	0.362 1	0.082 9	0.026 0	0.814 6	……	0.042 6
孙家屯村	null	null	0.763 6	0.763 6	0.542 0	0.043 1	0.763 6	……	0.045 8

注：各项指标经标准化处理后均无单位；null 表示无数据。

（2）与最优方案接近程度计算。结合权重确定的结果，得到归一化数据后分别计算诸评价对象所有指标值与最优值和最劣值的距离 D_i^+ 与 D_i^-，计算公式如下：

$$D_i^+ = \sqrt{\sum_{j=1}^{m} w_j \left(a_{ij}^+ - a_{ij}\right)^2} \tag{6.2}$$

$$D_i^- = \sqrt{\sum_{j=1}^{m} w_j \left(a_{ij}^- - a_{ij}\right)^2} \tag{6.3}$$

式中，D_i^+ 与 D_i^- 分别表示第 i 个村落与最优值及最劣值方案的距离；a_{ij}表示处理后第 i 个村落的第 j 个指标的归一化值；w_j为第 j 个指标的权重系数。

对各村落评价结果与最优方案的接近程度 C_i进行计算分析，公式如下：

$$C_i = \frac{D_i^-}{D_i^+ + D_i^-} \tag{6.4}$$

式中，C_i在 0 与 1 之间取值，C_i越接近 1，表示该村落越接近最优水平；反之，C_i越接近 0，表示该村落越接近最劣水平。按 C_i大小将各村落排序，C_i值越大，表示该村落风貌水平越好，从而得到东北严寒地区各村落的风貌综合评价结果，见表 6.2。

表 6.2　东北严寒地区村落风貌综合评价结果

镇	村	D_i^+ 值	D_i^- 值	C_i值	排序
察尔森镇	振兴嘎查	3.811 0	2.823 3	0.425 6	21
	沙力根嘎查	3.982 9	2.988 1	0.428 6	19
成吉思汗镇	岭航村	3.655 8	2.708 2	0.425 6	21
	领航新村	3.207 5	3.009 0	0.484 0	4
五大连池镇	青泉村	3.692 2	2.844 0	0.435 1	17
	龙泉村	4.073 3	2.623 0	0.391 7	28

续表6.2

镇	村	D_i^+ 值	D_i^- 值	C_i值	排序
新安朝鲜族镇	西安村	2.923 5	3.321 3	0.531 9	1
	光明村	3.129 5	2.898 2	0.480 8	5
虎头镇	半站村	3.742 1	2.915 5	0.437 9	15
	月牙村	3.698 6	3.116 7	0.457 3	11
朗乡镇	达里村	4.017 9	2.859 9	0.415 8	25
	迎春村	3.495 6	3.191 5	0.477 3	6
双泉镇	双泉村	3.937 6	2.779 7	0.413 8	26
	宝泉村	3.865 9	2.822 0	0.422 0	24
联兴镇	兴农村	3.161 9	3.312 0	0.511 6	2
	兴团村	3.137 8	3.234 4	0.507 6	3
	永跃村	3.484 3	3.147 9	0.474 6	7
齐家镇	管家村	4.069 9	2.791 8	0.406 9	27
	永安村	3.926 6	3.004 3	0.433 5	18
	长兴村	3.923 6	2.883 2	0.423 6	23
红石砬子镇	临江村	3.464 3	3.002 6	0.464 3	10
	小红石村	3.626 7	2.707 4	0.427 4	20
华来镇	东堡村	3.545 8	2.959 0	0.454 9	12
	西堡村	3.472 5	3.077 3	0.469 8	9
庆云堡镇	老虎头村	3.747 7	2.971 2	0.442 2	14
	兴隆台村	3.537 8	3.183 2	0.473 6	8
郝官屯镇	钱家屯村	3.602 6	2.781 0	0.435 7	16
	孙家屯村	3.436 4	2.779 1	0.447 1	13

6.1.2 村落风貌总体特征解读

东北严寒地区 28 个村落的村落风貌体系综合评价结果如图 6.3 所示，根据评价结果分布特征，将各村落划分为四级区间，一级区间为西安村、兴农村、兴团村(0.50~0.55，占比 10.71%)，二级区间为领航新村、光明村、迎春村、永跃村、兴隆台村、西堡村、临江村、月牙村、东堡村 9 个村庄(0.45~0.50，占比 32.14%)，三级区间为孙家屯村、老虎头村、半站村、钱家屯村、青泉村、永安村、沙力根嘎查、小红石村、

振兴嘎查、岭航村、长兴村、宝泉村、达里村、双泉村、管家村 15 个村庄(0.40~0.45，占比 53.57%)，四级区间为龙泉村(<0.40，占比3.57%)。具体来看，村落个体之间的风貌综合评价结果数差异不大且整体水平不高，最大值为 0.531 9，最小值为 0.391 7，差值 0.140 2，对于 0~1 评价标准而言，差距较小。

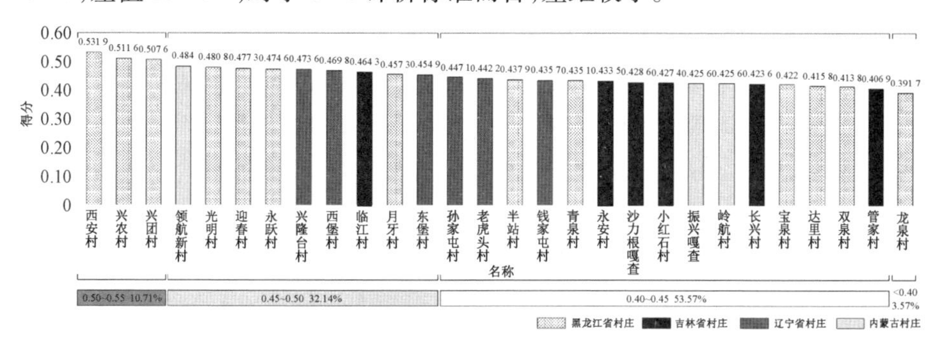

图 6.3 样本村落风貌体系综合评价结果分布

新安朝鲜族镇西安村在本次评价的样本村落内排名第一，从各项风貌类别评价结果来看，西安村在村落风貌的地域特色得分较为靠前(得分:0.570 2，排名:2)。新安朝鲜族镇中朝鲜族特有的合阁式屋顶形式及其他民族元素在村落风貌上得到了较好的体现与应用;但西安村在村落人工建造风貌特色(得分:0.662 0，排名12)、村落自然生态风貌特色(得分:0.508 7，排名 12)这两项的得分都处于中间的位置。联兴镇的兴农村与兴团村分别排在第二和第三的位置，从其各项风貌类别评价结果来看，两个村落在人工建造风貌特色(兴农村得分:0.737 9，排名:2;兴团村得分 0.688 3，排名:9)和地域人文风貌特色(兴农村得分:0.557 4，排名:3;兴团村得分 0.576 1，排名:1)两项的得分都较高，但两个村落在自然生态风貌特色上得分较低，排名也较为靠后(兴农村得分:0.287 7，排名:25;兴团村得分:0.293 0，排名:24)。综合分析两个村落的情况，由于联兴镇位于哈尔滨市中心城区的近郊位置，在人工风貌的建设上较好;此外联兴镇为满族乡镇，镇内以满族与蒙古族为主的少数民族人口比例达 32%，村落地域文化丰富，人工风貌与人文风貌上具有民族特色;但也由于靠近城市中心区，两个村落在生态资源与自然保护方面较为薄弱。通过对本次评价中得分靠前的 0.50~0.55 区段内的 3 个村落的分析发现，样本内没有在各类风貌评价中都占有优势的村落，风貌特色与建设水平方面都存在着缺陷和问题。

五大连池镇龙泉村排在了本次评价结果中最后的位置，从村落人工建造风貌特色(得分:0.581 3，排名:18)、地域人文风貌特色(得分:0.301 8，排名:27)、自然生态风貌特色(得分:0.472 6,排名:15)三方面上看得分均不高,排名也都比较靠后。

从东北严寒地区四省份样本平均值的比较来看,各省份村落风貌综合评价的平均值依次为黑龙江省(0.458 3)>辽宁省(0.453 9)>蒙东地区(0.440 9)>吉林省(0.431 1)(图 6.4)。虽然调研收集的村镇样本数量有限,但东北严寒地区各省之间的地域总体特征仍具有差异性,可反映出受经济发展水平、人文特征、地形地貌等各因素影响下的村落风貌水平。

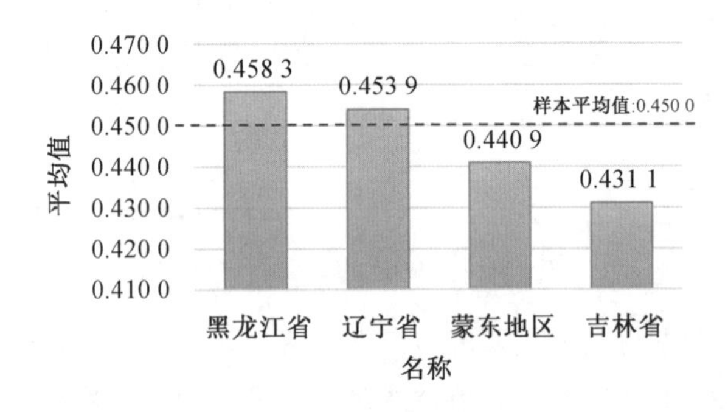

图 6.4　不同省份村落风貌的评价结果

1.村落空间布局风貌特征

村落空间布局主要包括村落与周边自然环境的关系、聚落整体结构以及聚落内部的平面布局、建筑密度等信息,是村落风貌的整体表现。通过对数据库中相关风貌信息的提取与运算分析(图 6.5、图 6.6),得出样本村落中聚落的平面布局模式差异较大,从村落建筑密度、人居建设用地面积、户均宅基地面积等指标中发现评价得分较低,造成有些村落建筑布局松散、土地利用效率低的问题。如齐家镇的管家村评价结果中村落建筑密度得分 0.008 2、人居建设用地面积得分 0.001 0、户均宅基地面积得分 0.000 1,均为样本村落中分值最低项,与最高得分 0.051 0、0.045 5、0.052 5 之间分差较大。齐家镇位于长春市双阳区东北部,地势平坦,镇域内的自然村屯布局分散,村内宅基地面积较大、闲置土地较多、空间利用缺乏管控,使管家村在村落空间布局这一项的得分较低。

传统格局与历史风貌传承度的评价结果中,样本村落水平差异较大,且整体得分不高,平均值为 0.353 5。其中领航新村分值最低为 0.005 0,领航新村为新规划建设的村落,村落布局、路网结构、建筑造型等均为新时期农村社区风貌,而传统地域与民族风貌特色元素在领航新村内体现较少,因此该项评分最低;此外,有 64.29%的村落处于平均水平之下。

在环境质量与保护评价结果中，朗乡镇的达里村和迎春村得分均较高，分别为 0.902 5、0.771 8。朗乡镇作为国家级生态乡镇、中国十佳最美风情小镇，镇域内生态环境较好，林业局与镇政府共建的模式为朗乡镇环境质量保护工作提供了保障。自然景观塑造方面，虎头镇的半站村与月牙村的整体情况较好，得分为 0.634 4、0.520 0。虎头镇为国家级生态乡镇、全国特色景观旅游名镇，镇域内生态资源与旅游资源丰富，半站村与月牙村依托良好的自然环境，注重对村落内自然景观的塑造，营造良好的人居环境。从样本整体上看，各村落对环境的保护比较重视，平均值为 0.528 2，而忽视对自然景观的塑造，该项平均值为 0.386 6。

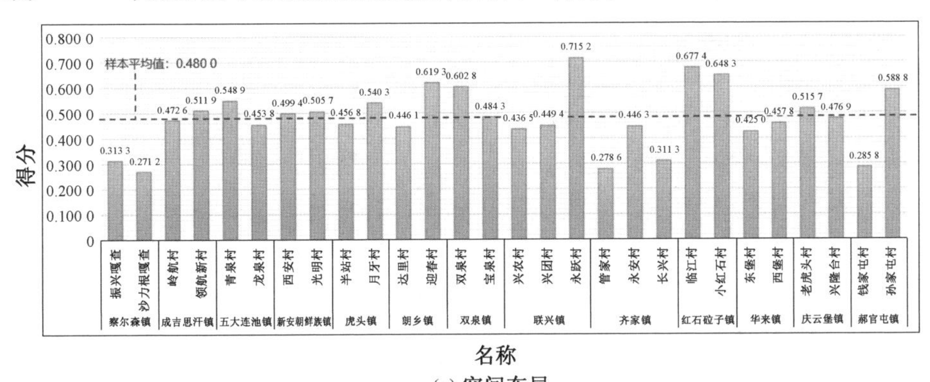

(a) 空间布局

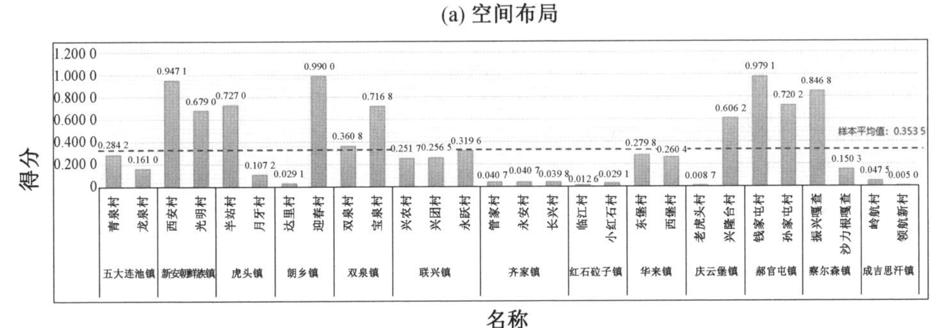

(b) 传统格局与历史风貌传承度

图 6.5　村落整体空间布局相关评价结果

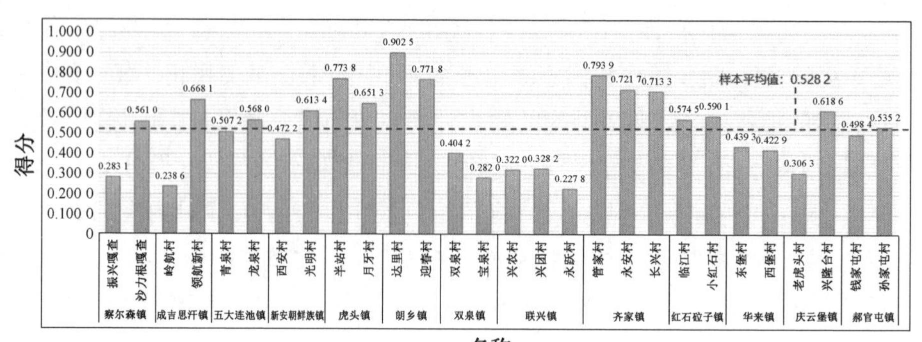

(c) 环境质量与保护

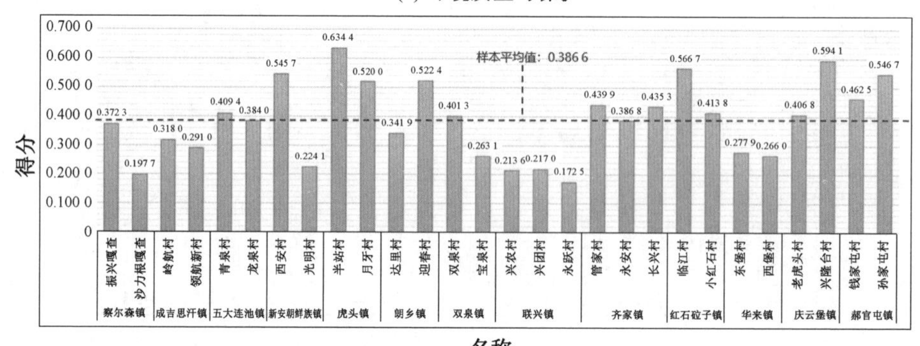

(d) 自然景观

续图 6.5

2.街道与开敞空间风貌特征

(1)街道空间风貌特征。街道空间风貌塑造的重点主要包括街道空间比例关系与空间感受、街道绿化与街道设施等方面的内容。在街道空间环境的评价中，双泉镇的双泉村与宝泉村的分值较低，分别为0.137 3、0.208 9(图6.7)。对数据库中街道高宽比、硬化率、亮化率、垃圾箱服务半径、街道座椅分布情况以及街道空间满意度等相关指标的(图6.8)调取分析表明，双泉村与宝泉村的街道空间比例关系失衡，并且缺乏市政设施与街道家具。样本村落中街道的亮化率均不高，平均值为36.61%。东北严寒地区村落内街道以满足交通功能为主，缺乏对生活活动要求的设计考虑。街道侧界面通常由建筑和庭院围墙组成，而村落内建筑与庭院多由村民自主建设形成，缺少统一的规划与设计，因此难以形成良好的街道空间感受；街道内座椅、垃圾箱等街道设施也较为缺乏。此外，受寒冷气候、农耕习惯、地方财政收入等方面的影响，村落居民夜间少有外出活动，研究样本中街道的亮化率不高。

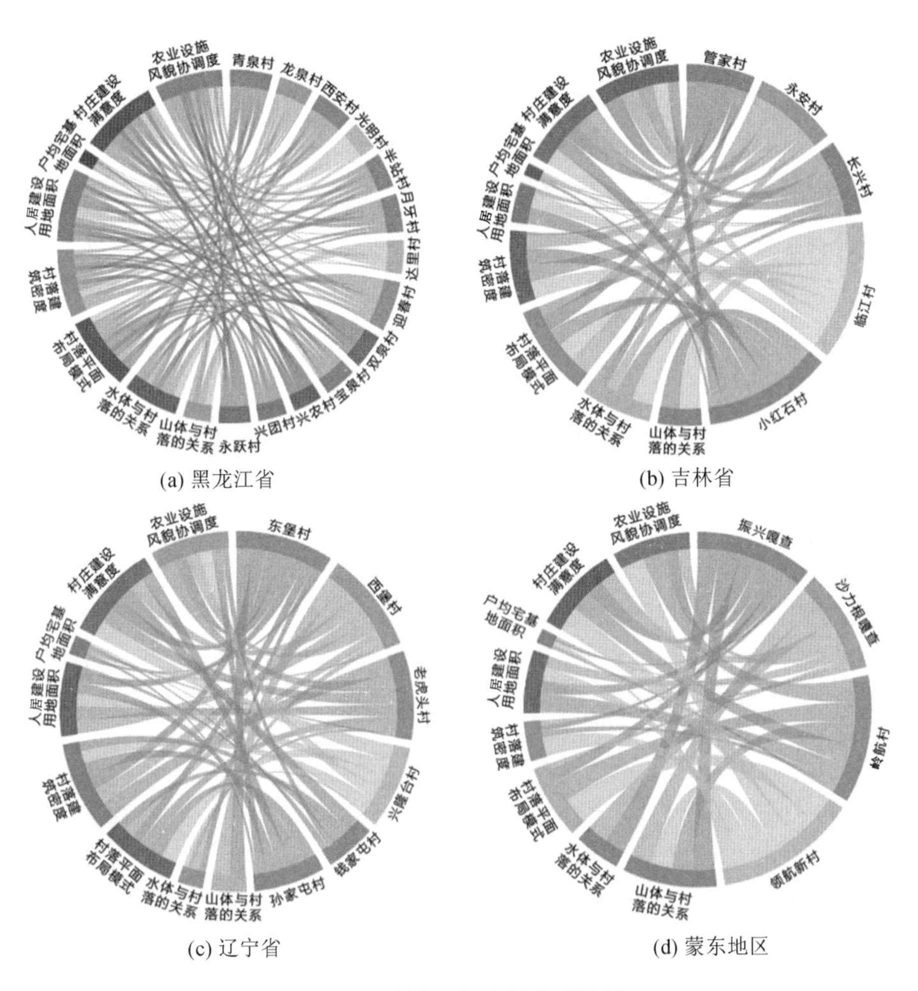

(a) 黑龙江省　　(b) 吉林省

(c) 辽宁省　　(d) 蒙东地区

图 6.6　村落空间布局典型指标

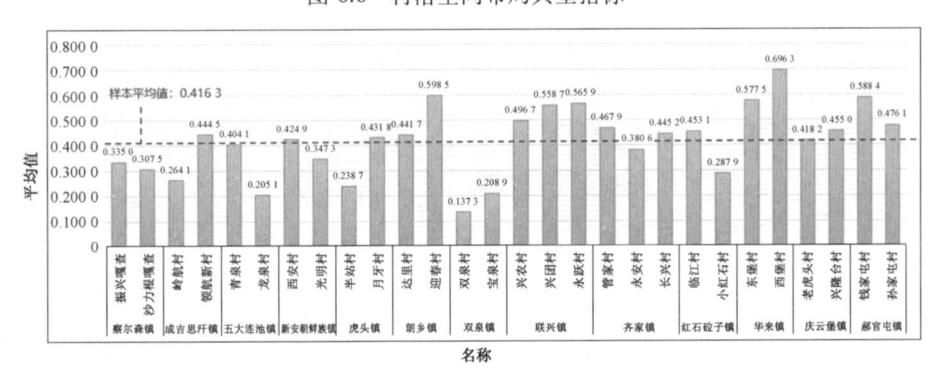

图 6.7　街道空间评价结果

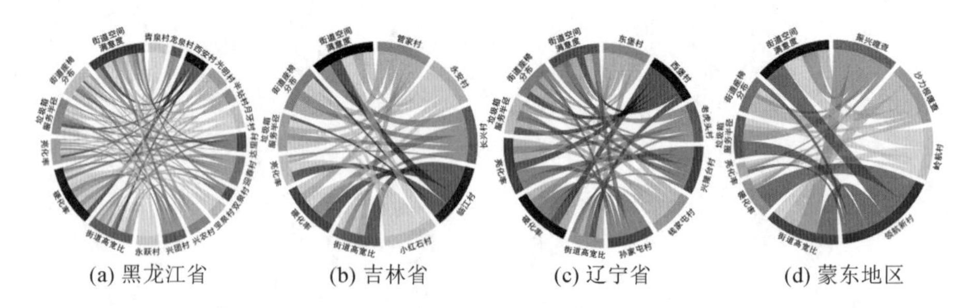

(a) 黑龙江省　(b) 吉林省　(c) 辽宁省　(d) 蒙东地区

图 6.8　街道空间风貌典型指标

(2)开敞空间风貌特征。村落内开敞空间主要形式为广场与公园。对开敞空间的评价结果的分析表明,样本村落内开敞空间缺乏,60.71%的村落内没有开敞空间,评价结果的平均值仅为 0.240 8(图 6.9)。对开敞空间相关联的各项指标(图 6.10)进行分析可知,在有开敞空间的村落内,开敞空间高宽比相较于服务设施与开敞空间满意度两项得分较低。结合调研收集的信息,样本村落内开敞空间多为广场,通常与村委会、村活动中心结合布置,广场内的健身器械、座椅、垃圾箱等服务设施配置较为齐全,但缺少对广场空间的围合、塑造与景观设计。

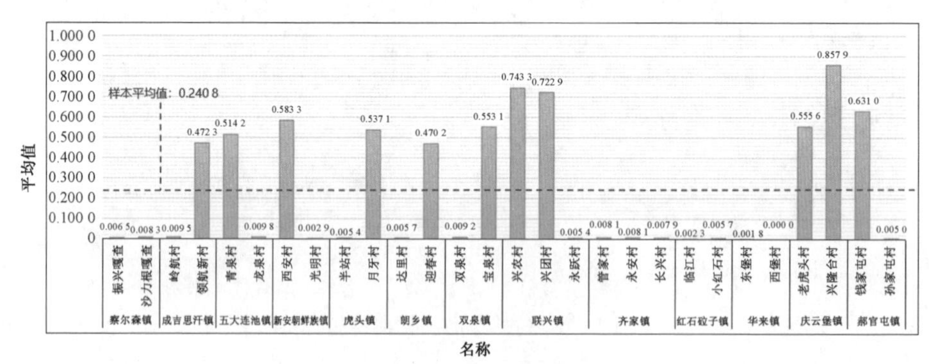

图 6.9　开敞空间评价结果

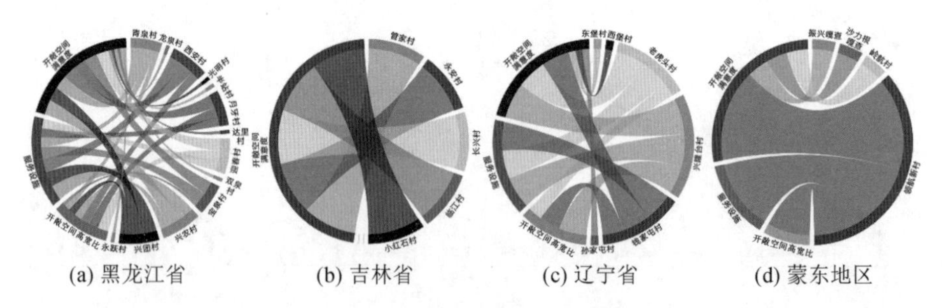

(a) 黑龙江省　(b) 吉林省　(c) 辽宁省　(d) 蒙东地区

图 6.10　开敞空间风貌典型指标

3.庭院风貌特征

样本村落内院落空间利用整体上较为合理，综合评价结果较好，平均值为 0.539 3（图 6.11）。对院落关系相关联的各项指标（图 6.12）进行分析可知，各村落在院落布局模式与院落功能上的得分较高，农村居民可以结合自身的使用需求自发地对院落进行划分与充分利用；与该两项指标相比，院落绿化率得分较低，调研中发现庭院内绿化多以农村居民种植的蔬菜为主，缺少院落景观的设计。此外，由于东北严寒地区村落空心化的问题，庭院内也存在着空间荒废的情况。

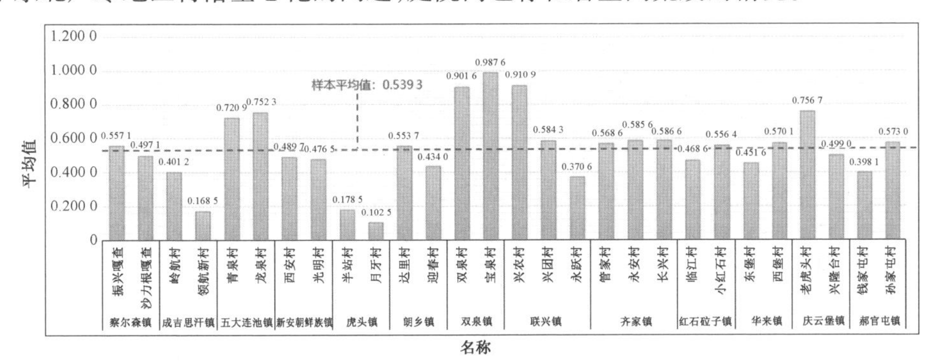

图 6.11　院落关系评价结果

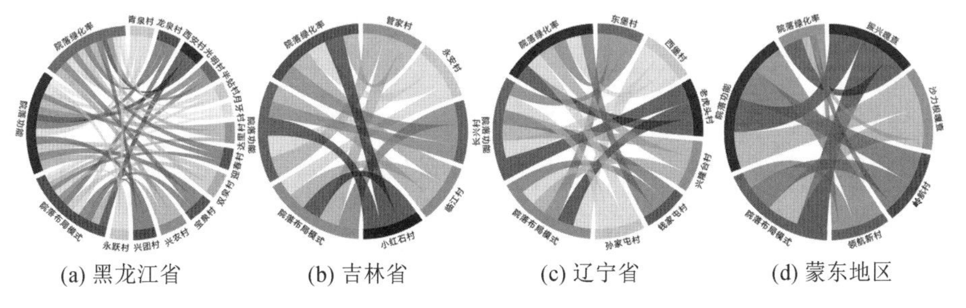

(a) 黑龙江省　(b) 吉林省　(c) 辽宁省　(d) 蒙东地区

图 6.12　庭院空间风貌典型指标

4.建筑风貌特征

村落建筑风貌特色主要包含建筑风格、屋顶形式、护栏与围墙的形式、建筑质量满意度、装饰与构件等信息，以及表征风貌地域特色的地方特色元素运用和村落风貌的标志性等信息。建筑风貌相关评价结果中，样本村落在地方特色元素运用与标志性塑造等方面较为欠缺，平均值分别为 0.496 3、0.295 3（图 6.13）。

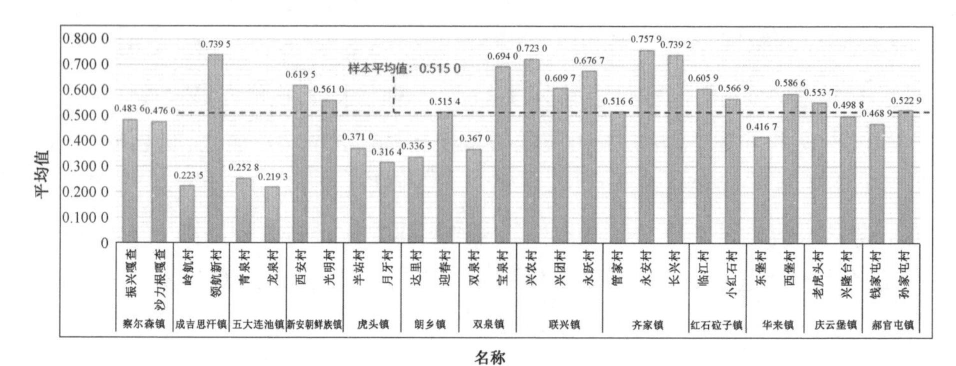

(a) 建筑特色

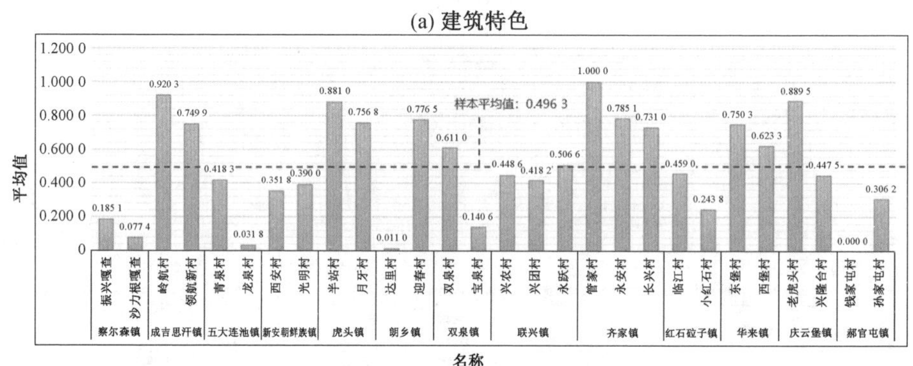

(b) 地方特色元素运用

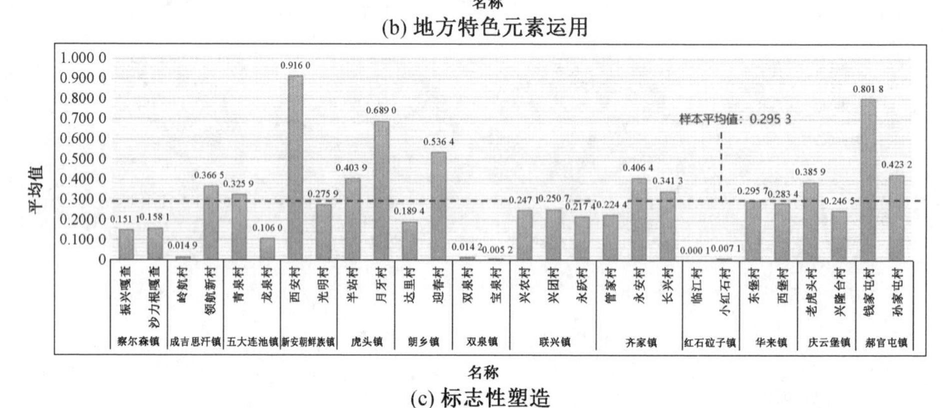

(c) 标志性塑造

图 6.13　建筑风貌相关评价结果

建筑特色相关联的指标上（图 6.14），各个村落在建筑屋顶形式上风貌比较统一，但建筑整体上缺少装饰与构件等细部的设计。这与东北严寒地区村落建筑的建造方式密切相关，村民在建造房屋时以满足功能需求为出发点，受建造技艺与设计水平的影响，建筑在造型与色彩上较为单一，对建筑装饰与细部设计的考虑不足。

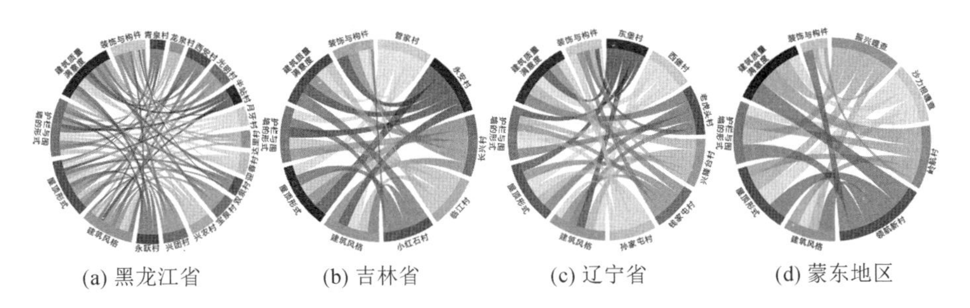

图 6.14　建筑风貌典型指标

5.人文风貌特征

样本村落对民俗与传统文化的保护与继承较弱，平均值仅为 0.377 7（图 6.15）。村落活力的评价中，样本平均值为 0.459 1，53.57%的村落低于平均值，最高分（0.764 6）与最低分（0.116 8）差值达 0.647 8（图 6.16）。

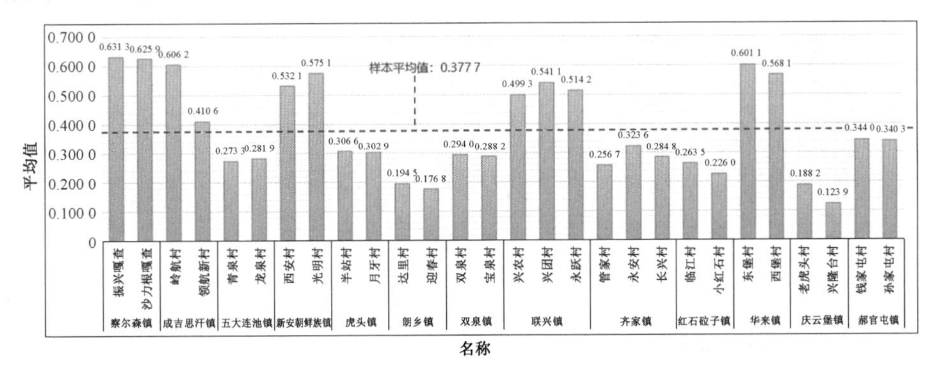

图 6.15　民俗与传统文化相关评价结果

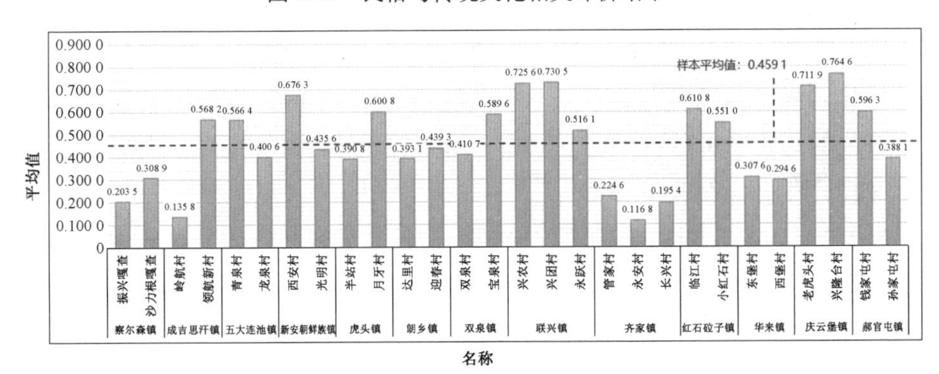

图 6.16　村落活力相关评价结果

6.1.3 村落风貌子系统特征分析

1.各子系统的总体情况

从整体水平来看,样本村落各风貌类别水平各不相同。其中,村落人工建造风貌特色的平均值为 0.609 4,是 3 个类别中平均水平最高的一个,说明各村落在风貌建设中,村落整体布局、街道与开敞空间、建筑与庭院等人工要素为首先考虑的因素。村落地域人文风貌特色、村落自然生态风貌特色两项的平均分都较低,分别为 0.421 9、0.463 8。说明东北严寒地区村落风貌建设上对地域文化特色的传承与挖掘和对生态与自然环境的保护方面还很欠缺。

从各类别评价结果的分布上来看,样本村落人工建造风貌特色得分普遍较高,60.71%的村落高于平均水平。在各区间的分布情况上来看,在 0.60~0.70 区间内的村落分布较多,占样本的 42.86%(图 6.17)。

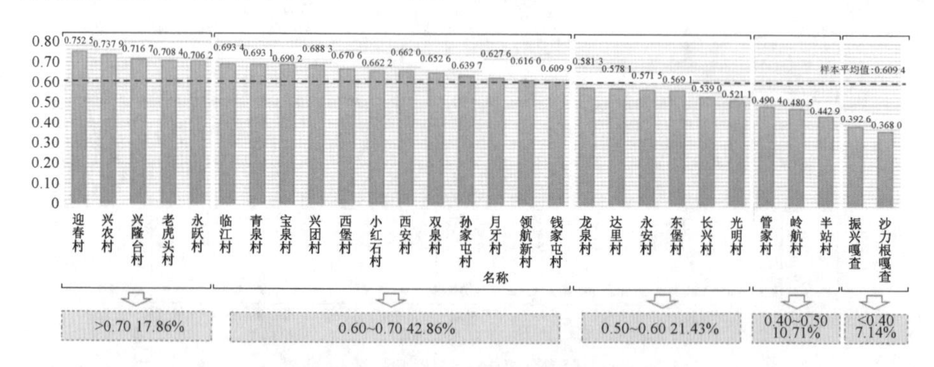

图 6.17 村落人工建造风貌特色评价结果

样本村落在地域人文风貌特色评价结果上呈现出两极分化的趋势,大于平均值的村落占样本村落的比例仅为 39.29%;有 60.71%的村落低于平均水平。有 57.14%的村落处于 0.30~0.40 的区间。0.40~0.50 区间内仅有 1 个村落,该区间内的村落数量明显不足(图 6.18)。

样本村落自然生态风貌特色评价结果在各分值区间内的分布较为均衡。其中,42.86%的村落低于平均水平,由于各样本村落的生态基质、自然资源各不相同,形成了村落自然生态风貌特色评价结果的分布特征(图 6.19)。

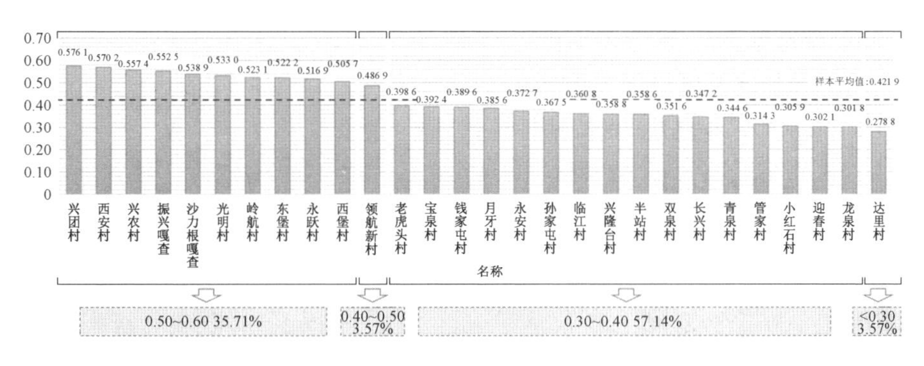

图 6.18　村落地域人文风貌特色评价结果

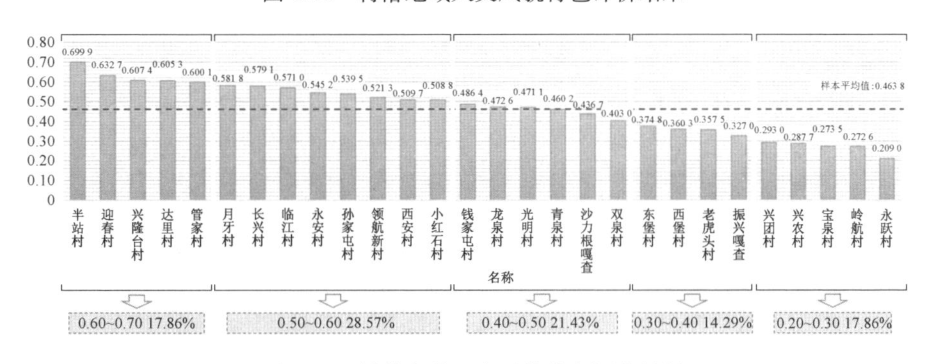

图 6.19　村落自然生态风貌特色评价结果

2.各子系统的样本个体比较

在村落人工建造风貌特色评价结果中,最大值为迎春村的 0.752 5,最小值为沙力根嘎查的 0.368 0,差值为 0.384 5。说明村落在人工建造风貌整体建设水平上参差不齐。迎春村位于朗乡镇,朗乡镇作为“中国十佳最美风情小镇”,镇域内各村庄建设较好,环境优美。而位于察尔森镇的沙力根嘎查内空间的集约利用及管控水平较低,风貌的整体性不高。

样本村落在地域人文风貌特色评价结果上,最大值为兴团村的 0.576 1,其得分并不高,而最小值为达里村的 0.278 8,差值为 0.297 3。由此可见样本村落内风貌的地域特色不强,是在风貌规划中需要重点加强的地方。

评价结果显示,同一类风貌评价不同村落间水平差异较大。其中,村落自然生态风貌特色评价在各样本村落间差异最大,最大值为半站村的 0.699 9,最小值为永跃村的 0.209 0,差值为 0.490 9。半站村位于虎头镇,镇域内的生态与自然环境较好,因此半站村在村落风貌的生态性与自然保护这一项得分较高。联兴镇镇域中林草地及水域空间较少,数据库的现状数据显示永跃村内的绿化覆盖率、水质满意度、植物丰富度也是28个样本村落中得分最低的,导致永跃村在村落风貌的生态性与自然保护这一项得分最低。

不同村落同一风貌类别的描述性统计分析见表6.3。

表6.3　不同村落同一风貌类别的描述性统计分析

评价指标	最大值	最小值	均值	最大差值	标准差
风貌的整体协调性	0.752 5(迎春村)	0.368 0(沙力根嘎查)	0.609 4	0.384 5	0.101 5
风貌的地域特色	0.576 1(兴团村)	0.278 8(达里村)	0.421 9	0.297 3	0.096 3
风貌的生态性与自然保护	0.699 9(半站村)	0.209 0(永跃村)	0.463 8	0.490 9	0.127 3

同一村落不同风貌指标评价结果差异不尽一致。迎春村、宝泉村、兴农村、永跃村各指标的评价结果中最大值与最小值的差值大于0.4,说明这些村落在风貌建设上特色明显但也问题突出,在风貌规划建设中应在保留村落特色的基础上对现状问题进行改善。沙力根嘎查、领航新村、西安村、光明村、永安村、东堡村各指标的评价结果中最大值与最小值差值在0.2以下,其中领航新村、西安村、光明村的平均得分在0.5以上,说明其各项风貌水平较为均衡;而沙力根嘎查、永安村、东堡村的平均得分低于0.5,说明其各项风貌水平普遍较低,村落风貌各方面特色都不显著,需要结合地域文化与村落历史挖掘风貌塑造的重点(见表6.4)。

表6.4　同一村落不同风貌指标的描述性统计分析

镇	村	最大值	最小值	均值	最大差值	标准差
察尔森镇	振兴嘎查	0.552 5	0.327 0	0.424 0	0.225 5	0.094 7
	沙力根嘎查	0.538 9	0.368 0	0.447 9	0.170 9	0.070 2
成吉思汗镇	岭航村	0.523 1	0.272 6	0.425 4	0.097 7	0.109 4
	领航新村	0.616 0	0.486 9	0.541 4	0.129 1	0.054 6
五大连池镇	青泉村	0.693 1	0.344 6	0.499 3	0.348 5	0.144 9
	龙泉村	0.581 3	0.301 8	0.451 9	0.279 5	0.115 0
新安朝鲜族镇	西安村	0.662 0	0.509 7	0.580 6	0.152 3	0.062 6
	光明村	0.533 0	0.471 1	0.508 4	0.061 9	0.026 8

续表6.4

镇	村	最大值	最小值	均值	最大差值	标准差
虎头镇	半站村	0.699 9	0.358 6	0.500 5	0.341 3	0.145 2
	月牙村	0.627 6	0.385 6	0.531 7	0.242 0	0.105 0
朗乡镇	达里村	0.605 3	0.278 8	0.487 4	0.326 5	0.147 9
	迎春村	0.752 5	0.302 1	0.562 4	0.450 4	0.190 5
双泉镇	双泉村	0.652 6	0.351 6	0.469 1	0.301 0	0.131 5
	宝泉村	0.690 2	0.273 5	0.452 0	0.416 7	0.175 3
联兴镇	兴农村	0.737 9	0.287 7	0.527 7	0.450 2	0.185 0
	兴团村	0.688 3	0.293 0	0.519 1	0.395 3	0.166 3
	永跃村	0.706 2	0.209 0	0.477 4	0.497 2	0.204 9
齐家镇	管家村	0.600 1	0.314 3	0.468 3	0.285 8	0.117 7
	永安村	0.571 5	0.372 7	0.496 5	0.198 8	0.088 2
	长兴村	0.579 1	0.347 2	0.488 4	0.231 9	0.101 2
红石砬子镇	临江村	0.693 4	0.360 8	0.541 7	0.332 6	0.137 4
	小红石村	0.662 2	0.305 9	0.492 3	0.356 3	0.145 9
华来镇	东堡村	0.569 1	0.374 8	0.488 7	0.194 3	0.082 8
	西堡村	0.670 6	0.360 3	0.512 2	0.310 3	0.126 8
庆云堡镇	老虎头村	0.708 4	0.357 5	0.488 2	0.350 9	0.156 6
	兴隆台村	0.716 7	0.358 8	0.561 0	0.357 9	0.149 8
郝官屯镇	钱家屯村	0.609 9	0.389 6	0.495 3	0.220 3	0.090 2
	孙家屯村	0.639 7	0.367 5	0.515 6	0.272 2	0.112 4

3.各子系统的乡镇归类比较

为更全面地了解各子系统的风貌水平，可以从地形地貌、所属区位、聚居民族、省域分布等方面展开不同层面的归类分析。

村落风貌整体协调性如图 6.20 所示，黑龙江、吉林、辽宁 3 个省均在 0.6 左右，差距不大；蒙东地区受区位与经济条件的限制在村落环境、街道空间、开敞空间建设等方面较为薄弱，因此此项得分偏低，仅为 0.464 3。从地形地貌角度分析，平原型村落(0.630 1)>山区型村落(0.588 6)，这是由于处于平原的村落建设起来更为容易，村落周边需考虑的环境比较简单。从所属区位上看，城乡交错带村落(0.633 1)>农村腹地村落(0.591 5)，城乡交错带的村落靠近城市具有区位优势，更易受城市发展的影响,带动村落建设。从聚居民族上看,汉族村落(0.626 4)>少数民族村落(0.582 9),因此少数民族聚居的村落在风貌规划中应更重视对空间品质的提升与居住环境的改善。

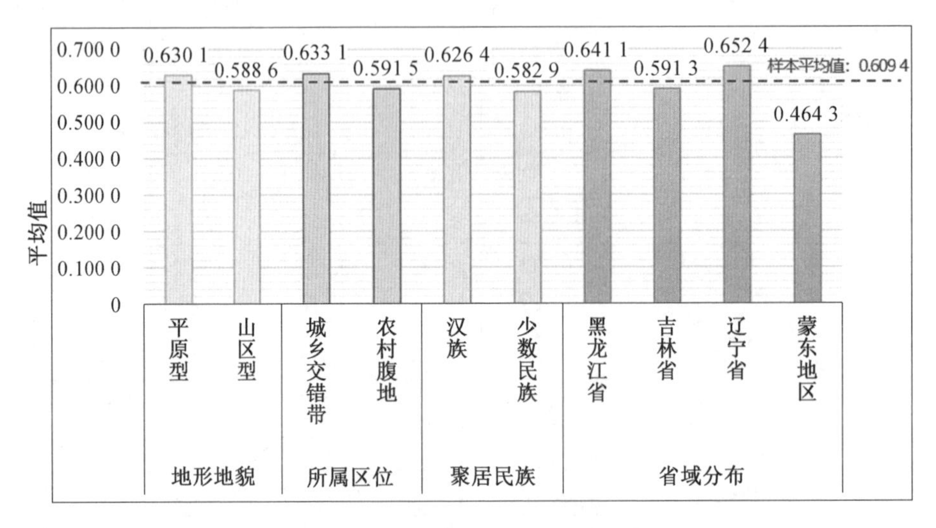

图 6.20　风貌整体协调性的村落比较

村落风貌的地域特色方面(图 6.21),少数民族村落明显优于汉族村落,其得分分别为 0.534 8、0.348 9,差值达 0.185 9,少数民族在民族语言、民族服饰、民间艺术和民间节庆等方面具有较强的特色与优势。从所属省份上来看,蒙东地区该项得分最高,黑龙江省和辽宁省分值接近,吉林省得分最低,因受调研村落样本情况的限制,此类划分所呈现的结果不能客观反映真实情况,因此忽略不计。此外,从所属区位和地形地貌的角度来看,各村落风貌在地域特色方面差距不大。

村落风貌的生态性与自然保护方面(图 6.22),不同省份村落差异较大,吉林省得分为 0.560 8,黑龙江省与辽宁省的水平相当,得分分别为0.453 8、0.454 3,蒙东地区得分最低,为 0.389 4。从所属区位来看,农村腹地村落(0.502 4)>城乡交错带村落(0.412 5),位于农村腹地的村落具有更好的自然环境,而位于城乡交错带的村落虽然有着较好的经济发展优势,但自然环境也会随之受到影响。从聚居民族上看,汉族村落(0.524 9)>少数民族村落(0.369 4),此项结果与村落风貌整体协调性的结果类似。从地形地貌上看,各村落在风貌生态性与自然保护方面水平基本相同。

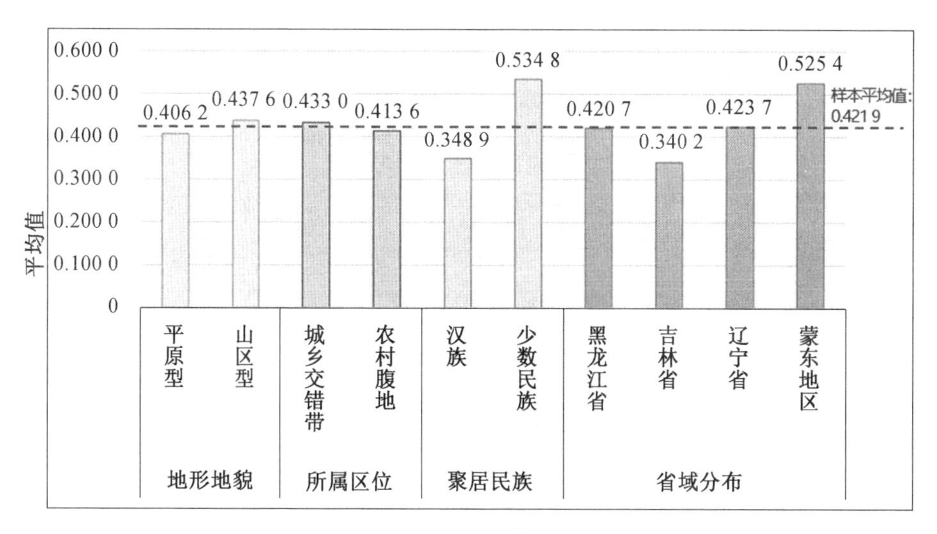

图 6.21　风貌地域特色的村落比较

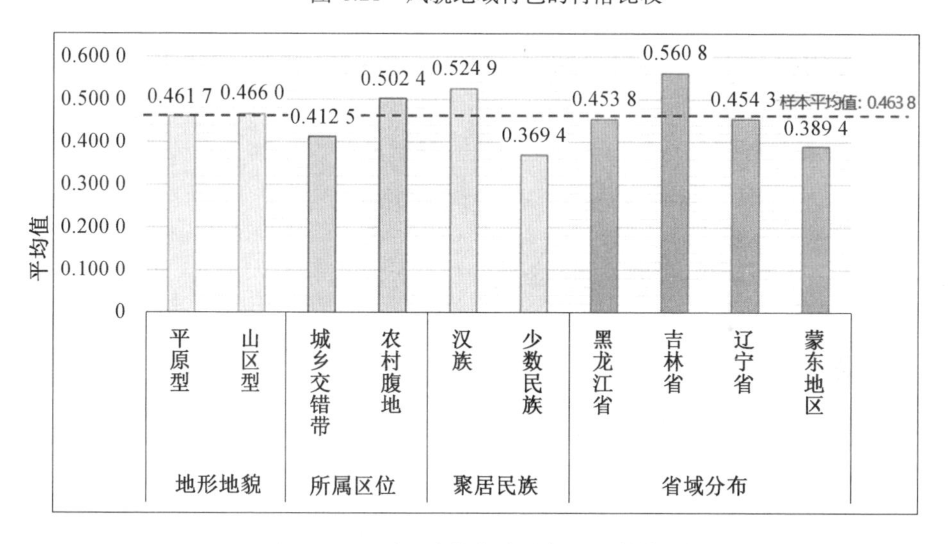

图 6.22　风貌生态性与自然保护的村落比较

6.2 依托数据基础应用层面的村落风貌特色塑造

本书在对通过基础数据库提取的28个村落风貌信息进行处理的基础上，对各村落的风貌现状情况与问题进行数据分析，提出村落风貌发展的不同类型，并对东北严寒地区村落在整体布局、街道空间、开敞空间、庭院空间、单体建筑及人文和自然风貌等方面进行解读，提出村落风貌规划与塑造策略(图6.23)。

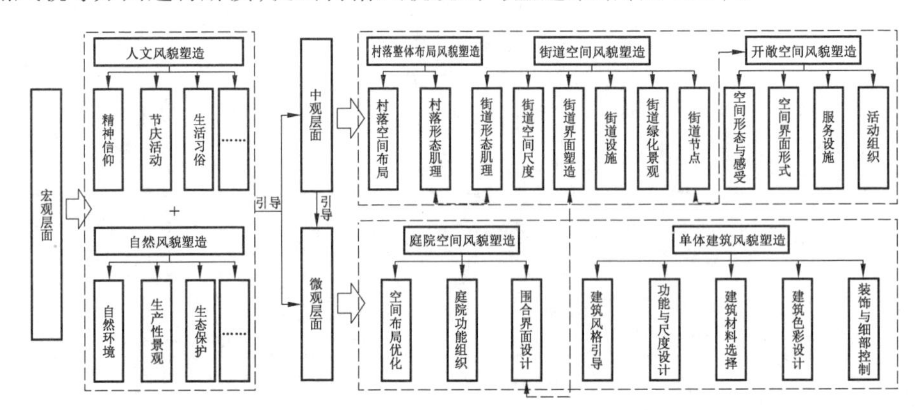

图6.23 村落风貌规划与塑造的技术框架

6.2.1 村落风貌发展类型分析

在前文构建的村落风貌信息体系的基础上，结合东北严寒地区村落风貌各子系统的评价结果，以评价结果中最突出的子系统特征来确定村落风貌发展的主导类型，本书将村落划分为空间建设主导型、人文特色主导型、自然生态主导型三类。其中空间建设主导型村落体现了良好的建成空间环境风貌，人文特色主导型村落突出体现了地域民俗与人文风貌特色，自然生态主导型村落突出体现了良好的自然资源条件、生态环境状况及村落风貌建设与自然环境相协调。

由各类别风貌评价结果的相互比较可得，28个样本村落中：空间建设主导型村落有6个，分别为老虎头村、宝泉村、双泉村、青泉村、兴农村、永跃村；人文特色主导型村落共8个，包括振兴嘎查、沙力根嘎查、岭航村、兴团村、西安村、光明村、东堡村、西村堡；自然生态主导型村落共11个，包括半站村、管家村、达里村、迎春村、长兴村、月牙村、兴隆台村、永安村、临江村、龙泉村、小红石村。样本中的其他6个村落没有明显的风貌主导特征(图6.24)。

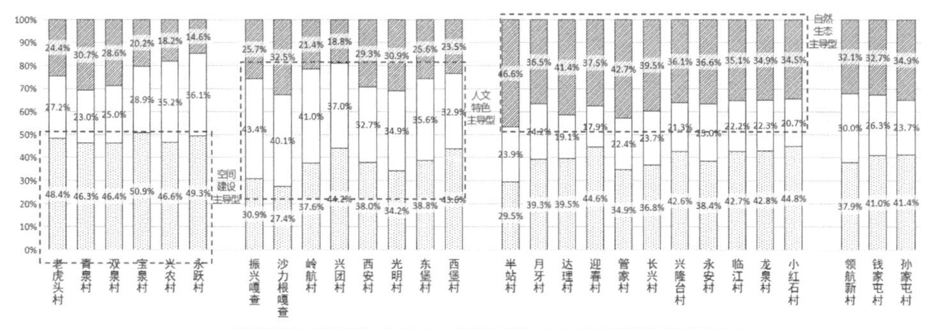

图 6.24　样本村落风貌发展主导类型分析

6.2.2　村落风貌塑造整体引导

结合上文对村落风貌发展主导类型的分析，通过对数据库内不同类型的典型村落评价结果的解读，本书提取出村落风貌的主导要素与特色元素信息，结合不同风貌类型村落发展特点，从自然风貌、人工风貌、人文风貌三方面提出村落风貌塑造框架。通过数据库系统对现状风貌信息进行评价运算处理，将村落现状中具有特色的风貌要素进行筛选与提炼，并将提取的特色风貌要素提供给规划研究与设计人员，为村落建设与风貌规划提供设计导向与参考。另外在未来风貌规划中，用户可对评价结果中较差的内容有针对性地进行风貌特色塑造与风貌提升设计。

1.空间建设主导型村落

(1)典型村落风貌特征解读。对庆云堡镇老虎头村和双泉镇双泉村的评价结果进行分析，排序靠前的指标主要为聚落空间布局、建筑高度协调性、色彩协调性等。通过数据库对相关风貌信息的筛选可以看出，影响聚落空间布局的主要风貌要素包括村落平面布局模式、水体与村落的关系、村落建筑密度、人均建设用地面积、户均宅基地面积、农业设施与建筑风貌协调度等。建筑高度协调性中主要的风貌要素为建筑高度统计分析。色彩协调性中主要的风貌要素为屋顶、墙体、门、窗、铺地、植物等颜色统计分析。这些要素构成了村落风貌信息传达的主要载体(图 6.25)。

此外，在人工建造风貌特色中，开敞空间环境、街道空间环境、历史风貌传承与保护等指标的排名比较靠后，未来发展中，村落在保留现有风貌特色的基础上需对评价结果中较差的内容进行规划提升。

(2)村落风貌塑造引导。空间建设主导型村落风貌塑造上以人工风貌为主体，充分考虑周边自然环境与地域人文特色。现阶段乡村建设中由于迁村并点的驱动方式导致一些规模较小的村落消失，对于拆并和新建的村落应延续原有村落肌理与布局结构，处理好村落与地形地貌、山、水等周边自然环境的关系，村落内建筑体量和尺度与原貌保持统一。村落的更新建造中，村落空间布局、路网结构、配套设施、开敞空间布局、建筑设计等应与旧村有机衔接，充分利用当地乡土元素，构建和谐自然的地域特色风貌。村落风貌塑造应考虑村落的经济承受能力，以满足村落居民生产生活为主。空间建设主导型村落风貌塑造框架如图 6.26 所示。

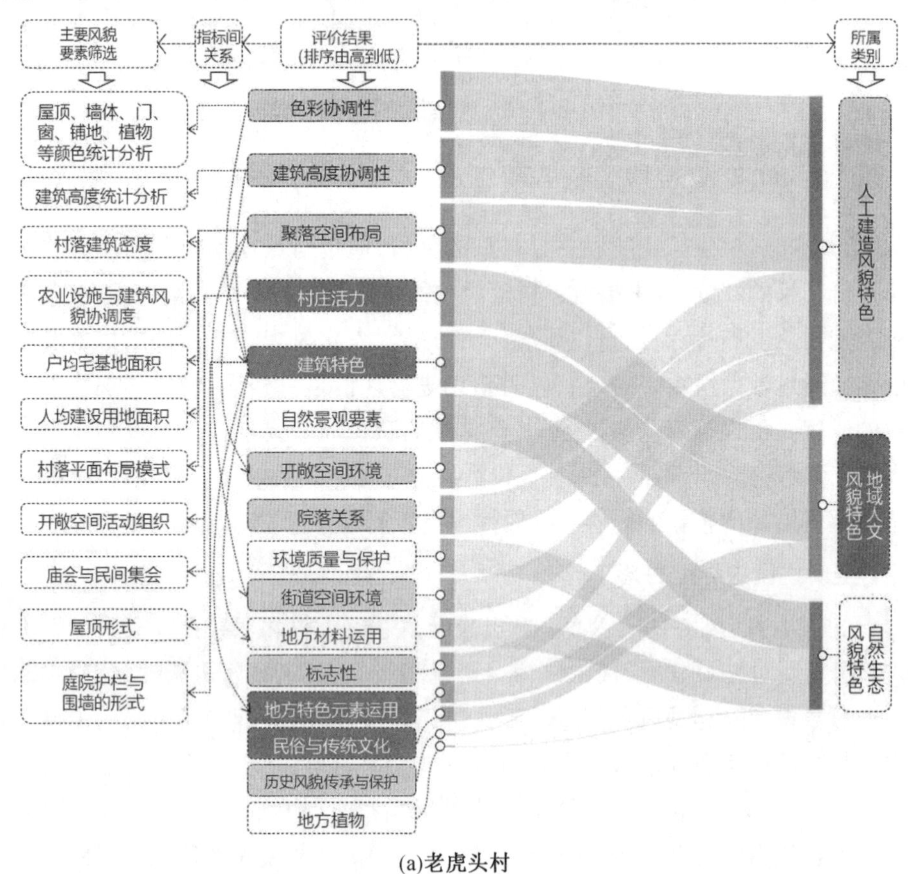

(a)老虎头村

图 6.25　空间建设主导型村落评价结果分析

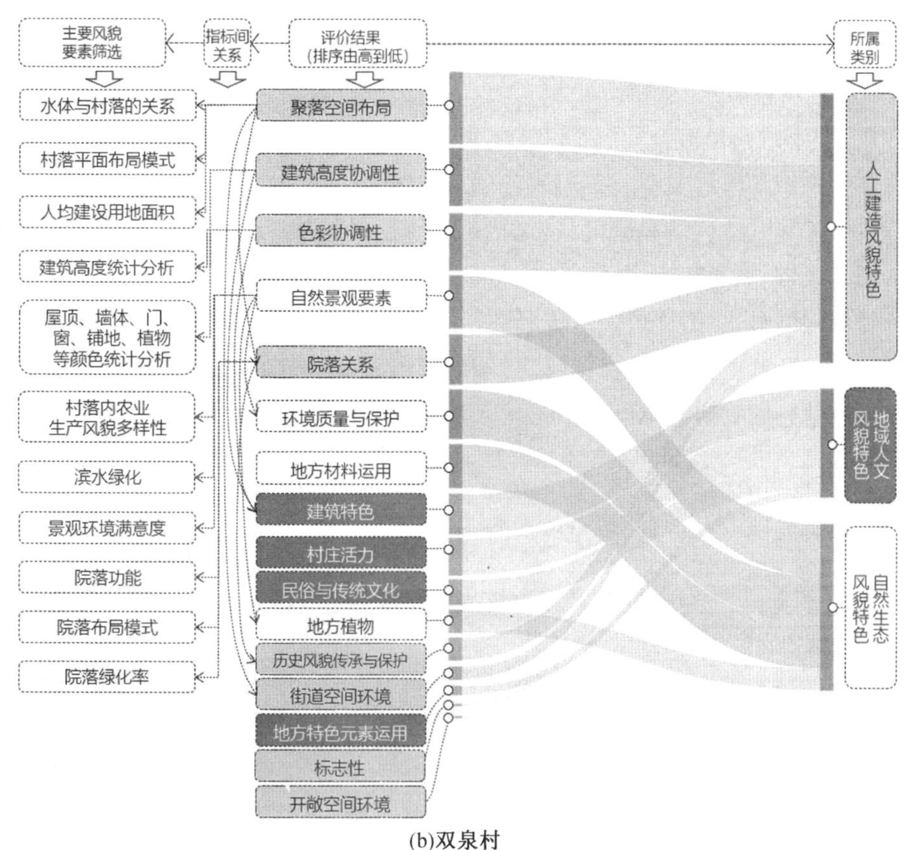

(b)双泉村

续图 6.25

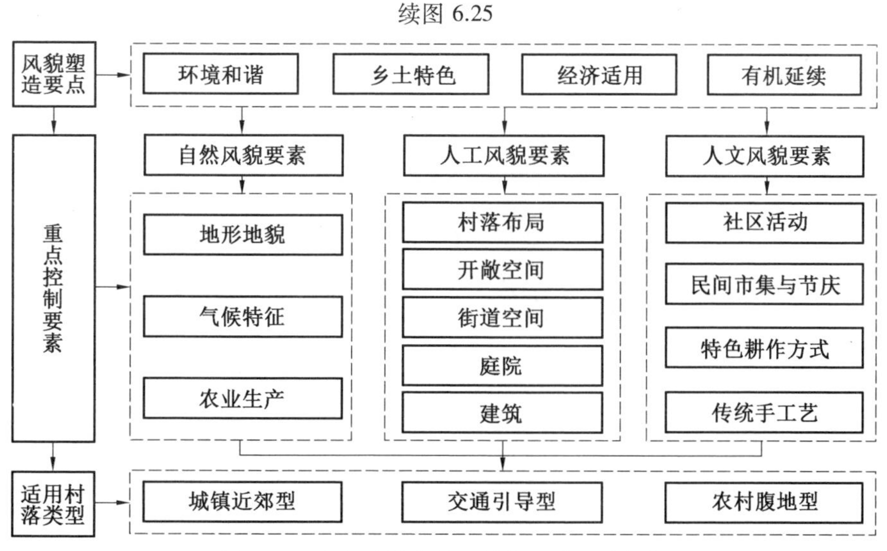

图 6.26　空间建设主导型村落风貌塑造框架

2.人文特色主导型村落

(1)典型村落风貌特征解读。察尔森镇振兴嘎查的评价结果中排序靠前的指标主要为民俗与传统文化、建筑特色等,联兴镇兴团村的评价结果中排序靠前的指标主要为地方特色元素运用、建筑特色等。民俗与传统文化中主要的风貌要素包括民族语言、民间节庆、民族服饰、民间艺术等;建筑特色中主要的风貌要素为庭院护栏与围墙形式、屋顶形式建筑风格等;地方特色元素运用中主要的风貌要素为装饰与构件。这些要素中既有表征村落地域与人文特色的风貌要素,也包含这些人文风貌信息的物质载体(图 6.27)。

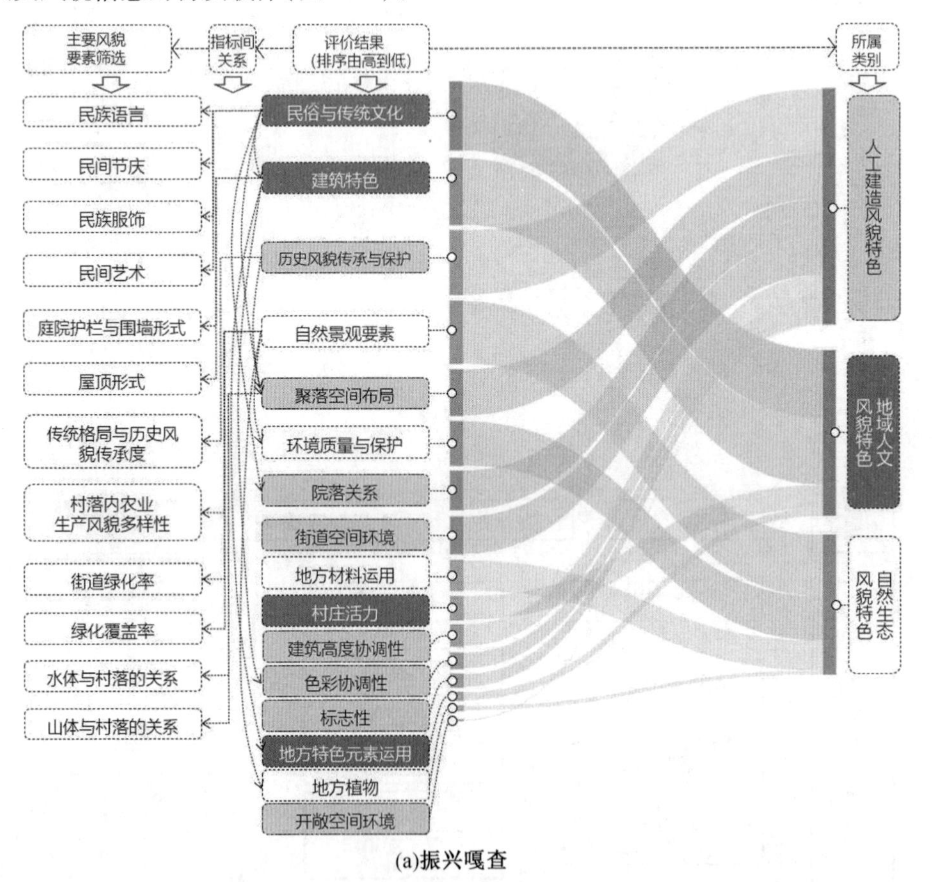

(a)振兴嘎查

图 6.27 人文特色主导型村落评价结果分析

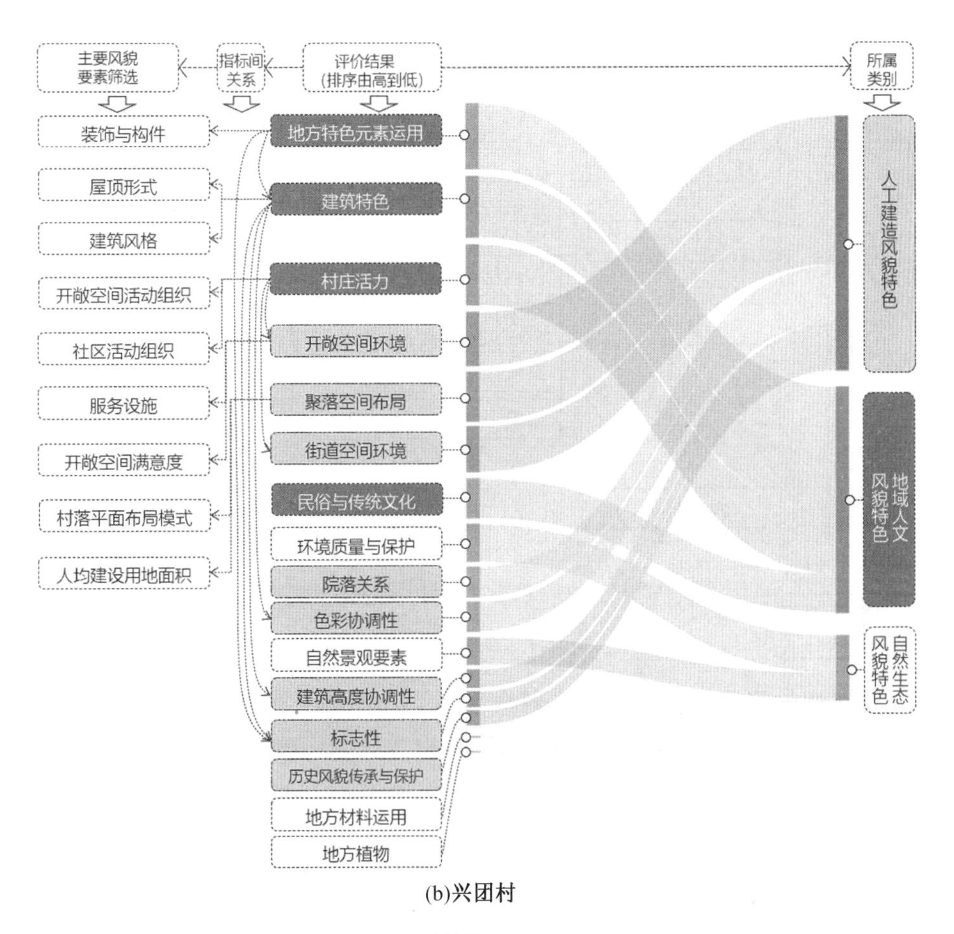

(b)兴团村

续图 6.27

(2)村落风貌塑造引导。人文特色主导型村落风貌的塑造侧重于人文要素的梳理,如村落格局、建筑、活动、服饰、图案和文化事件等,对村落人文风貌特征进行保留与延续。人文特色主导型村落一般包括传统村落、少数民族村落、历史文化村落等,尊重与保护村落的地方特色和文化遗产,延续村落民族与地域特色,对街道空间、开敞空间、宅前空间等承载居民活动的空间应成规模保留,通过改善空间环境将居民活动引入公共空间内,展现村落人文风貌特色,延续文脉;新建建筑尽可能在风格、材质、颜色上与老建筑相融合。可对人文风貌资源进行适度利用与开发,结合旅游业、文化产业增加村落经济收益,同时带动村落人文风貌的保护与风貌特色的形成。人文特色主导型村落风貌塑造框架如图 6.28 所示。

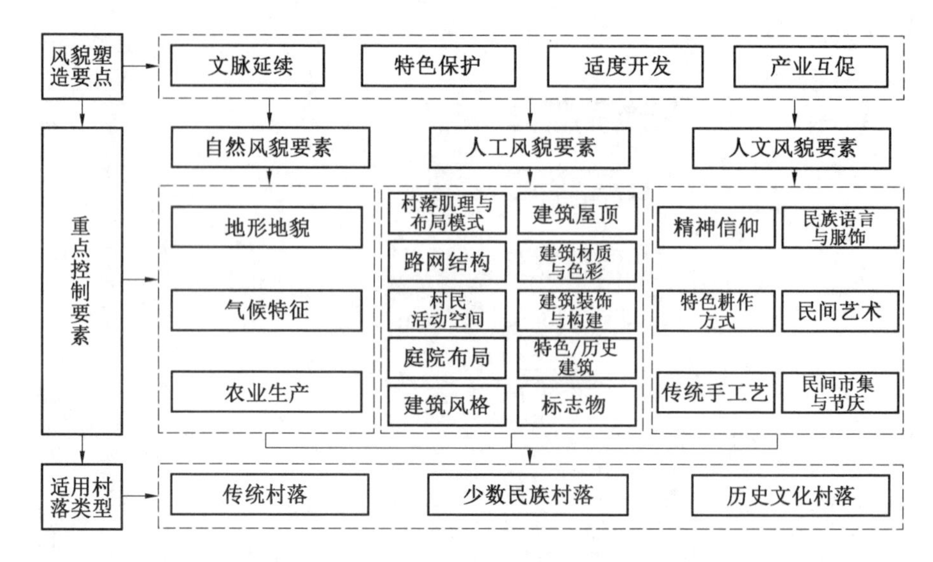

图 6.28　人文特色主导型村落风貌塑造框架

3.自然生态主导型村落

(1)典型村落风貌特征解读。对虎头镇半站村和月牙村的评价结果进行分析,排序靠前的指标主要为环境质量与保护、自然景观要素等。环境质量与保护中主要的风貌要素包括水体污染情况、植物丰富度、空气质量、村落内养殖污染处理率等;自然景观要素中主要的风貌要素为景观环境、绿化覆盖率、街道绿化率、村落内农业生产风貌多样性等;空气、水、绿化与村落居民日常生活最为密切,地方材料运用、地方植物两项的排名均不高,村落建设与景观塑造中应注重多选用本土材料与本土植物。具体如图 6.29 所示。

(2)村落风貌塑造引导。自然生态主导型村落风貌塑造主要是对山水、植被等自然要素的保护与修复,尊重原有的山水格局。应合理组织村景关系,协调村落与周边环境的关系,保留村落内的生态资源与生态廊道、延续生态基底。合理利用自然,村落的发展建设不破坏生态平衡,实现保护与发展的平衡。控制村落内开发建设强度,节约土地、节约能源、就地取材,凸显村落风貌的本真。加强自然要素特征,提高村落内绿化率。自然生态主导型村落风貌塑造框架如图 6.30 所示。

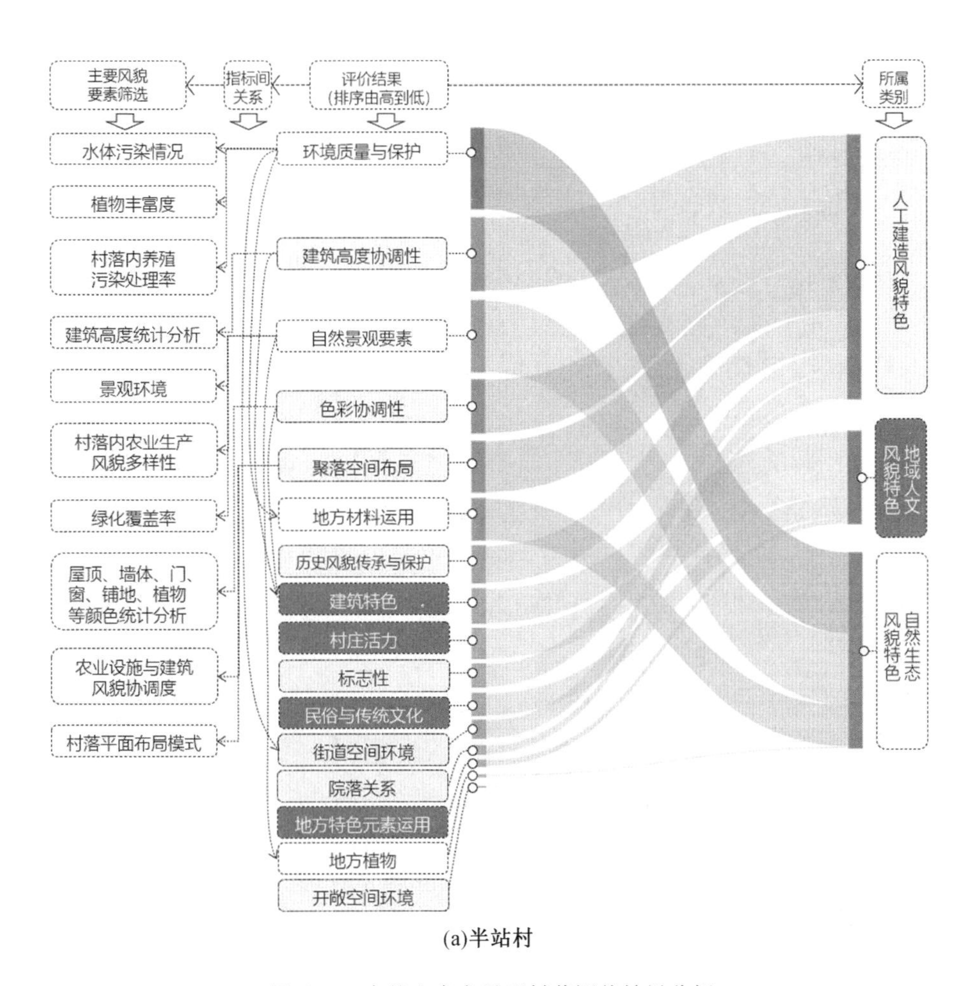

(a)半站村

图 6.29　自然生态主导型村落评价结果分析

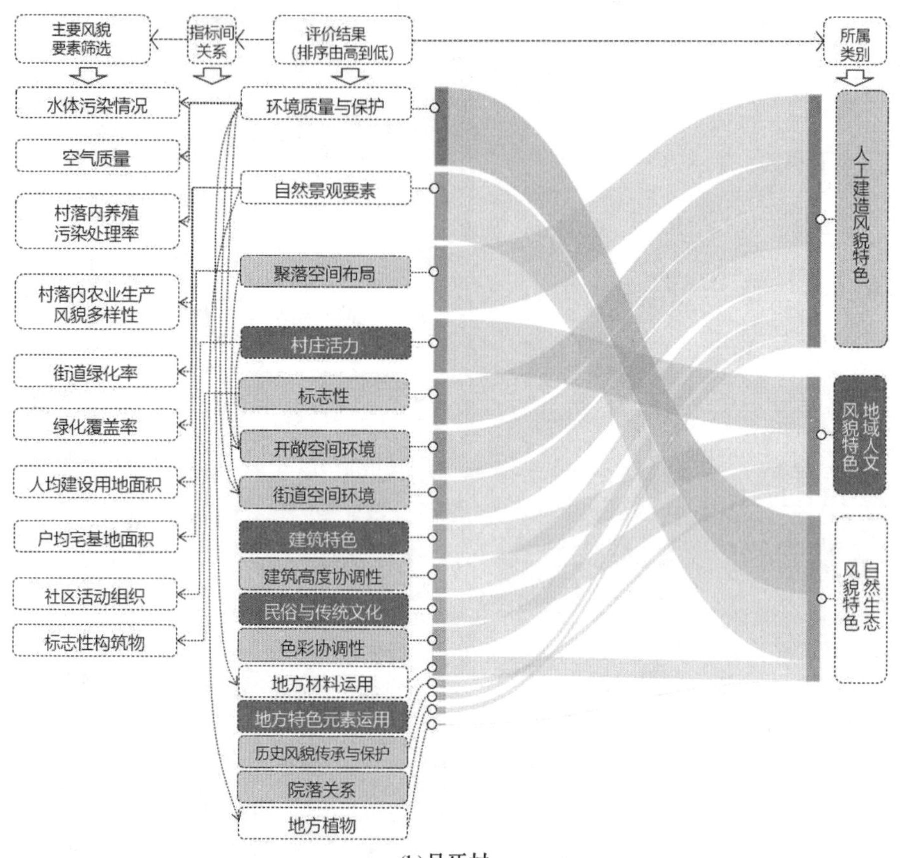

(b)月牙村

续图 6.29

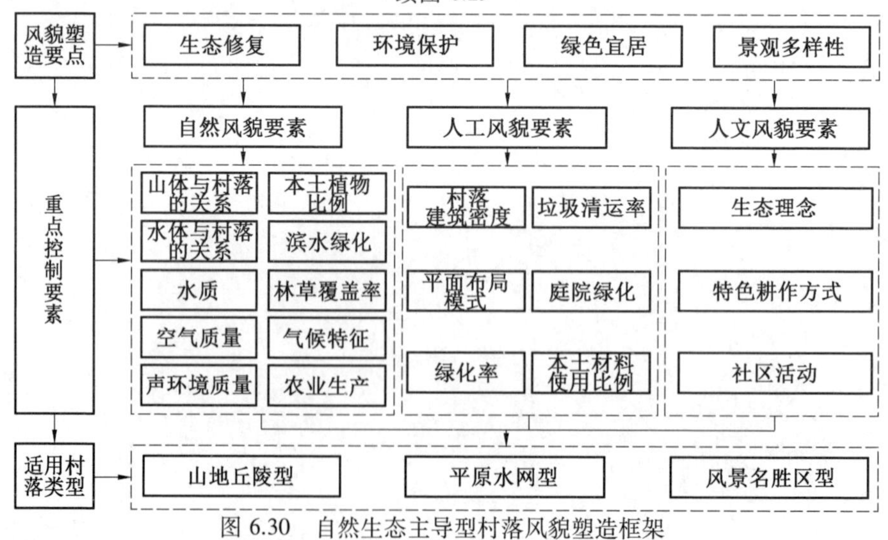

图 6.30　自然生态主导型村落风貌塑造框架

6.2.3　村落风貌子系统与各类要素特色塑造

1.村落空间布局规划策略

村落整体空间布局要在充分了解村落的历史格局、周边地理环境及气候条件、村民的生活习惯、传统文化等因素的基础上，引导村落形态朝向适度、适宜的方向发展，保护农村聚落自然生态环境，创造建立起易于识别和感知、富有当地特色的生产生活环境。通过在村落物质空间布局中融合传统文化与地方民族特色，展现当代农村乡风文明、村容整洁、生活富裕、与自然和谐发展的新面貌。

以察尔森镇振兴嘎查为例，通过对数据库中风貌现状信息的提取与评价得到分析结果，如图 6.31 所示。振兴嘎查在聚落空间布局的评价中，村落建筑密度、农业设施与建筑风貌协调度、人均建设用地面积、村落平面布局模式等方面较差；聚

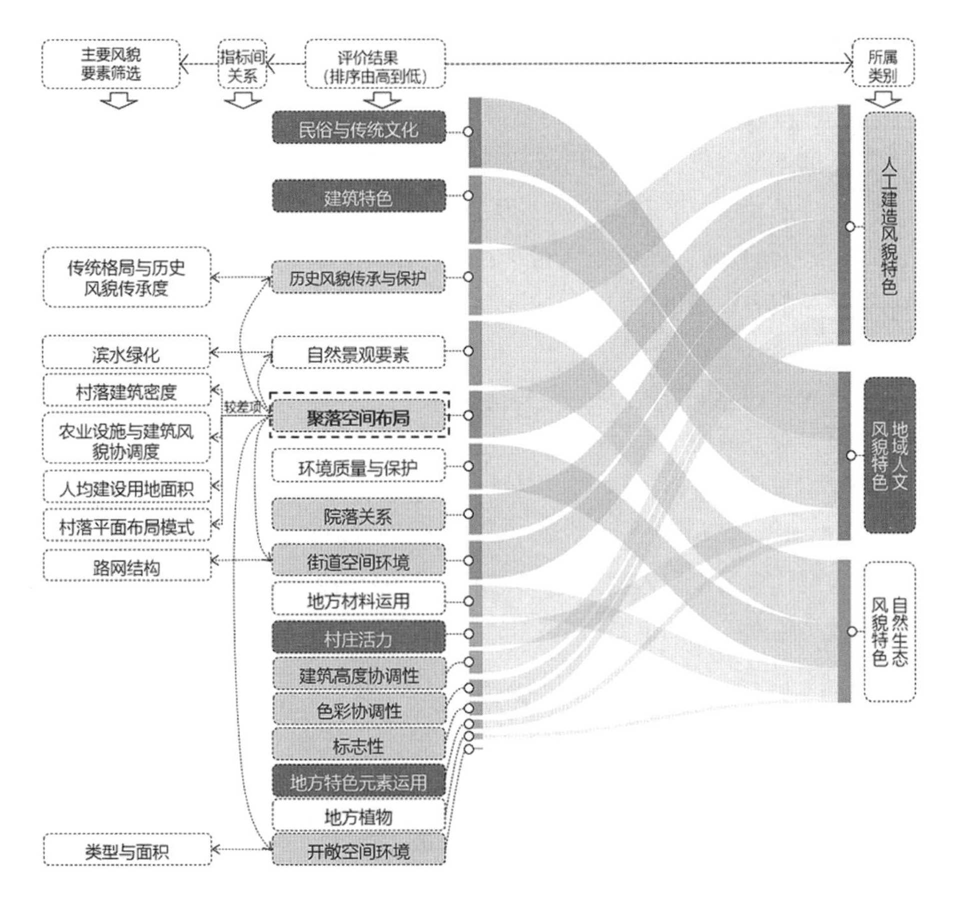

图 6.31　振兴嘎查风貌评价结果分析(空间布局)

落空间布局与自然景观要素、历史风貌传承保护、街道空间环境、开敞空间环境的关联度较高,滨水空间、村落传统格局、路网结构、开敞空间的布局等要素影响着村落空间格局的形成。

从整合评价中筛选出需要提升的风貌要素,村落在空间布局上应高效紧凑、延续肌理、结合自然环境。东北严寒地区村落通常具有清晰的脉络和典型的空间布局特征,在更新优化时,应尽量避免破坏村落肌理,合理选址,控制村落规模。在空间组织方面,村落布局与生态环境相融合,保持人与自然的平衡关系。建筑群体组合与布局在结构、形式上延续村落肌理,村落内新的建设活动既满足村落发展要求,又不破坏村落传统与原有的风貌。

(1)高效紧凑布局。村落空间布局主要包括村落与周边自然环境的关系、聚落整体结构以及聚落内部的平面布局和建筑密度等信息,是村落风貌的整体表现。结合上文对村落空间与规模的相关分析,东北严寒地区村落建设中应针对建设用地利用效率低的问题做出调整,梳理利用效率较低与闲置的土地,将用地进行整合,营造空间合理且适度紧凑的村落整体风貌意象。因此在村落规划设计中,应合理管控村落的用地规模,对村落用地进行优化,对新建设村落规模进行合理预测,保持村落合理的规模与形态,避免村落无序扩张造成资源浪费等问题。

(2)延续村落肌理。严寒地区村落在整体布局上应维护其特有肌理形态,延续聚居整体风貌的脉络,新建村落也应结合历史与地理环境,营建适宜的聚落空间特征。

村落风貌规划应从宏观上把握村落肌理特征,整体协调,根据不同的村落类型与发展建设需求采取肌理保护、肌理修复、肌理重塑等塑造模式。针对传统村落采取以肌理保护为主的策略,对肌理紊乱的状况进行适度修复,通过对村落内路网结构的保护,对建设活动进行严格控制;在修复传统空间格局的同时延续传统的生活方式并引入现代乡村生活模式,保护传统村落的原真性(图 6.32)。针对普通村落主要采取梳理路网结构的策略,调整村落规模与尺度,以满足居民需求;针对村落内建筑空间布局单一、街巷空间尺度偏大等问题,则应挖掘村落文脉特征,因地制宜,合理布局,重塑村落肌理。

(3)保护生态环境,塑造良好自然景观。东北严寒地区村落在整体布局上除了结合周边自然环境,减少对自然的影响与污染外,在宏观层面,应注重区域生态

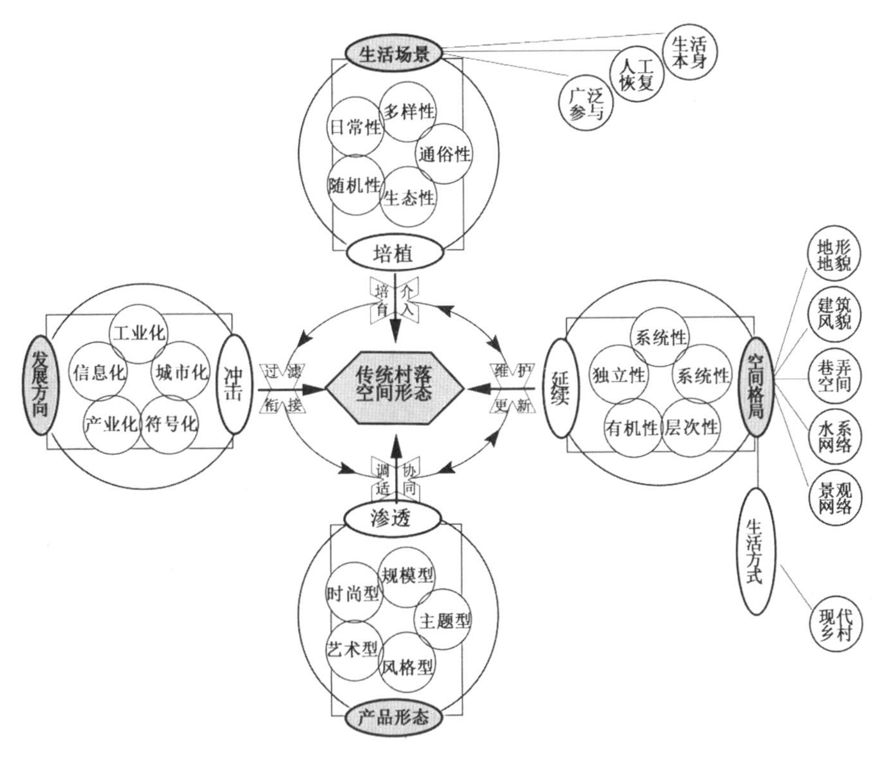

图 6.32　传统村落空间形态保护机制①

网络格局维护，对村落周边的山、水、植被等自然资源进行保护与修复，提高村落周边的自然环境质量，可将自然资源适度引入村落内，塑造良好的村落自然景观②。对村落内部的公园、街道绿化等生态空间进行整合与优化，构建完善的生态网络。此外，在村落内部还应注重对水体的修复与景观设计，美化村落环境。

因此，结合上文村落整体空间布局与风貌塑造的对策，振兴嘎查在未来风貌规划与建设中首先要注重村落内部空间与水系、农业用地等自然空间的有机结合，满足生活与生产需要，改善整体环境。其次要根据村落原有肌理、居民生活习惯，梳理道路系统、完善开敞空间系统，对滨水环境进行整治，完善河岸绿化。

2.街道空间风貌规划策略

(1)控制街道尺度。街道整体上要保存并延续路网结构，建立等级明确的道

---

①　袁青，胡学慧. 辽西朝阳县山区传统村落的保护与利用策略[C]// 中国城市规划学会. 规划 60 年：成就与挑战——2016 中国城市规划年会论文集(15 乡村规划). 北京：中国建筑工业出版社：1-14.

②　彭震伟，王云才，高璟. 生态敏感地区的村庄发展策略与规划研究[J]. 城市规划学刊，2013(3)：7-14.

路系统。在此基础上，针对东北严寒地区村落内建筑布局分散、街道空间围合感弱、过于空旷的问题，加强对街巷宽度和宅基地规模的规划控制与引导，塑造宜人的街道尺度与空间比例关系。街道空间的围合面由街道底界面和庭院围墙、建筑外墙等侧界面构成，因此建筑、院墙的高度与间距是影响街道空间尺度和空间感受的重要因素。街道空间的比例关系会带来不同的空间感受，适宜的高宽比会营造舒适宜人的空间感受，高宽比过大或过小会造成压抑与空旷的感觉。结合东北严寒地区气候条件与空间感受，街道高宽比在 1/3~1/2 最合适。

此外，可利用庭院围墙、行道树等要素来调节街道尺度感。受高宽比的要求的限制，围墙的高度宜为 1.5 m 左右，此高度既可以对街道空间进行围合限定，又不会遮挡视线。围墙高度过低，对街道空间的围合界定较弱，空间感受较弱；围墙高度过高，对人的视线进行遮挡，使人无法感知到庭院内与建筑风貌要素，容易造成封闭的感觉。此外，不同围墙的材质所塑造的空间围合感受也不同，通过对围墙材质的选择，改变围墙的通透性，从而控制街道的围合感。砖石等材料较封闭，适合用在交通性为主的村落主要道路两侧；木材、金属栅栏等较通透的材料适合用在村落宅间道路两侧，可促进邻里之间的交流。过于空旷的街道可以通过行道树进行空间划分，选用杨树、榆树等高大乔木和低矮灌木作为行道树，丰富街道的空间内容①（图 6.33）。

(a) 高大乔木对空间调节的效果

(b) 低矮灌木对空间调节的效果

图 6.33　行道树对街道空间尺度的调节②

（2）塑造街道界面。街道界面塑造主要为对底界面与侧界面的控制。底界面为人在街道空间中直接接触的界面，因此街道铺装的材质与色彩会影响人的直观感受。村落道路底界面功能整体上以改善路面情况、提高道路整洁度为主，因此，一方面应提高道路的硬化率，减少路面灰尘，塑造优美的街道环境；另一方面道路

① 袁青，戴余庆. 东北地区传统村落街巷风貌特色及保护更新研究[C]// 中国城市规划学会. 持续发展 理性规划——2017 中国城市规划年会论文集（18 乡村规划）. 北京：中国建筑工业出版社，2017:13.

② 袁青，戴余庆. 东北地区传统村落街巷风貌特色及保护更新研究[C]// 中国城市规划学会. 持续发展 理性规划——2017 中国城市规划年会论文集（18 乡村规划）. 北京：中国建筑工业出版社，2017:13.

铺装上应优先使用地方特色材料，如石板、鹅卵石等，与周围环境、建筑取得良好协调效果。村落主要道路与次要道路以水泥硬化为主，满足交通要求。宅间道路以生活性功能为主，可结合地方材料局部采用鹅卵石、火山石等材料，增加村落风貌的地域特色。

侧界面主要为院墙界面与沿街建筑立面。院墙界面由围墙和院门两部分构成，从上文中分析可知不同材质会形成不同的空间围合感受。此外，石材、木材、土坯等地方材料的运用可以与地域环境较好结合，并在此基础上适度使用新材料。沿街建筑立面除通过材质、色彩、图案的组合进行塑造，获得街巷侧界面的连续和统一之外，更重要的是其包含地域和民族特色的元素。例如，东北严寒地区满族传统村落内街道两侧的"跨海烟囱"造型独特，形成了具有地域特色的街巷风貌（图 6.34）。

图 6.34　满族传统村落街巷侧界面地域特色风貌示意图①

（3）完善绿化与基础设施。东北严寒地区村落街道绿化缺乏，应针对不同的街道空间特征，布置点状、线状、面状等不同形式的绿化。点状绿化以村落内现有的名木古树保护为主，对周边环境进行营造，搭配灌木、花草等植物。线状绿化以行道树为主，选择适宜严寒地区生长的树种，以线状绿化为框架，搭建村落绿化网络。面状绿化可利用村落内闲置的空地，或对宅基地进行整理紧缩出的土地布置绿地。此外结合村落内居民的实际需求，通过蔬菜种植以形成菜地，在增加村落绿化的同时丰富了村落景观。

增加路面硬化与亮化的比率，完善垃圾箱、座椅等街道家具的配置，按照居民农宅布局与规范要求于街道两侧布置垃圾收集点，村内配置环卫人员对垃圾收集点进行统一清理。在保证街道交通通行的前提下，适当选用透水材料作为路面铺装材料，提高街道底界面的透水率。对街道进行专项设计，对街道空间内空间比例关系，围合界面的形式、材质、高度、颜色等进行设计与引导。

---

① 袁青，戴余庆. 东北地区传统村落街巷风貌特色及保护更新研究［C］// 中国城市规划学会、东莞市人民政府. 持续发展 理性规划——2017 中国城市规划年会论文集（18 乡村规划）. 北京：中国城市规划学会、东莞市人民政府：225-237.

例如,红石砬子镇小红石村街道空间塑造中,根据数据库系统分析结果(图6.35),街道空间内高宽比、垃圾箱服务半径、街道座椅分布、硬化率、亮化率等方面较差;街道空间环境和自然景观要素、建筑特色、环境质量与保护中的街道绿化率、庭院护栏与围墙的形式、街道垃圾清运率相关。根据小红石村不同等级道路的现状情况与空间塑造要求,结合数据库系统的分析结果,主要从街道绿化、空间围合感受、硬化及街道设施配置情况等方面提出优化策略。次要街道空间承担交通功能的同时,更多的是作为村民交流、集散的场所以体现其生活功能。塑造街道空间时应于街边与宅前合理布置休息与健身设施;对街道两侧随意堆放的柴草进行整治,合理布置堆放场地,释放街道空间;完善街道基础设施与路面硬化。对于宅间道路,可通过庭院围墙来界定曲折多变的空间,塑造良好的街道空间感受,完善街道绿化。小红石村街道空间塑造如图6.36所示。

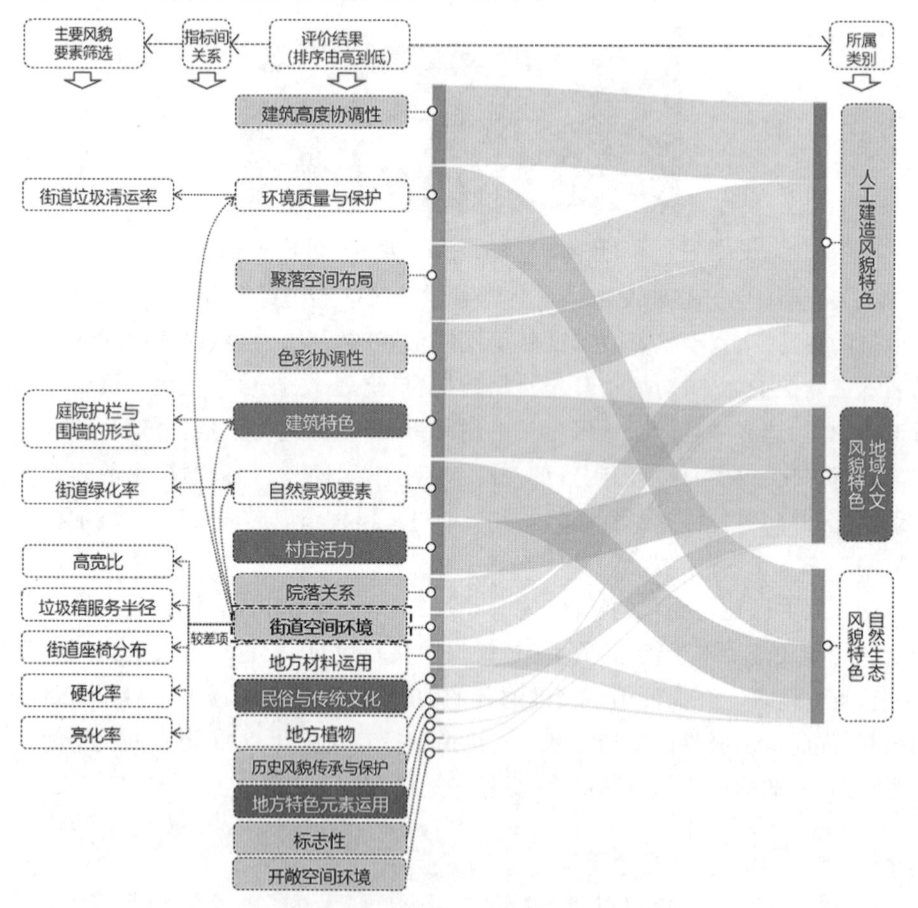

图6.35 小红石村风貌评价结果分析(街道空间)

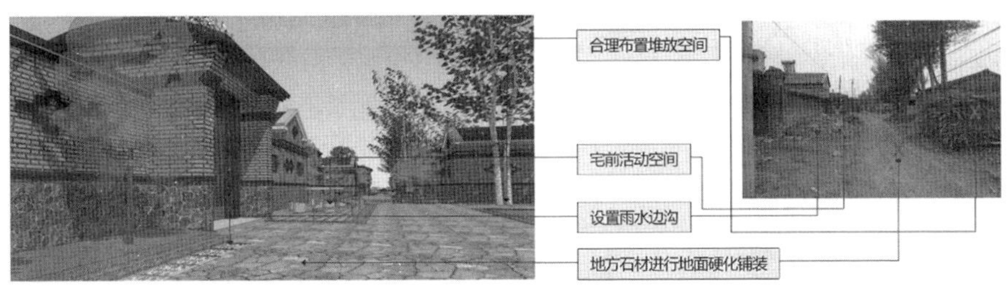

(a) 次要道路空间塑造

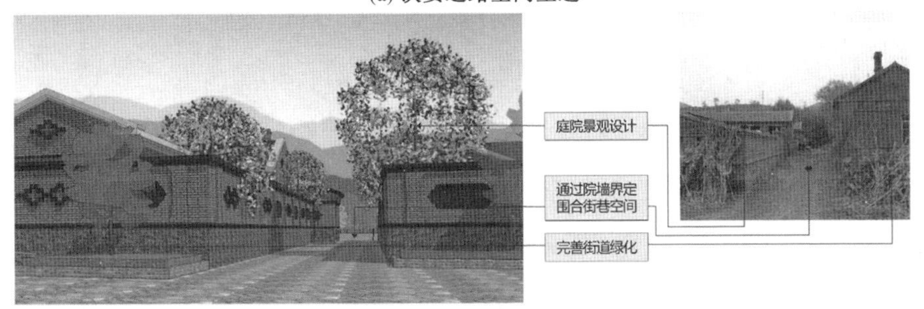

(b) 宅间道路空间塑造

图 6.36　小红石村街道空间塑造

3.开敞空间风貌规划策略

合理的广场布局与尺度,不仅有利于广场内活动的组织,并且通过适当的围合,可以抵御冬季寒风,营造良好的户外环境。例如,虎头镇半站村开敞空间评价中,开敞空间高宽比、服务设施、类型与面积等方面较差;开敞空间环境和民俗与传统文化、村庄活力、聚落空间布局的民间节庆、开敞空间活动组织、村落平面布局模式相关(图 6.37)。因此,开敞空间的布置要在尊重、延续村落肌理的基础上,进行空间的有机更新,合理地组织日常活动,提升集聚功能;为农村居民交往、休憩等休闲活动提供空间,也为粮食的晾晒等生活活动提供空间。开敞空间是村落地域与民族文化集中展现的空间载体,在为节庆活动与日常生活事件提供场所时,这些活动也充实了村落空间的文化内涵。

(1)合理组织层次序列,优化空间格局。开敞空间因尺度与围合程度的变化形成了从开敞到封闭的不同空间感受。村落内的开敞空间是农村居民日常闲暇进行交往活动的空间场所,常布置于基础设施与公共服务设施周围①,主要包括广场、公园、运动场、街口、宅前等区域。其中宅前、街口的活动空间属于村民自发性开敞空间;广场、公园等为引导性开敞空间,是有组织有目的地建设的空间。开敞

① 武启祥,韩林飞,朱连奇,等. 江西婺源古村落空间布局探析[J]. 规划师,2010(4):84-89.

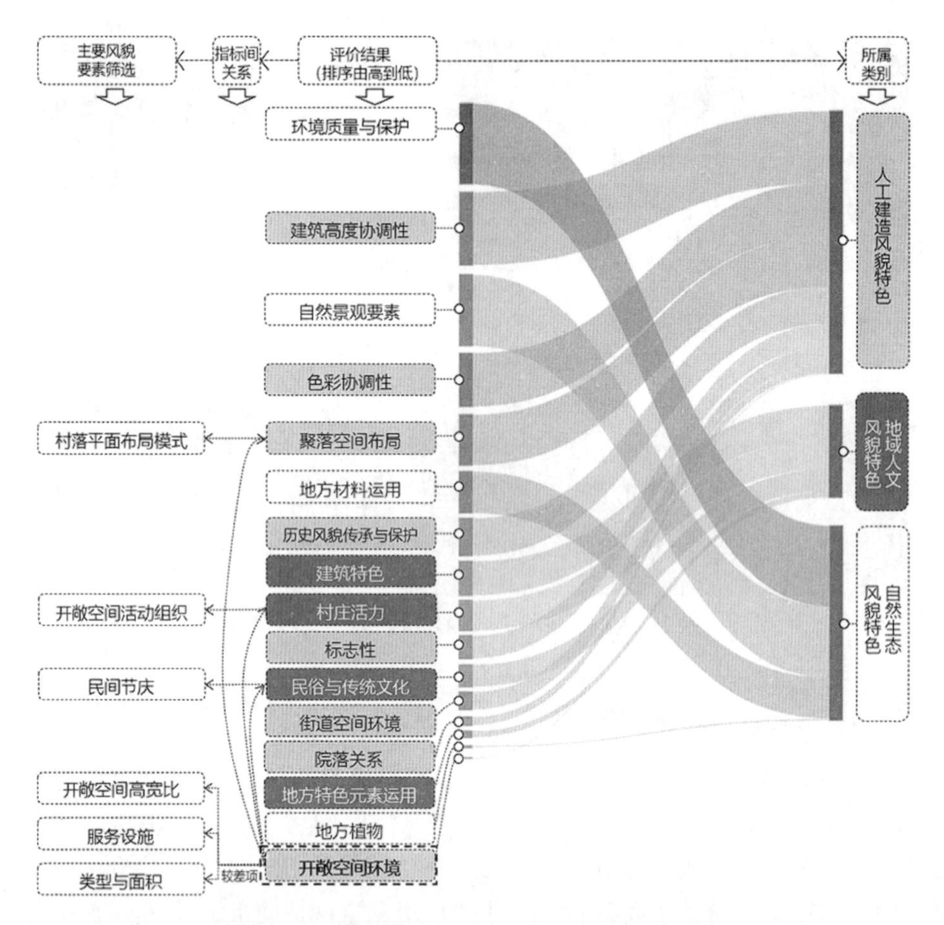

图 6.37　半站村风貌评价结果分析(开敞空间)

空间序列中以引导性开敞空间为核心,通过各种内在的功能关系将半开敞半封闭空间与封闭空间有序地组织起来(图 6.38),满足多种功能需求的同时与村落环境积极融合。

因此布局合理、尺度宜人、活动丰富的开敞空间可营造和谐的村落氛围,促进村民的日常交往,提升村落活力,展现村落精神面貌。作为公共活动的载体,开敞空间的设计与布局要结合居民的使用行为习惯,以人性化尺度为出发点,针对不同使用需求塑造尺度合理的开敞空间。如村落内中心广场的空间尺度宜开阔,满足村落集会、粮食晾晒等需求;以健身、休闲功能为主的街头广场、绿地可以设计成小尺度空间,便于活动的展开且有一定的私密性。在确定开敞空间的合理规模基础上,对开敞空间进行围合限定的侧界面在风貌规划中应给予引导与控制。周边建筑高度与开敞空间的比例关系直接影响居民的视觉与使用感受,东北严寒地区村落内建筑以一层为主,部分村落的居委会、活动中心等公共建筑为两层,因此村落

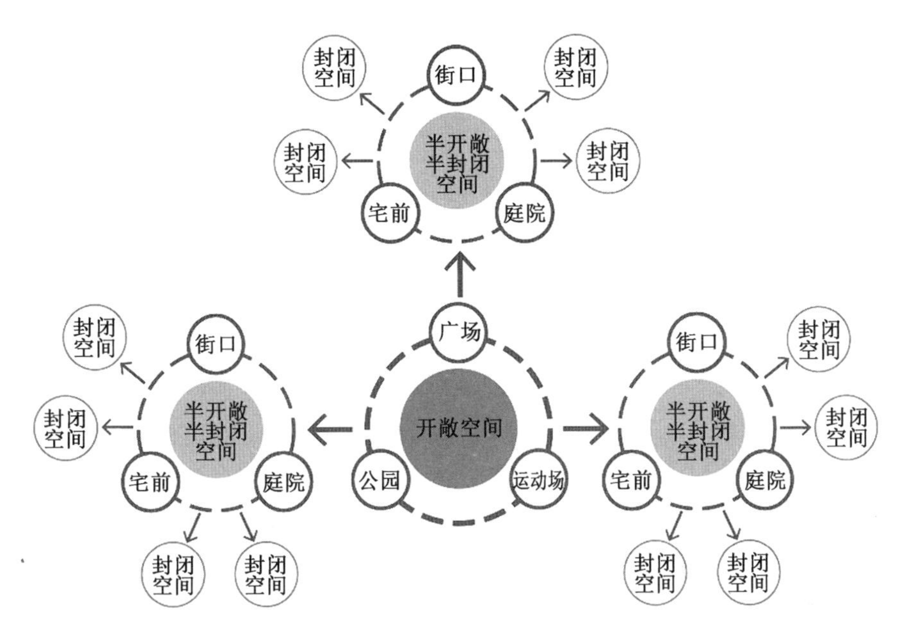

图 6.38　开敞空间层次序列

内建筑高度基本为 5~10 m。开敞空间需考虑周边建筑高度来确定尺度，根据人能看清对方脸的最大距离为 20~25 m，小型广场的规模可确定在 25 m 之内，满足居民交往活动的需求。对于尺度较大的广场可以通过铺装、绿化、高差上的变化将空间进行划分，根据使用需求划定不同的区域以削弱空间的单调感与空旷感，促进广场内人与人之间的交往①。

(2)还原生活空间节点，提高空间活力。村落开敞空间具有多重实用功能，居民在这里进行交谈、休憩等活动，是居民日常生活中使用频率较高的重要场所。开敞空间在承载了村落居民日常活动的同时，也承载了使开敞空间具有活力的居民记忆，因此对这类空间应采取保留或还原的方式进行空间格局优化引导(图 6.39)，对村落传统习俗、节庆活动、邻里交往等进行保护与传承。对村落居民日常活动的轨迹与节点进行调查研究，在延续村落空间肌理与形态的基础上，拓展村民日常交往活动最密集的空间节点，保留村民日常活动的路径②，塑造良好的空间与景观环境。

另一方面从居民的使用需求入手，开敞空间应具有吸引力、布局合理，使居民可以方便到达③。在风貌规划中将不同尺度与规模的开敞空间统筹设计，形成开

① 芦原义信. 外部空间设计[M]. 尹培桐，译. 北京：中国建筑工业出版社，1985.

② 葛丹东，童磊，吴宁，等. 营建“和美乡村”——传统性与现代性并重视角下江南地域乡村规划建设策略研究[J]. 城市规划，2014，38(10)：59-66.

③ 陈铭，陆俊才. 村庄空间的复合型特征与适应性重构方法探讨[J]. 规划师，2010(11)：44-48.

敞空间体系，增强不同空间之间的联系，使村民可以快速到达开敞空间。将村落内广场、绿地等开敞空间与村民生活路径相整合，丰富开敞空间内绿化与服务设施，建立村落内开敞空间的中心节点与主要轴线，实现优化村落布局、提升村落活力、丰富村落文化内涵的目的。虎头镇半站村开敞空间塑造如图 6.40 所示。

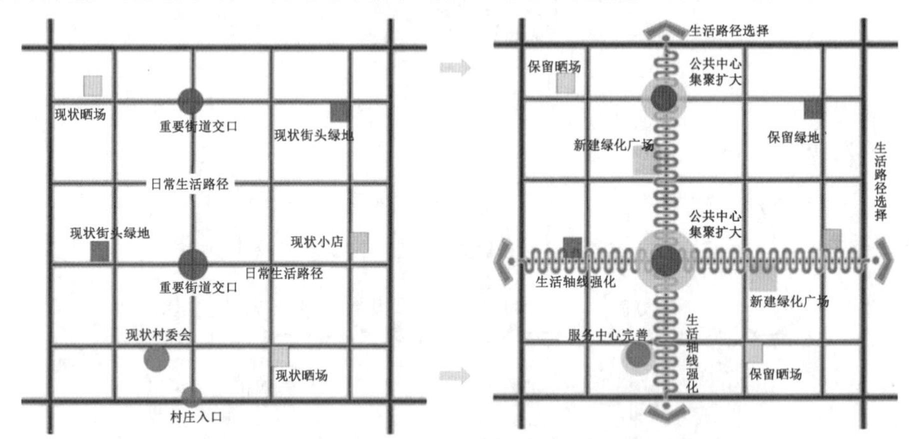

图 6.39　村庄空间格局优化引导①

图 6.40　虎头镇半站村开敞空间塑造

4.庭院风貌特色塑造

庭院是村民居住、生活和从事家庭副业生产的场所，具有生活和生产两种功

① 王涛，程文. 严寒地区村庄空间特征及其优化策略[J]. 规划师，2015，31(6)：86-90.

能。对庭院空间合理布局、优化庭院功能、提高庭院利用效率、塑造良好的庭院风貌不仅可以满足村民日常使用需求，还对东北严寒地区农村宅基地面积的控制与紧缩具有积极的意义。例如，虎头镇月牙村庭院评价中（图 6.41），院落在功能、布局模式、绿化率等方面较差；庭院空间和聚落空间布局、建筑特色、地方材料运用中的户均宅基地面积、庭院护栏与围墙的形式、地方材料比例（护栏、围墙、门、铺地等）相关。可见，东北严寒地区庭院风貌特色塑造可从空间功能与布局及界面设计优化、提高庭院利用率等方面展开。

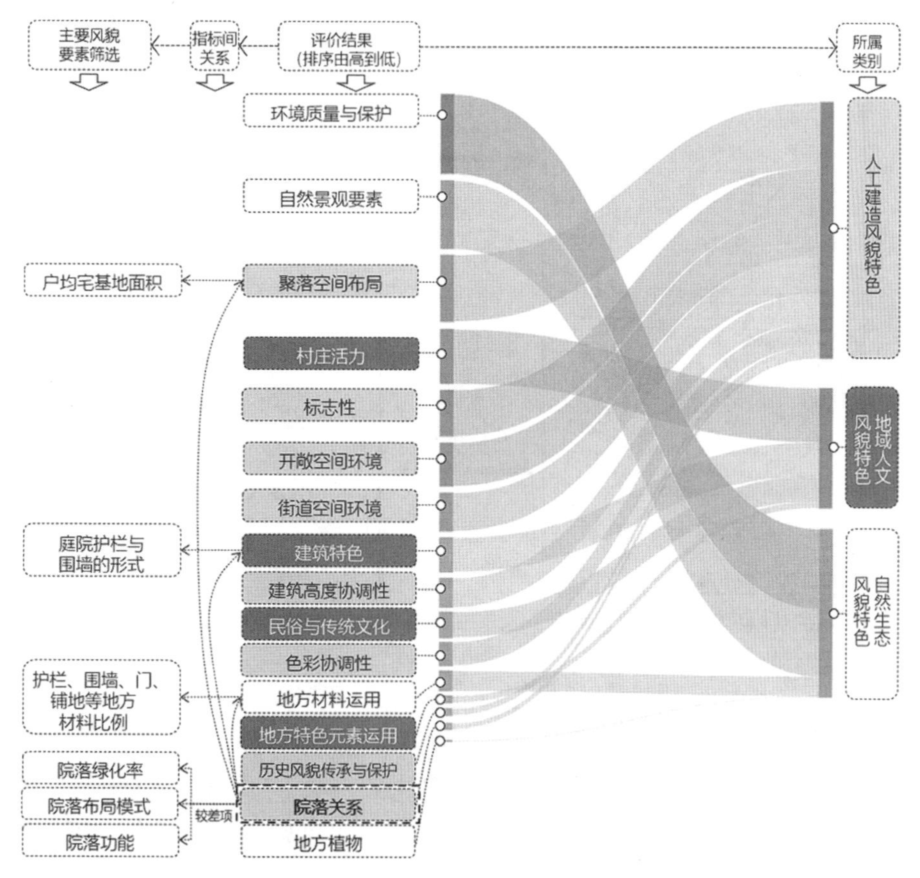

图 6.41　月牙村风貌评价结果分析（庭院）

（1）优化空间布局，完善庭院功能。基于村落人居环境建设与居民生活需求，优化庭院内部空间与功能布局。东北严寒地区庭院内生活与生产空间存在使用混乱的情况，应对空间布局与流线进行合理划分，实现人畜分离。将庭院内部的养殖圈舍布置在当地常年主导风向的下风向方位并且远离住宅居室，可考虑与室外旱厕相邻布置，以便对粪便进行统一收集处理。考虑未来农村家庭机动车保有量增长的趋势,结合农机的停放,在庭院出入口位置布置停车空间。另一方面,在东北严寒地区农业规模化与现代化的发展中,村落内部的种植、养殖、粮食晾晒与堆放等逐步迁出至村落外围,村落内部以居住生活为主,置换出来的空间进行合理利用与优化布局,塑造良好的居住环境,使村落紧凑化发展。在村落外围形成蔬菜与花卉种植园、家禽养殖区以及粮食、农机、秸秆等堆放区,为村落环境整治提供便利(图 6.42)。

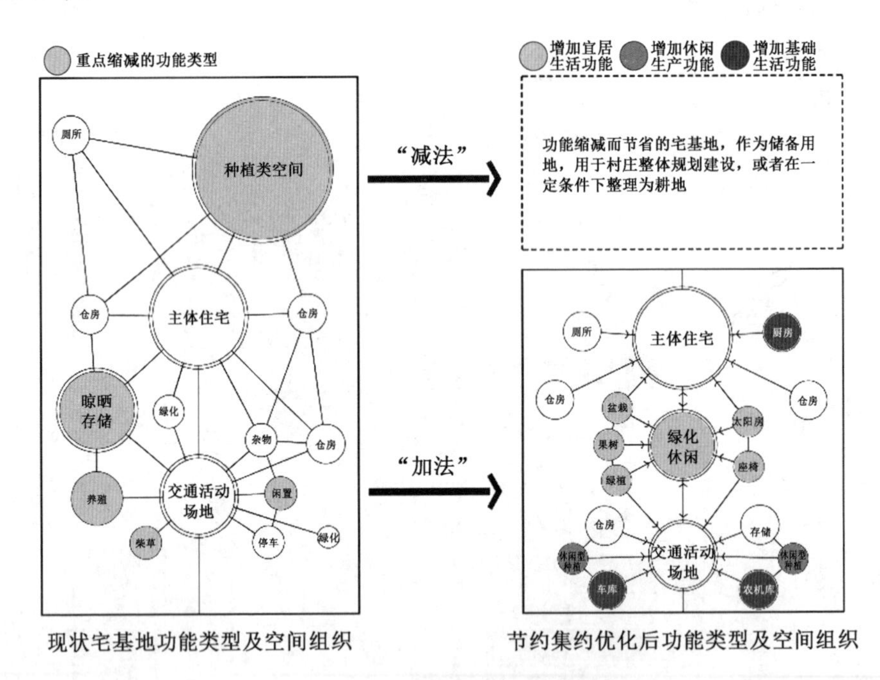

图 6.42　宅基地功能类型与空间组织优化①

(2)优化界面设计,增加绿化配置。院墙与护栏不仅是庭院的围合界面,也对街道空间起到限定的作用。对院墙与护栏的材质、颜色、高度的设计不仅可以塑造不同的庭院与街道空间感受,还可以形成独特的村落风貌。例如,双泉镇宝泉村风貌评价结果中,建筑特色这一项排在首位,其中最主要的风貌要素是庭院护栏与围墙的形式;建筑特色又与色彩协调性、地方材料运用等相关联(图 6.43)。宝泉村位于五大连池火山脚下,村落内庭院围墙采用大量的火山石砌筑,在色彩上呈现出以灰色与褐色为主的风貌意象(图 6.44)。院门为庭院的第一视觉要素,在设计时应

① 王涛,程文,赵天宇. 新时期严寒地区农户宅基地节约集约利用研究[J]. 建筑学报,2016(A2):60-66.

结合地域特色，综合考虑与院墙的高度比例关系和二者的材质对比，形成秩序统一并具有美感的围合界面。

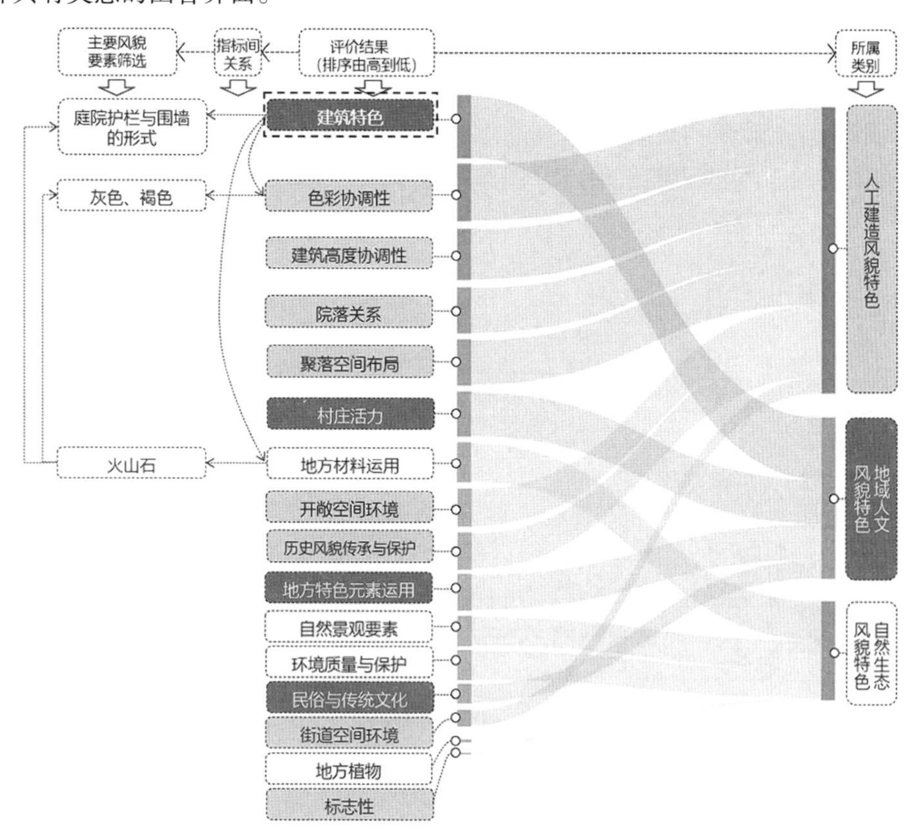

图 6.43　宝泉村风貌评价结果分析（庭院）

图 6.44　宝泉村内由火山石堆砌的围墙

通过增加庭院绿化配植,不仅可以美化庭院内部环境,还可以有效调控庭院内部的物理环境。在进行庭院绿化设计时,应对农作物种植区域与花草树木种植区域合理搭配。如在庭院内冬季主导风向上种植高大的乔木,对寒风形成阻挡作用;在庭院南侧可选择低矮的落叶乔木,不影响采光、视线的同时夏季可起到遮阳的作用。此外,结合庭院周边的环境,在靠近村落主要道路、次要道路一侧种植落叶乔木,可对交通噪声起到阻挡的作用(图 6.45)。

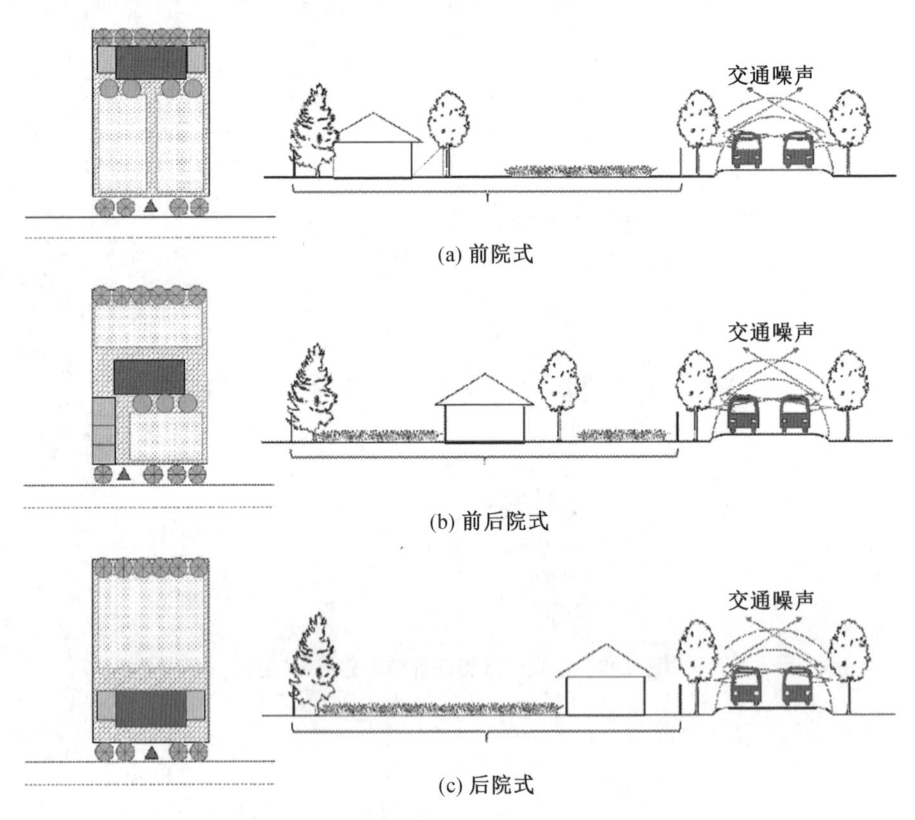

图 6.45　不同院落布局形式的绿化设计①

(3)提高利用率,引导庭院建设。对庭院空间的集约利用可以有效解决上文中村落布局分散、街道空间空旷等问题。庭院空间功能混杂,在引导庭院建设时要注意对不同功能进行合理布局,满足居民生产生活需求,减少对居民生活的影响。此外,庭院空间作为居民私密空间与村落公共空间的过渡空间,要做好庭院空间与街道空间的衔接。庭院空间布局的面积、形态、建筑应与周边庭院和道路在风貌上

① 张欣宇. 东北严寒地区村庄物理环境优化设计研究[D]. 哈尔滨:哈尔滨工业大学,2017.

协调统一。对庭院功能的优化可将闲置空间与堆放、种植、活动空间及附属建筑进行整合，循序渐进地将庭院中部分功能疏解出来。针对荒废的庭院可以先借助土地流转的方式，将其置换出来，获得重新使用的权利。将置换出的庭院场地与建筑更新改造为公共活动空间，实现对庭院长期荒废造成的杂草丛生、垃圾成堆现象的治理，改善村落风貌与生态环境。

对于庭院的紧缩要采取政府引导的方式，借助公众参与的手段，充分尊重和听取居民意见，提供庭院建设方案，用直观和通俗的图示与语言来引导庭院建设（图 6.46）。东北严寒地区村落内庭院的布置方式以南北向为主，200～250 m^2 的庭院布局紧凑，可以满足东北严寒地区农村节地发展的需要。庭院内以住宅建筑为主体，养殖禽畜棚舍、仓房、室外旱厕等附属建筑位于庭院西北侧，将车库布置于庭院内西南侧，有利于对冬季寒风进行阻挡防护，形成较好的庭院小气候，利于冬季保温。将蔬菜、花卉等种植区域布置于庭院内南侧，可以充分接收阳光，有利于植物的生长。对庭院内的功能分区与流线进行合理组织，将养殖与生活区域分开，营造健康、舒适的庭院空间环境。

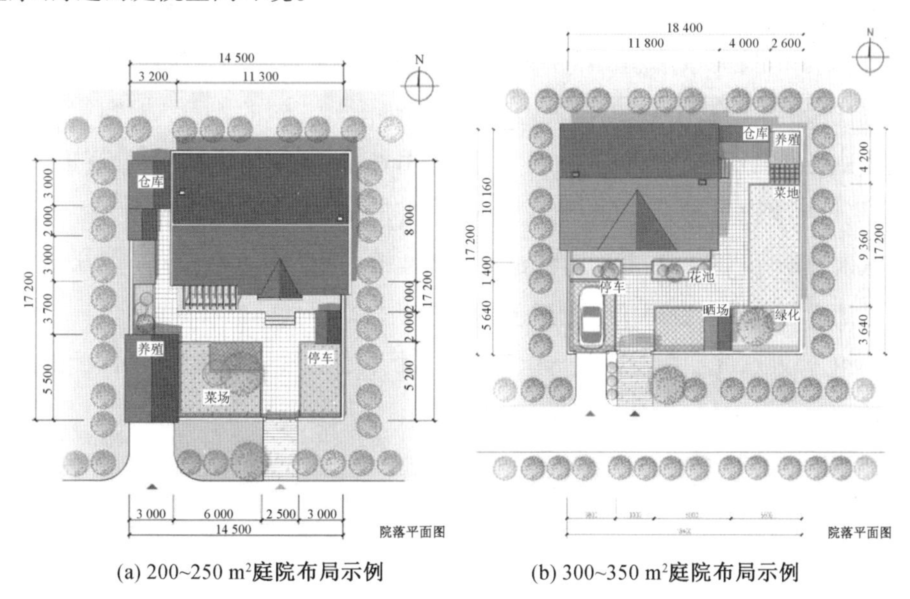

(a) 200~250 m^2**庭院布局示例**　　(b) 300~350 m^2**庭院布局示例**

图 6.46　庭院建设引导示意（单位：mm）①

① 程文，赵天宇，马晨光. 严寒地区村镇绿色建筑图集［M］. 哈尔滨：哈尔滨工业大学出版社，2015.

300~350 m^2 的庭院规模适宜,具有更多、更灵活的空间。庭院内空间通常划分为前院与侧院,前院主要为生活区域,包括休闲交往活动、停车、绿化、晾晒等空间;侧院以生产与辅助区域为主,包括种植、养殖、储物等空间。庭院布置与设计以农村居民日常使用需求为主,将种植空间与养殖空间临近布置,形成生态微循环系统。庭院外围设置景观与绿化空间,在美化庭院环境的同时利于地下水的涵养,同时通过庭院内不同绿化景观的变化塑造优美、丰富的村落风貌。

5.建筑风貌特色塑造

村落建筑风貌是体现村落地域与民族特色、历史文化等人文风貌重要的物质载体。对建筑风格、造型、材质、色彩、构件等建筑风貌要素的控制与引导是塑造风貌特色、体现村落个性的重要手段。因此,对东北严寒地区村落风貌特色塑造,需结合村落自然与人文环境,突出村落建筑特色。

在对农宅的规划设计中,结合东北严寒地区农宅建设的模式,设计人员应在对村落建筑文化与现状充分调研的基础上,提出多种方案供村民选择。此外,对禽畜棚、仓房、室外旱厕等附属建筑的风格与形式进行引导,与主体建筑相协调,可在满足村民使用需求的基础上,以模块化的形式指导附属建筑的建设。对建筑风貌特色的塑造可针对不同风貌要素提出不同的引导模式,如对建筑造型、屋顶形式、材料、风格等要素以控制为主,对颜色、装饰图案、装饰构件等要素以引导为主。

选取数据库内不同民族村落的建筑风貌数据进行总体评价分析(图 6.47),各村落中地方特色元素在建筑上的运用普遍较差,青泉村、岭航村建筑风格、屋顶形式两项得分较低,光明村内建筑传承了朝鲜族特有的合阁式屋顶形式,因此这两项得分较高。

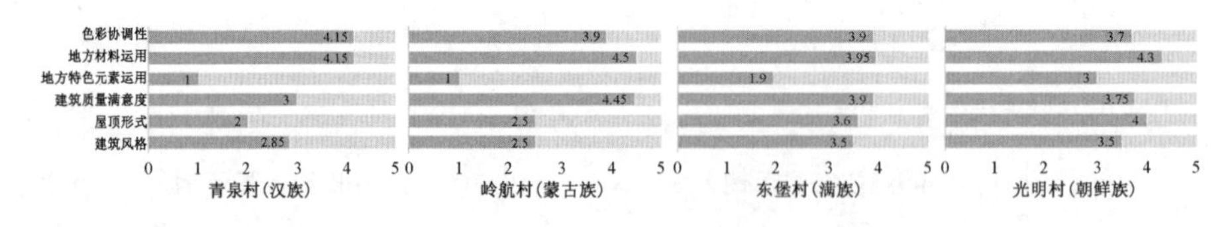

图 6.47　不同民族村落建筑风貌总体评价

本书通过数据库系统对建筑风貌的分析,针对评价结果中较差的项进行重点设计,结合东北严寒地区村落内典型的建筑风格与少数民族样式,提出建筑风貌塑造策略。

(1)普通居住建筑。建筑设计结合东北严寒地区村落居民生活习惯与新时期

发展要求，考虑村落庭院布局要求与村落住宅建设现状条件，提出对居住建筑的优化设计。建筑平面布置形式仍以传统的“一明两暗”模式为主，以起居室为核心组织卧室、厨房、卫生间等空间，延续餐厅与客厅合并的使用习惯，设计合理的流线，做到各功能区互不干扰（图6.48）。建筑造型上通过廊架与门斗等元素丰富形体，使居住建筑富有变化，屋檐下廊架可灵活运用，夏季可用来晾晒悬挂或结合藤蔓植物进行绿化布置，冬季可搭设阳光房与挡风门廊。建筑色彩多采用红色、橙色、黄色等暖色系，塑造温馨、明快的视觉感受。

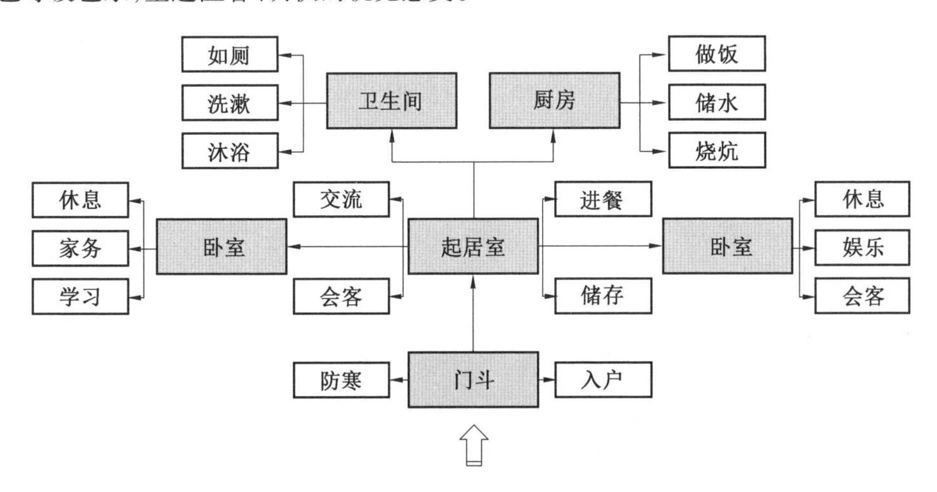

图6.48 住宅内部空间活动组织分析

居住建筑南北向布置位于庭院内北侧，南侧形成种植、晾晒等空间，西侧进行绿化种植，仓房、禽畜棚舍等附属建筑布置于西北侧，冬季起到抵御寒风的作用。合理利用庭院内空间，通过合理的分区缩小交通空间，实现宅基地紧缩、庭院布局紧凑发展，在满足国家与地方宅基地标准限定条件下减少闲置空间，对庭院空间进行高效集约利用（图6.49）。

（2）蒙古族居住建筑。蒙古族居住建筑平面布局方式采用四开间的形式，有利于建筑保温；屋顶采用南向大坡、北向小坡的不等架双坡顶的形式。建筑材料多选用本土材料，因地制宜，建筑色彩与装饰上充分利用蒙古族传统颜色与纹样，凸显地域与民族特色。

院落布局上为满足蒙古族村落居民生产与生活特点，对养殖空间进行合理化布置，在庭院北侧留有足够的养殖空间，庭院南侧布置种植空间。居住建筑位于庭院中心位置，粮食储存室、农具存放仓库、车库等附属建筑布置于庭院西侧（图

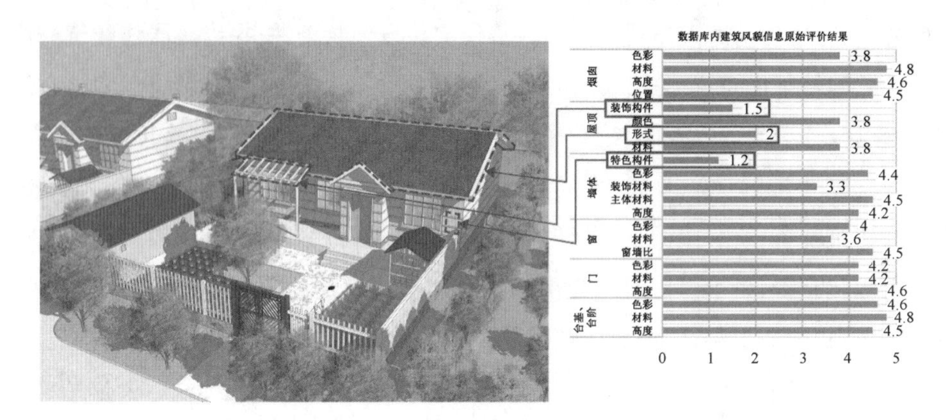

图 6.49 普通居住建筑设计示意

6.50)。建筑立面、山墙、门窗、檐口等位置广泛采用自然纹样、吉祥纹样和文字纹样等蒙古族传统纹样进行装饰,建筑色彩以蓝色与白色为主,体现蒙古族的民族特色(表 6.5)。

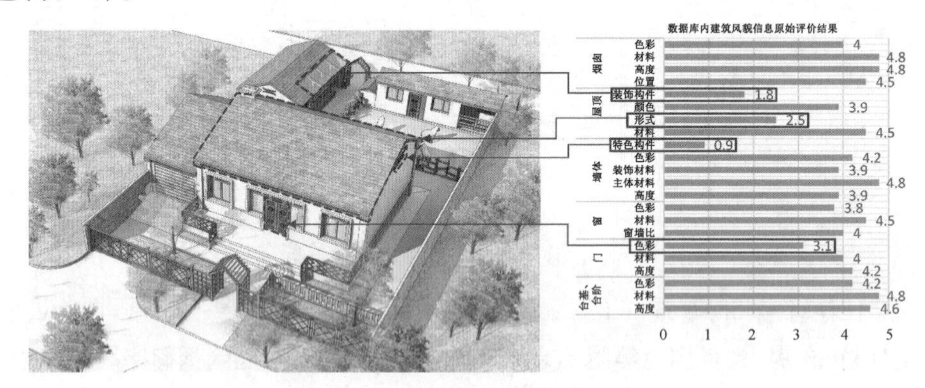

图 6.50 蒙古族居住建筑设计示意

(3)满族居住建筑。建筑平面设计沿用满族传统的面阔三间布局模式,以西侧卧室为主,卧室内设置万字炕。建筑入口设置阳光房,客厅与餐厅综合布置,厨房位于东侧,建筑北向开门便于通向后院。建筑造型与立面设计上充分利用满族传统的装饰纹样,窗棂采用工字锦、盘字锦、万字锦等满族传统样式(表 6.5)。

表 6.5　少数民族传统纹样在建筑设计中的应用①

风貌要素		蒙古族	满族	朝鲜族
屋顶	设计引导	蒙古包的顶部均用“乌耐”作为支架,呈现天幕状,其圆形尖顶有天窗“陶脑”	满族民居一般采用硬山屋面,屋顶为两个规整的坡面,利于积雪融化后雪水的排除	朝鲜族传统屋顶主要有歇山顶、庑殿顶和悬山顶
	图示			歇山顶　庑殿顶　悬山顶
门窗	设计引导	门窗框多采用黄色,象征光明,门窗扇绘有纹饰	常用窗有直棂窗、支摘窗和平开窗,窗棂样式有工字锦、盘字锦和万字锦等	花格样式多用方格纹、万字纹、亚字纹和田字纹
	图示	文字纹样　吉祥纹样	盘字锦、工字锦　连菱锦　灯笼锦	方格纹　田字纹　万字纹
纹饰	设计引导	蒙古族的传统纹饰主要为自然纹样、吉祥纹样、文字纹样三大类	满族纹饰可反映民族智慧、情感与审美,并传承地域文化	在墙体划分、屋顶山花和门窗周边进行装饰
	图示	自然纹样　吉祥纹样　文字纹样	万字纹　方胜纹　盘长纹	几何纹样　灵芝纹　不老草纹　花草拐子纹

庭院布局遵循紧凑发展的模式,采用前后院的布局形式,对居住、种植、养殖等空间进行合理布局。将休闲、晾晒、种植等空间布置于阳光充足的南向庭院,设计合理的流线。庭院空间设计在满足村落居民使用需求的同时,尊重民族文化与生活习俗(图 6.51)。

① 程文,赵天宇,马晨光. 严寒地区村镇绿色建筑图集[M]. 哈尔滨:哈尔滨工业大学出版社,2015.

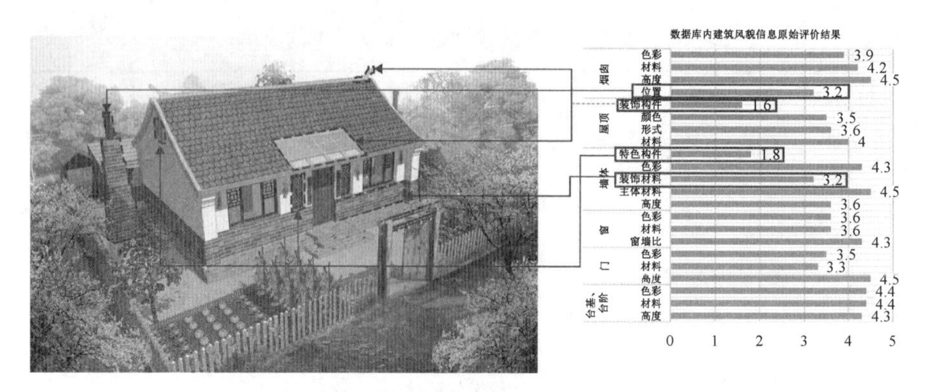

图 6.51　满族居住建筑设计示意

(4)朝鲜族居住建筑。按照朝鲜族传统居住习惯,合理组织建筑室内各功能区域。平面设计中延续传统民居的大面宽布局,将起居空间布置于西侧,通过隔墙将起居室进行分割,以满足不同的使用需求与不同季节的通风需要;将厨房、卫生间、储藏室等辅助空间布置于东侧,洁污分离。卧室的布置满足朝鲜族“长幼有序,尊卑有别”的要求,长辈卧室临近正间,晚辈卧室反之。建筑设计在延续朝鲜族传统文化的基础上,针对严寒地区冬季保温节能的要求对平面进行改进,对门厅与连廊进行优化设计,在冬季可布置成阳光房,适应冬季寒冷的气候(图 6.52)。

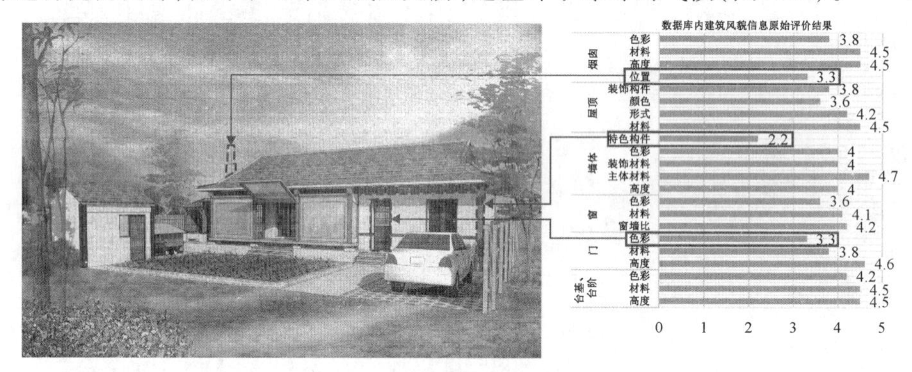

图 6.52　朝鲜族居住建筑设计示意

朝鲜族民居在建筑构件与色彩上体现民族传统文化特色,山墙、门窗、立面上采用朝鲜族传统纹样作为装饰。屋顶、门窗的形式与建筑色彩的选择上符合当地居民生活习俗,建筑材料尽可能选用地方材料,突显村落地域风貌特色(表 6.5)。

6.人文风貌保护与传承

村落人文风貌是村落上百年来民俗民风、地域文化的体现,影响着农村居民的生产生活。随着城镇化进程的加快,村落建设中新技术、新材料的运用对传统建筑

风貌带来了冲击，对村落布局、形态规模、院落形态、建筑风格产生影响，由此，对村落人文风貌的保护与传承十分重要。

（1）挖掘地域特色文化，传承村落人文风貌。地域特色文化是村落人文风貌的文化特质，包括文字、服饰、节庆等内容①。在村落人文风貌塑造中，首先要对人文资源进行梳理，对具有价值与特色的人文资源进行保护和传承，对体现地域特色的物质空间环境进行整体保护，延续地方文化与历史空间环境，其次要将村落内公共空间与节庆活动等非物质文化进行整合，将传统文化引入现代村落空间环境中；最后要将传统手工艺在村落中进行发扬，培养村民参与非物质文化遗产的传承活动，提高村民对文化的传承意识，可与旅游业相结合，改善村落的经济条件。

（2）组织民间活动，提升村落活力。村落民间活动的组织有助于提升村落活力，民间活动有助于东北严寒地区村落街道与开敞空间人文风貌的延续。街道空间、开敞空间等公共空间是民间活动的重要组织场所，农村居民日常活动类型包括体育性活动、休闲性活动和文艺性活动。具有地域特色的赶集、扭秧歌等活动类型是农村居民进行社会交往与沟通的重要媒介。此外，受农业生产生活方式和严寒性气候的影响，村落内还会出现生产性活动、生活性活动和冰雪特色活动。对民间活动的组织与引导，增强了村落活力、提高了居民参与的积极性，对村落人文风貌进行“活态”传承。各类活动的主要内容见表 6.6②。

表 6.6　村落活动类型及内容

活动类型	活动内容
体育性活动	晨练、散步、体育运动（篮球、门球）等
休闲性活动	晒太阳、聊天、串门、棋牌等
文艺性活动	扭秧歌、广场舞、唱歌、戏曲等
村镇特色活动	赶集、红白喜事、舞狮子、回婚节（朝鲜族）、祭敖包（蒙古族）等
生活性活动	洗衣服、做饭等
生产性活动	晒粮食、堆粮食、农机停放等
冰雪特色活动	滑冰、堆雪人、打雪仗等

① 叶齐茂. 发达国家乡村建设考察与政策研究[M]. 北京：中国建筑工业出版社，2008.

② 袁青，于婷婷，刘通. 基于农户调查的寒地村镇公共开放空间优化设计策略[J]. 中国园林，2016，32(7)：54-59.

6.3　数据库辅助的村落风貌相关规划应用研究

东北严寒地区村落风貌数据库系统具有风貌信息管理、现状分析、风貌评价等功能，为村落风貌的规划控制、发展引导起着重要的作用。同时，为了使数据库系统具有更好的适用性，数据库系统的功能开发应具有一定的拓展空间，在数据库本身的结构与功能的基础上，通过对基础数据信息与标准数据的调整和拓展满足不同规划及研究的使用需求（图 6.53）。数据库系统的功能在使用中不断拓展，日趋完善，满足不同时期的使用需求。数据库系统与其他平台的数据共享和多源数据的接入，使数据库系统在大数据时代处理规划业务的能力大大提升。

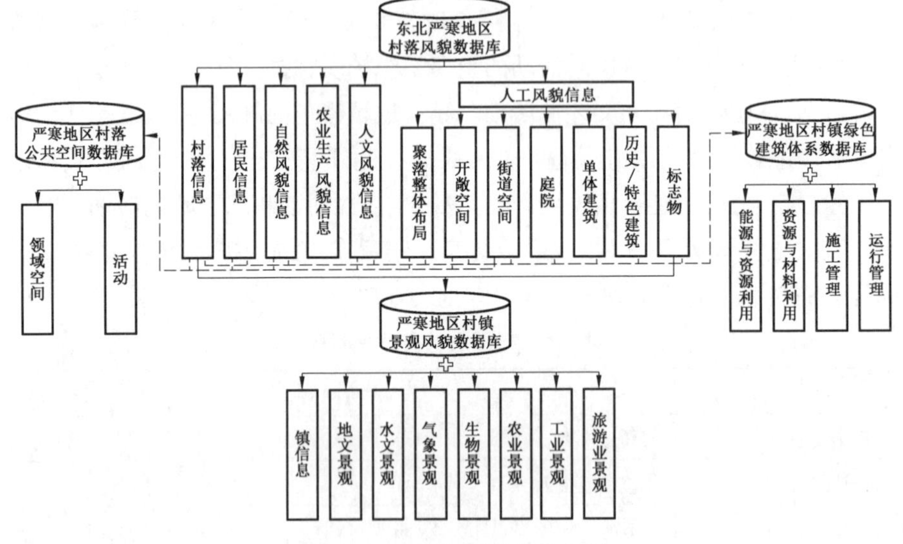

图 6.53　数据拓展的结构关系

6.3.1　严寒地区村镇景观风貌要素识别与规划

以察尔森镇为例，通过对镇域内景观风貌信息进行收集，建立村镇景观风貌信息体系，并将察尔森镇内景观风貌数据输入数据库系统。在原有数据库的基础上，对数据结构与数据信息体系进行拓展，在自然景观风貌中增加地文景观、水文景观、生物景观、气象景观等相应的内容；增加生产景观风貌相关数据，包括农业景观、工业景观、旅游业景观等内容。数据逻辑结构如图 6.54 所示。

按照原有村落风貌数据库内结构与信息提取处理的方式，以《旅游资源分类、调查与评价》（GB/T 18972—2017）中的旅游资源评价赋分标准为依据，确定评定标

准数据与运算处理方式，通过对现状察尔森镇景观风貌信息的量化提取，筛选出具有景观特色的风貌资源，并提出景观资源保护与旅游开发规划策略。

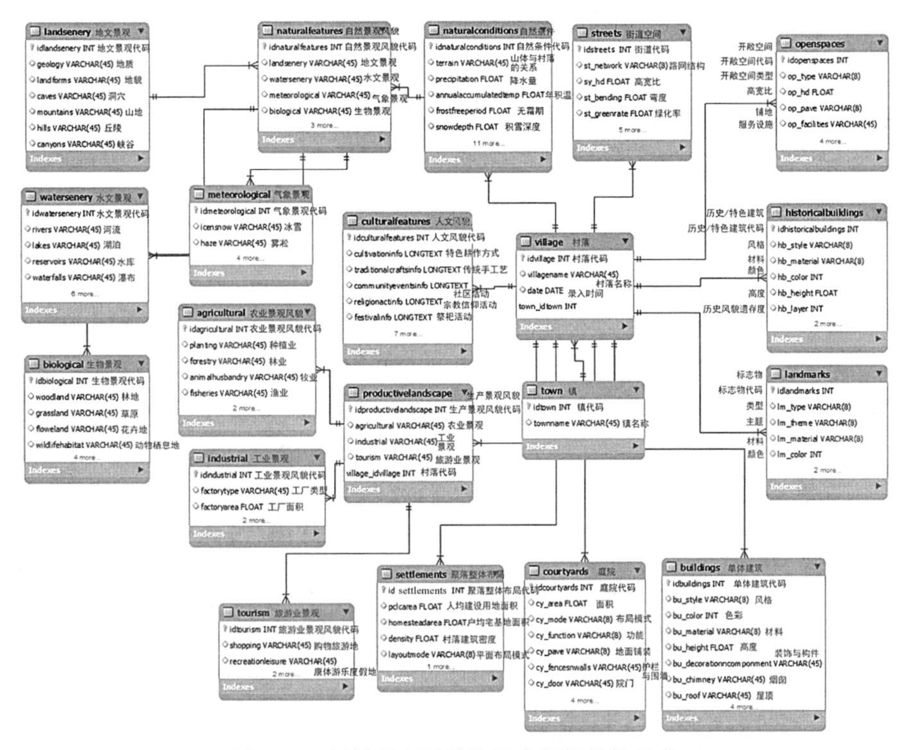

图 6.54　村镇景观风貌数据库逻辑结构示意

1.村镇特色景观风貌资源识别与整理

通过对察尔森镇镇域内景观风貌资源的评价分析，提取出具有景观风貌特色的信息，主要为特色自然景观风貌、特色人文景观风貌与特色人工景观风貌三类。

(1)特色自然景观风貌资源主要有察尔森水库与察尔森国家森林公园。其中东北四大水库之一的察尔森水库主要功能为防洪与灌溉，逐渐开发发电、养殖、旅游观光等项目，2005 年 8 月被评选为“国家水利风景区”，但目前水库还存在着对自然资源缺乏保护措施，旅游资源缺乏整合、未能形成系统等问题。

(2)特色人文景观风貌资源为“侵华日军‘中村事件’发生地”遗址。察尔森镇内结合“中村事件”历史背景与其具备的爱国主义教育意义，建设了“中村事件”遗址纪念墙，成为兴安盟内的爱国主义教育基地。

(3)特色人工景观风貌主要为蒙古族风格建筑集群。镇域内有以白音扎拉嘎嘎查、巴达嘎嘎查为代表的蒙古族度假村，集合特色人文景观风貌资源与居住景观风貌资源，嘎查内包括万豪蒙古大营、蒙古族旅游村 2 个 3A 级景区和其他旅游度假村等,旅游与娱乐项目主要有骑马、射箭、狩猎等蒙古族传统特色体验活动与钓鱼、划船、采摘农家乐等体验活动。

2.基于景观风貌特色的旅游规划

基于特色景观风貌资源的整理,提出察尔森镇特色景观风貌资源利用体系(图6.55),并提出了特色景观风貌资源规划与旅游线路规划方案。对察尔森镇特色景观风貌资源利用进行引导:滨水游憩景观区以查尔森水库风景区为核心,以滨水旅游体验为主,结合周边的蒙古族度假村、“侵华日军‘中村事件’发生地”爱国主义教育基地等景点。规划设计中以水库自然环境保护为出发点,对自然资源适度开发利用,在水库核心区域外围设置生态缓冲带以保护水库生态环境,保护水面与湿地不受开发建设的影响。对水库的养殖活动、滨水区开发、滨水旅游活动等进行引导与限制,在传承冬季渔猎文化节、蒙古族风情体验活动等地方传统文化活动的同时,保护水库自然环境不受旅游开发的影响。可做如下旅游结构规划。

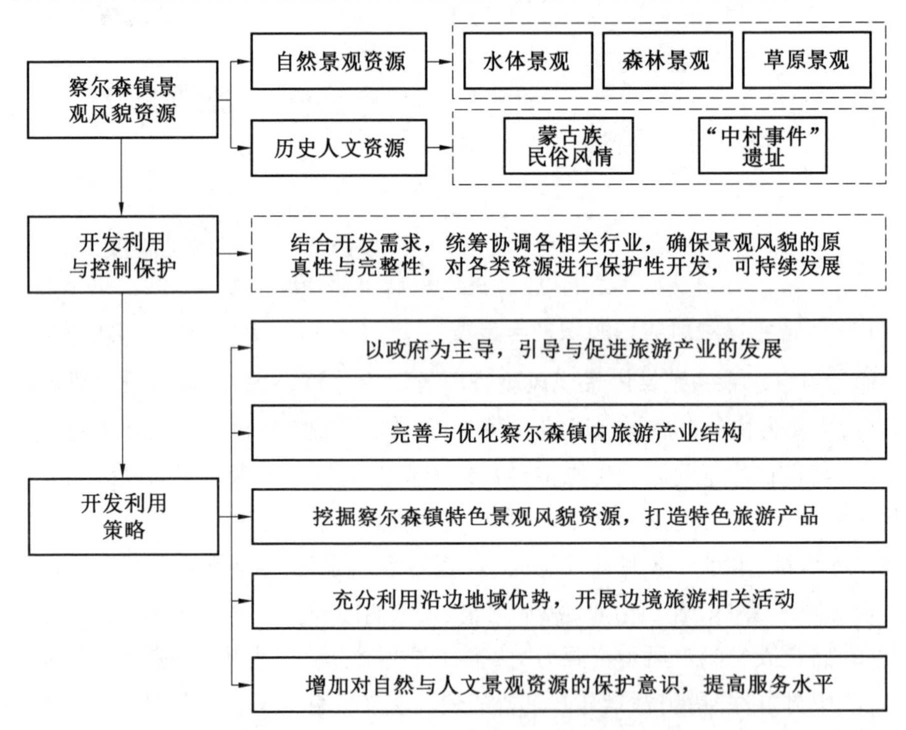

图 6.55　察尔森镇特色景观风貌资源利用体系

(1)生态农林观光区位于镇域西北部,耕地与林地资源丰富,适合开展森林氧吧体验、绿色果蔬采摘、生态农业体验等旅游活动。区域内依托爱国嘎查、永兴嘎

查等村落,提供旅游服务设施。对生态农林观光区的规划设计要以保护生态红线为出发点,对区域内的林地采取退耕还林、荒山造林的方式对自然环境进行修复。

(2)蒙古风情体验区位于镇域西部,草地资源丰富,适合开展万豪蒙古大营体验、特色养殖体验等旅游活动。区域内依托沙力根嘎查、苏金扎拉嘎嘎查等村落,提供旅游服务设施。对蒙古风情体验区的规划设计以营造具有民族特色的种植、养殖等体验活动为主,旅游开发在尊重地域自然和人文环境的基础上对各建设活动进行引导与控制。

(3)草原生态景观体验区位于镇域东部,区域内包括察尔森国家森林公园和公主陵牧场,森林与草地资源丰富,自然环境较好,适合开展森林、草原等自然风光旅游活动。对草原生态景观体验区应采取较少的人为规划设计,保护自然风貌与生态系统。

(4)现代畜牧示范区位于镇域东北部,依托水泉嘎查、联合嘎查等村落良好的畜牧业基础开展养殖与现代牧场体验等旅游活动。对现代畜牧示范区的规划设计以引导现代化、规模化畜牧业发展为主,展开养殖体验旅游活动,控制畜牧业发展的规模,避免对自然环境造成破坏。

(5)商务休闲度假区位于镇域南部,以察尔森镇镇区为核心对全域的旅游活动进行管理,提供配套服务。区域内以旅游接待、商务会议、休闲娱乐、餐饮服务等功能为主,统筹协调全域内旅游服务资源,对旅游活动进行管理。此外镇区内的建设结合自然环境,延续周边山、水、林、绿地等生态格局,建成宜居型商务休闲小镇。

6.3.2　严寒地区村落公共空间优化设计

公共空间是村落空间的重要组成部分,是承载居民活动交往和展现居民精神文化风貌的物质载体。村落公共空间按功能可划分为开敞空间(广场空间、绿地空间)、街巷空间以及村委会、食杂店、住宅等附近空地形成的领域空间①。数据库系统可以通过采集储存村落居民在公共空间中的使用活动与行为路径等信息,识别村落内最具活力的公共空间,结合数据库系统的综合评价功能,为公共空间的设计优化提供技术支持。

在风貌信息数据库体系的基础上,将居民信息、街道空间信息、开敞空间信息包含的数据进行拓展,增加居民公共空间的活动信息、领域空间信息,构建完整的村落公共空间信息体系(图 6.56)。结合数据库系统内数据运算处理功能,参考陈

① 郑赟,魏开. 村落公共空间研究综述[J]. 华中建筑,2013(3):135-139.

菲、王彦春、向岚麟等人对公共空间的评价研究①②③④⑤⑥，结合东北严寒地区村落实际情况，确定村落公共空间评价内容与标准。

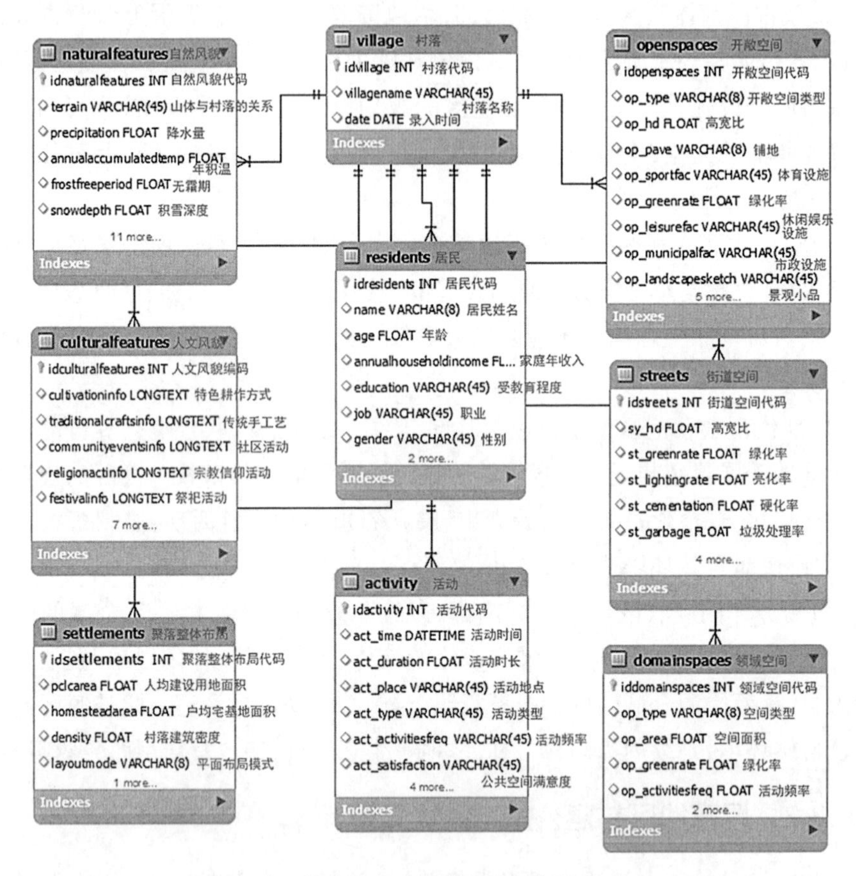

图 6.56　村落公共空间数据库逻辑结构示意

---

① 陈菲，林建群，朱逊. 严寒城市公共空间活力评价因子分析[J]. 哈尔滨工业大学学报，2017(4)：179-188.

② 王彦春，陈秋晓，侯焱，等. 基于物质要素的街道空间品质评价研究——以桐庐县老城区为例[J]. 建筑与文化，2017(3)：201-203.

③ 向岚麟，孙悦昕，李梦露. 基于模糊综合评价的创意阶层公共交往空间研究[J]. 规划师，2016(12)：97-104.

④ 陈菲，林建群，朱逊. 严寒城市公共空间冬夏季景观活力评价差异性研究[J]. 风景园林，2016(1)：118-125.

⑤ 赵春丽，杨滨章，刘岱宗. PSPL 调研法：城市公共空间和公共生活质量的评价方法——扬·盖尔城市公共空间设计理论与方法探析[J]. 中国园林，2012(9)：34-38.

⑥ 李云，杨晓春. 对公共开放空间量化评价体系的实证探索——基于深圳特区公共开放空间系统的建立[J]. 现代城市研究，2007，22(2)：15-22.

1.村落公共空间居民使用行为特征

以黑龙江省虎林市虎头镇月牙村为研究对象，采用行为地图记录村民在公共空间中的活动。行为地图记录内容主要包括对空间中人的运动轨迹的记录与停留地点的记录。调研中选取记录时段为8：00—20：00，每隔2个小时进行一次记录，每次记录20 min，对月牙村公共空间内居民的行为轨迹进行记录，村民公共空间活动特征如图6.57所示。将村民的年龄构成、活动类型、活动地点和活动时长记录并转译成数据信息，便于数据库系统处理。

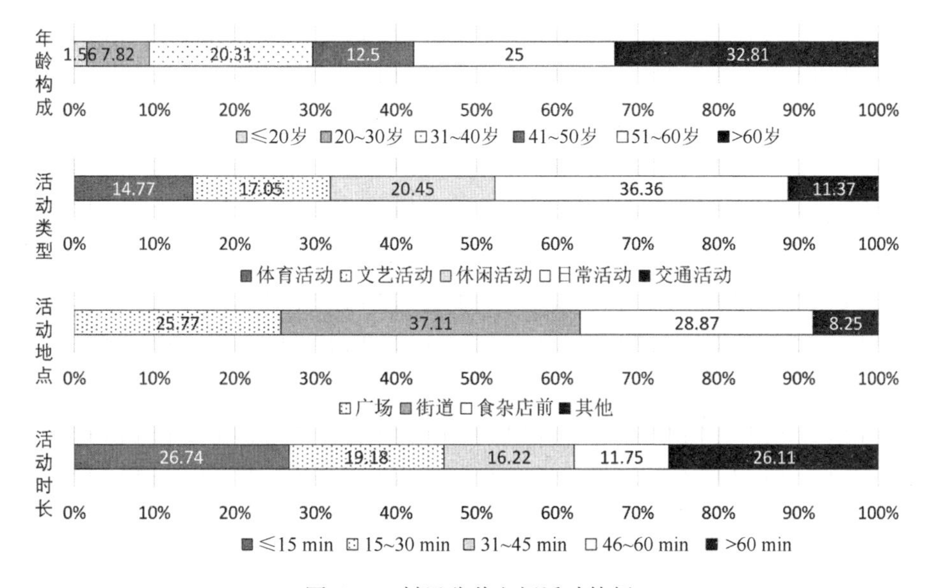

图6.57　村民公共空间活动特征

以2015年10月12日（周一）一天的记录情况为例，如图6.58所示，蓝色点代表在记录中村民静止的位置，表示村民在公共空间中休息或与其他人交谈的状态；红色点为记录中村民运动的起讫点，红色线代表运动的轨迹，最后将不同时段的记录进行叠加，汇总于一张图内。行为地图显示月牙广场、街道、食杂店前的空间是村民行为轨迹与停留最密集的区域。

道路是村落的骨架，也是公共空间的依附，村民日常活动多发生在村中东西向及南北向干路附近；村内食杂店均位于这两条路两侧，观测中有较多的村民在食杂店前空间停留交谈。不同时段中，16：00—18：00内村落公共空间活动人数最多，该时段为天黑前村民吃完晚饭散步、交谈、运动的时间，广场的使用人数也为各时段中最多。

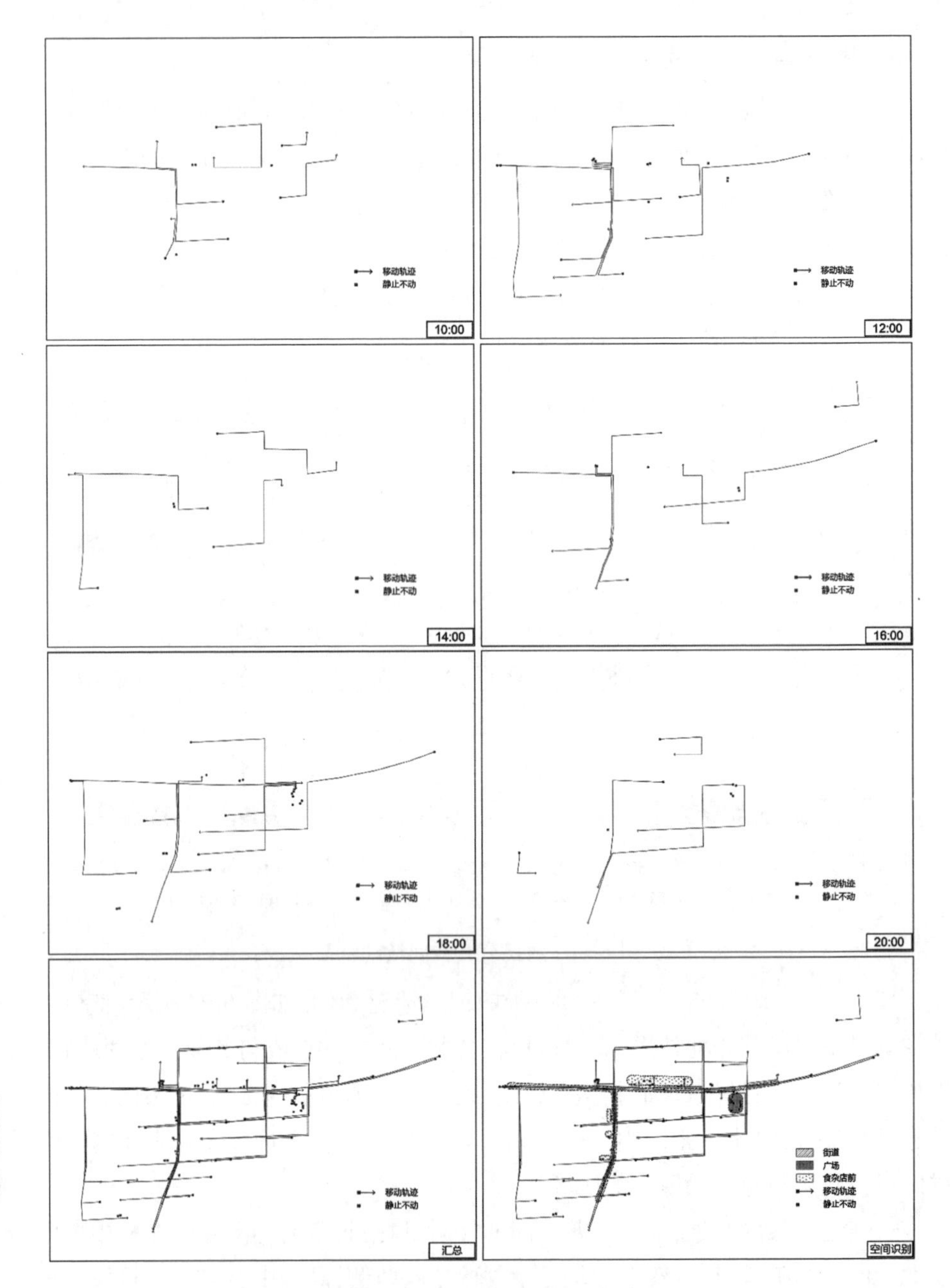

图 6.58　月牙村居民行为记录

2.村落公共空间评价分析

本书通过设定数据库系统内公共空间的评价标准与指标权重，从使用感受、设施配置、空间品质、空间特色 4 个方面对月牙村公共空间进行评价分析。评价得分

设定为 1~5，通过对调研录入的基础数据进行提取计算，得到综合评价结果(图 6.59)。

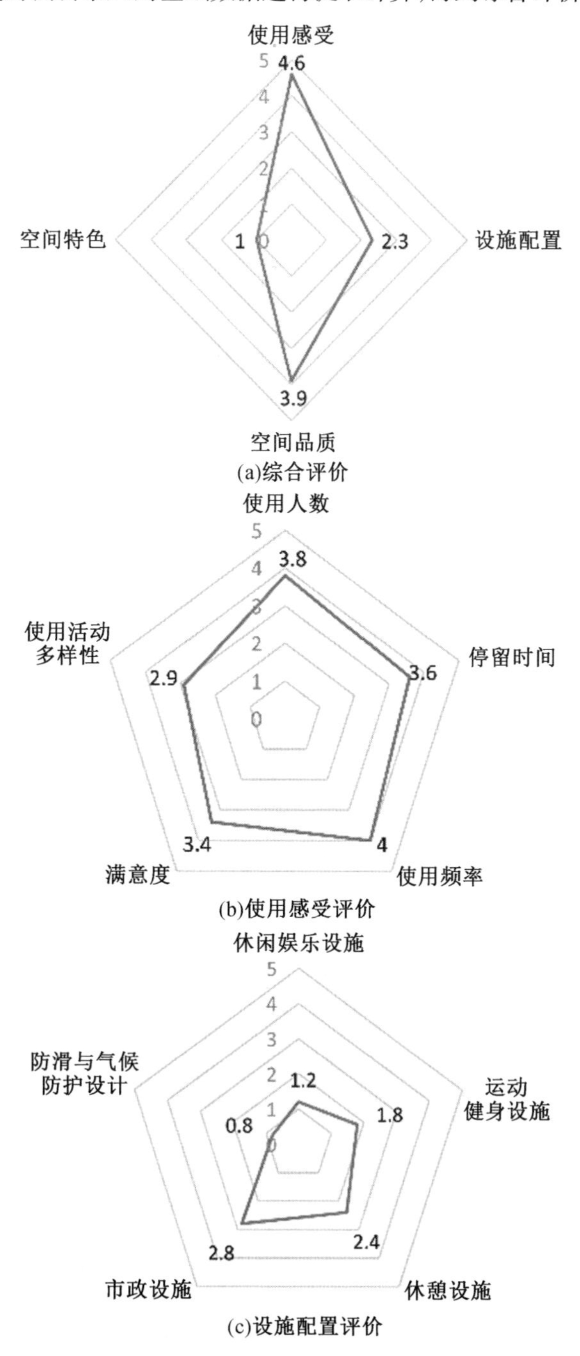

图 6.59　月牙村公共空间综合评价结果

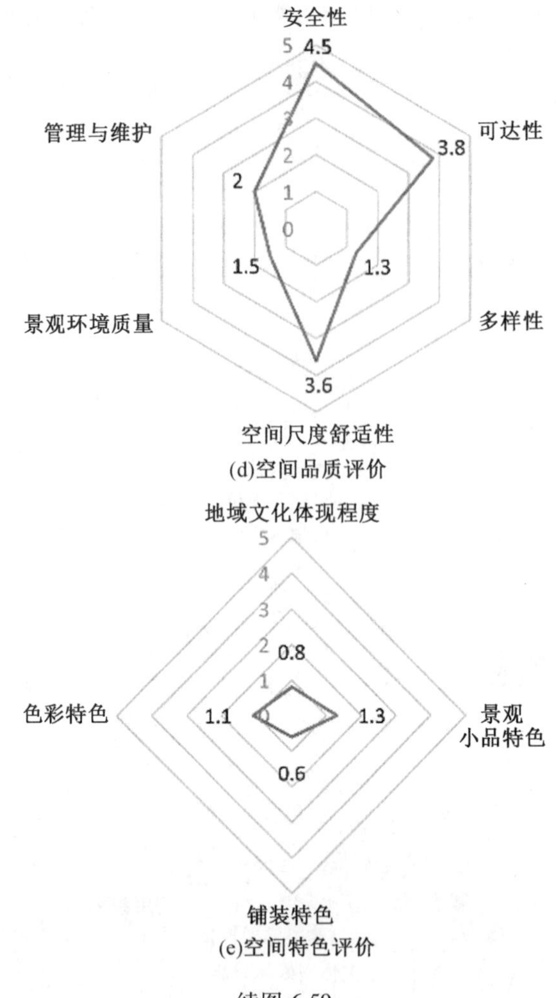

续图 6.59

在月牙村公共空间综合评价结果中,设施配置与空间特色两项得分较低。设施配置中休闲娱乐设施、运动健身设施较缺乏,此外公共空间中几乎无防滑与气候防护设计,造成该指标得分在设施配置中最低,仅为 0.8 分。村落公共空间应逐步完善配套设施建设,增加防滑路面的覆盖率,于广场、公园内部布置座椅、健身设施与儿童游乐设施,且应以木材、塑料为主要材质,避免使用金属、混凝土、石材等。地面铺装、景观小品、街道设施中可适当选用明亮的色彩进行点缀,活跃公共空间的氛围。优化公共空间周边建筑布局设计,在保证日照的基础上利用建筑自身的围合、高度组合、建筑物与植物搭配等布置方式形成风屏障,降低公共空间负面风效应。

空间特色整体得分仅为 1 分，且该项内各指标的得分均不高。受经济发展水品与村落建设主导因素的限制，公共空间的特色塑造还未受到重视。界定公共空间的建筑、铺装、绿化等元素的形式、材质、色彩都能反映出传统的、现代的或是当地的人文风貌特点。公共空间内布置运用文化元素设计的景观小品，既能点缀空间又可体现地域文化特色。

空间品质的评价结果中，安全性、可达性、空间尺度舒适性得分较高，但多样性、景观环境质量、管理与维护 3 个指标的得分不高。在对东北严寒地区村落景观的塑造中，应根据东北气候特征选取合适的树种与花卉，采用常绿树种与落叶树种搭配、乔木与灌木搭配、花卉与草地搭配的方式，塑造不同季节变换的景观风貌，使东北严寒地区村落公共空间中四季皆绿。加强统一的活动组织与场地管理，完善活动发展制度，通过规划设计，对公共空间的使用进行支持，发挥公共空间的各项功能。

村民对公共空间的使用感受评价得分较高，由于东北严寒地区农村居民农忙季节主要从事农业生产活动，农闲季节青壮年则外出打工，留守老人、儿童受冬季寒冷的气候影响很少参与室外活动，因此对公共空间的要求不高，村落内现有的公共空间可以满足村民基本活动的需求。

6.3.3　严寒地区村镇绿色建筑设计与管理

1.严寒地区村镇绿色建筑体系构建

绿色建筑体系的构建与村镇建设息息相关，绿色建筑设计从节能、节材、节地等方面促进农村地区的绿色化发展。东北严寒地区村落风貌数据库内涉及绿色建筑部分要素信息，从风貌绿色化发展入手，通过对严寒地区的地域与自然环境条件、村落建设现状相关数据的分析，与绿色建筑设计要求紧密结合，为风貌绿色化发展提供参考与技术支持。

在数据库的信息基础上，增加建筑室内环境、能源与资源利用、资源与材料利用、施工管理、运行管理等数据(图 6.60)。数据库系统的运算分析层面，将严寒地区村镇绿色建筑评价标准与严寒地区村镇绿色建筑实施导则运用到数据库中，完善严寒地区不同基质村镇绿色建筑体系数据库系统，其主要内容与结构如图 6.61 所示。

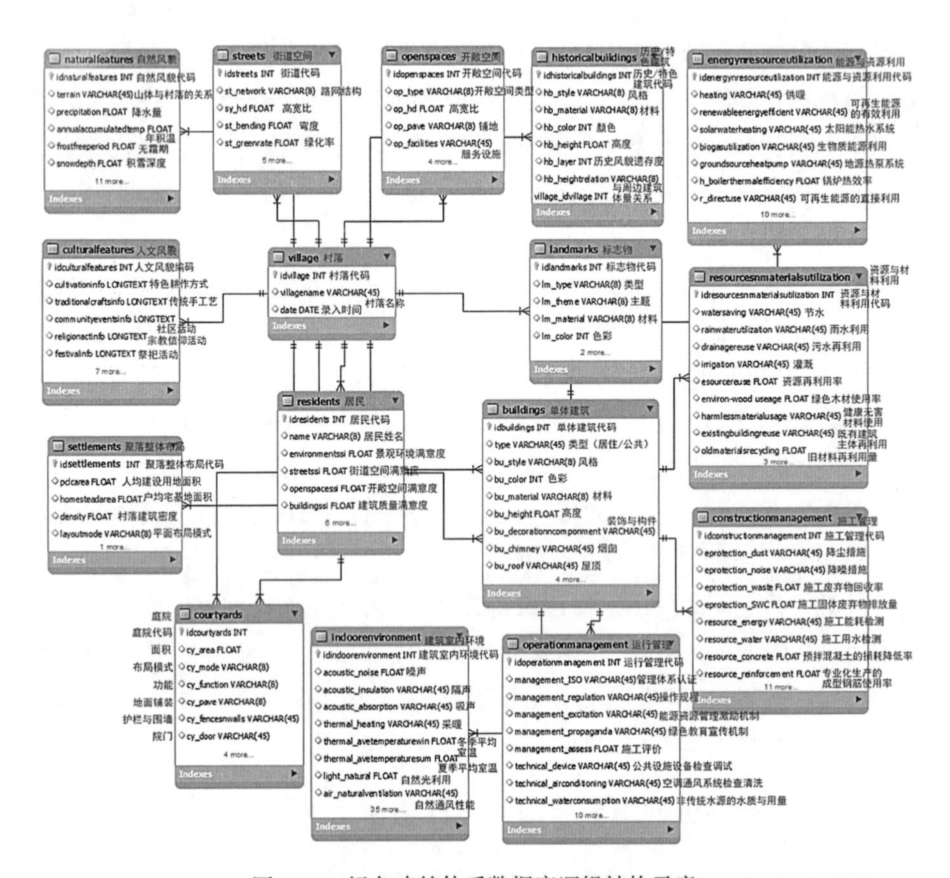

图 6.60　绿色建筑体系数据库逻辑结构示意

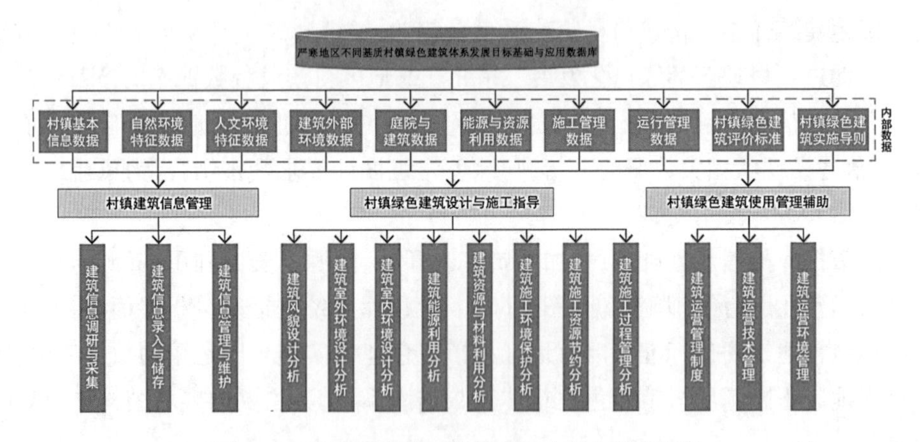

图 6.61　绿色建筑体系数据库的内容与结构框架

绿色建筑体系数据库系统的主要功能包括以下三点。

(1)严寒地区村镇建筑信息管理。对村镇建筑信息进行收集、整理、编码、储

存管理,便于绿色建筑研究的数据查询、提取与分析。

(2)绿色建筑设计指导。为设计人员提供建筑群体环境、建筑风貌、室内外环境设计等技术支持,通过输入村镇基本信息、建筑外部环境信息、建筑外部特征与室内环境信息、能源与资源利用信息等参数,经数据库内数学模型的计算获得结果,将结果与严寒地区村镇绿色建筑评价标准进行对比,结合严寒地区村镇绿色建筑实施导则相关内容给出符合当地情况的建设指导。

(3)绿色建筑施工与运行管理辅助。从环境保护、资源节约、过程管理 3 个方面对严寒地区村镇建筑施工进行指导,对已建成建筑在管理制度、技术管理、环境管理 3 个方面提出有针对性的运行管理建议。

另外,数据库系统可以将储存的数据导出不同的格式(图 6.62),可应用于其他绿色建筑分析软件与平台,为设计与管理人员提供绿色建筑设计辅助服务。

图 6.62　数据库内数据可导出的格式示意

(1)严寒地区农村绿色建筑设计指导。数据库系统为设计人员提供街道、开敞空间等建筑群体环境设计,建筑风格、色彩、装饰构件等建筑风貌设计,声环境、热环境、光环境、空气品质等室内环境设计等技术支持。通过对已输入的村镇基本信息、建筑外部环境信息、建筑外部特征与室内环境信息等进行统计与评价(评价原则参考严寒地区村镇绿色建筑评价标准),针对评价结果较差的项结合严寒地区村镇绿色建筑实施导则相关内容给出符合不同基质村镇建设需求的指导建议与参考案例。

由于严寒地区村镇居住建筑大多由村民自主设计建造,村镇绿色建筑体系数据库主要为村民提供范例性、标准化的建筑设计方案,供村民选择参考。此外,用户在设计过程中可根据需要查看村镇绿色建筑评价标准相关内容,对方案进行评价,对评价结果的分析解读可帮助设计人员更加清晰地了解项目的情况,提供技术上的支持。

(2)严寒地区农村绿色建筑施工与运行管理辅助。建筑在施工过程中会对环境产生污染并影响人类健康,因此对建筑施工的管理十分重要,对此数据库提供了对施工过程中降尘措施、降噪措施、废弃物管理等方面的影响评价。数据库通过对施工能耗检测、施工用水检测、预拌混凝土与现场加工钢筋损耗等方面的评价,为建筑施工在资源节约方面提供帮助。另外,严寒地区村镇绿色化发展以大量既有建筑绿色化改造为主,因此数据库系统在建筑施工上更多的是对建筑改造的施工指导与过程管理,注重施工过程中的检测。

绿色建筑的全生命周期包括建筑的使用管理阶段,此阶段也是绿色建筑的重要组成部分①。数据库系统通过建立建筑使用管理和能源与资源利用评价模块,为节能监管、技术管理、环境管理以及决策支持等管理业务提供信息服务,以实现绿色建筑运营“四节一环保”的要求②③。

(3)绿色建筑体系数据库的应用。选择黑龙江省海林市新安朝鲜族镇作为数据库的应用案例,选取新安朝鲜族镇镇区、光明村、西安村作为调研对象,通过问卷调查和拍照的方式获得建筑与环境特征信息,将获得的资料进行整理与编码,录入数据库中进行数据的处理与分析。通过对调研数据的统计处理,在数据库系统分析界面中可以直观地得到新安朝鲜族镇建筑体系相关统计信息。

通过内置的评价标准与各评价项目权重的设置,数据库系统可以对新安朝鲜族镇现状建筑外部环境、建筑室内环境、能源与资源利用、施工管理、运行管理 5 个方面进行评价分析,并根据现状建设情况给出绿色化设计与改造的建议。评价得分设定为 1~5,评价结果依次设定为“很差、较差、一般、良好、优秀”,数据库通过对基础数据的统计与计算,将得分直接转换成评价结果显示在界面上(图 6.63)。

① 谢宏杰,王乾坤,叶茂. 绿色之路——理念与绿色建筑管理制度[J]. 建筑节能,2013,41(8):54-57.

② 郭理桥. 建筑节能与绿色建筑模型系统和数据库建设关键技术探讨[J]. 中国建设信息化,2010(6):8-19.

③ 王建廷,程响.《绿色建筑运营管理标准》的编制思考与框架设计[J]. 建筑经济,2014(11):19-23.

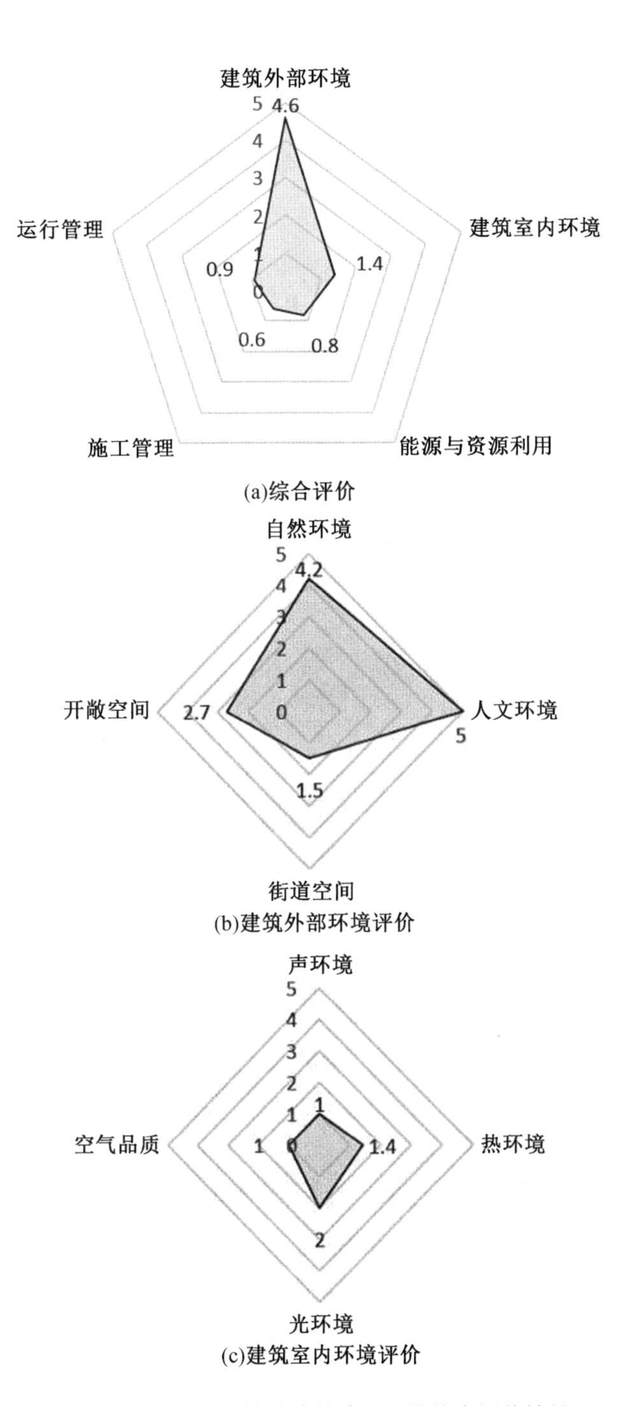

图 6.63　新安朝鲜族镇建筑建设现状综合评价结果

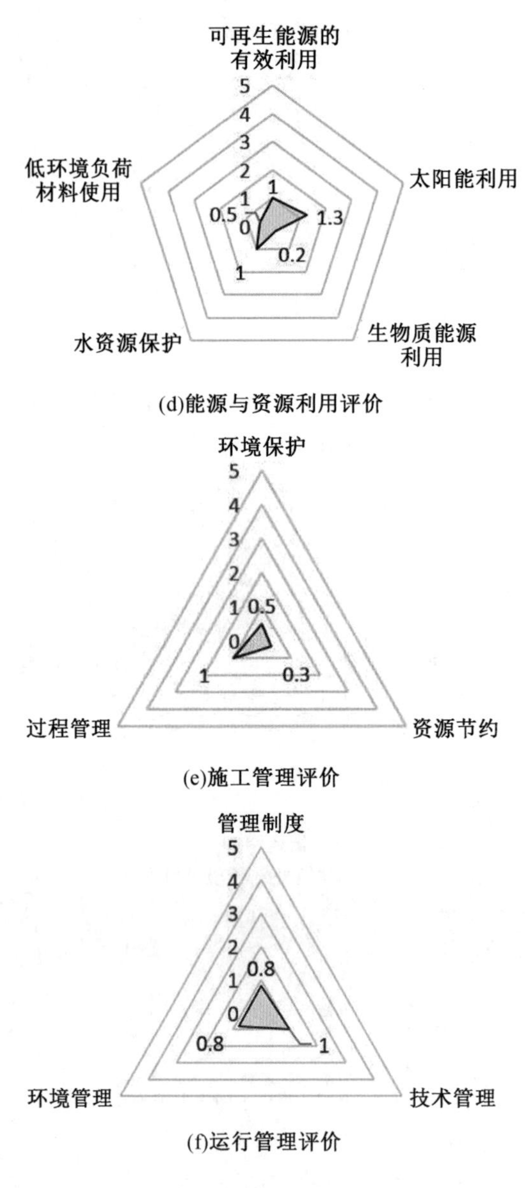

(d)能源与资源利用评价

(e)施工管理评价

(f)运行管理评价

续图 6.63

从对新安朝鲜族镇建筑各项性能的评价结果中可以看出,能源与资源利用(0.8分)、施工管理(0.6 分)、运行管理(0.9 分)3 个方面很差,建筑室内环境(1.4分)现状较差,这与严寒地区村镇建筑多由村民自发建设、缺少相关管理与指导密切相关。

针对上述新安朝鲜族镇建设现状较差与很差的项,数据库可以有针对性地给

出设计指导与建议，以帮助建筑绿色化改造，指导新建建筑的设计、施工与管理。如通过建筑设计的优化来改善建筑室内环境中，坡屋顶的设计在避免屋顶积水、积雪的同时，有效增加了室内可用空间，更利于建筑的保温；在能源与资源的利用改进方面，严寒地区村镇建筑可充分利用日照充足的优势，采取被动式太阳能利用技术，满足冬季建筑室内采暖的要求，降低成本的同时减少采暖对环境的污染（图 6.64）。

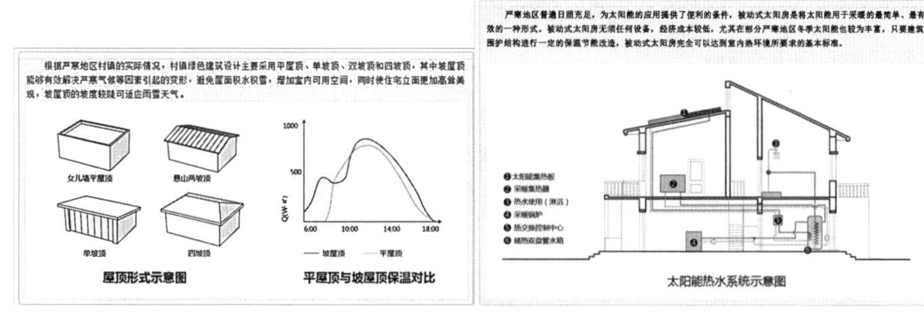

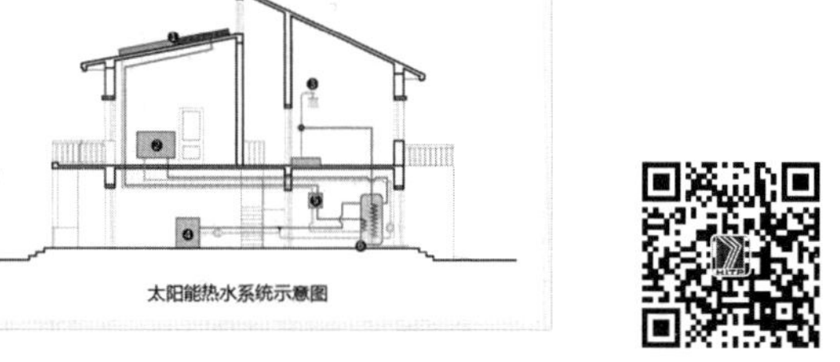

图 6.64　新安朝鲜族镇绿色建筑设计指导示意

2.严寒地区农村住宅平面优化设计

本书在村落风貌调研过程中，获得了大量农村住宅平面图与不同功能的室内空间面积统计数据。通过在基础数据库内增加卧室面积、厨房面积、门厅面积、客厅面积等数据（图 6.65），将调研的住宅室内各空间面积储存在数据库中。基于严寒地区农村住宅平面布局的基础数据，通过量化分析辅助平面设计与布局优化。从满足居民日常生活需求、适应寒冷气候、提高室内环境质量、延续民族传统、节约材料、节约用地的角度，提出住宅平面布局优化与室内空间合理化设计策略，为农村居民在住宅设计与建造上提供参考。

（1）平面布置的整合与功能完善。严寒地区农村居民越来越重视居住的私密性，这要求以卧室为核心的传统居住模式逐渐向以客厅为核心的现代居住模式转变；根据日常活动的需要将室内平面布局按照功能进行分区，避免动静分区混杂而相互干扰，实现洁污分区确保居住环境的舒适性。在此基础上，将室内空间与庭院空间协调组织，合理安排起居、休息、厨务等流线（图 6.66）。

随着村镇的发展，农村居民生活重心逐步由家务劳动向休闲娱乐转移，对住宅的舒适度要求也不断提高。针对严寒地区农村住宅在平面布局上卧室与客厅、餐厅混合的情况，可通过扩建、空间重组等方式对平面空间进行改造，保证每户住宅包含能满足现代生活起居需求的功能房间，满足动静分区的使用需求，客厅可与餐厅结合布置，保证卧室相对独立，保证卧室、客厅的自然采光与通风。

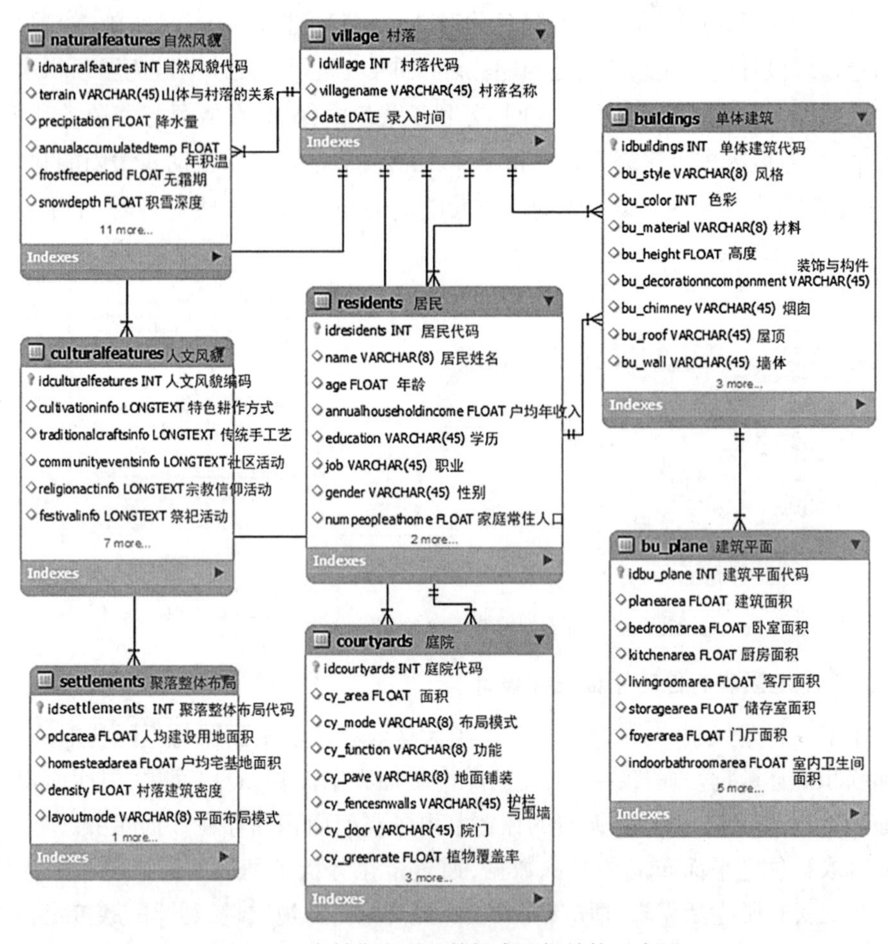

图 6.65　农村住宅平面数据库逻辑结构示意图

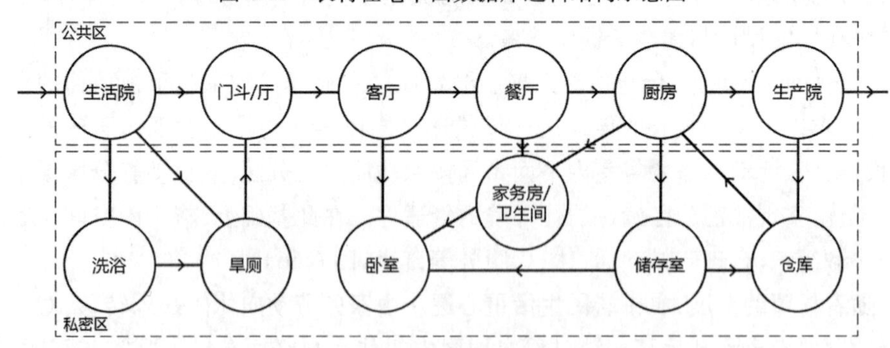

图 6.66　平面功能与流线优化示意

生活附属空间的功能提升。根据调研数据分析，严寒地区农村住宅内厨房面积不宜小于 6 m^2，并根据烹饪器具与平面中的位置，选择 L 型或 U 型的布置方式，

以满足农村多种能源使用需求；厨房旁宜设置储存室，或于住宅北侧增加出入口，将室外仓库布置在厨房附近，方便食物与燃料存取。卫生间现阶段仍以室外旱厕为主，平面布局时可增加具备洗衣、晾晒等功能的家务室，并可作为室内洗漱间与卫生间的预留空间。在需要时储存室与家务室可灵活变化，如将其作为卧室的拓展空间或改为客房等，满足未来使用需求。

平面布局的灵活变化。随着农业规模化、机械化的发展，部分农村居民开始从事商业经营、商品制造等活动，但现阶段所需的生产与销售空间较小，可布置于住宅内，因此农村住宅的平面布置在考虑现有布局的基础上，设计可变的多功能空间，以满足生产与销售的功能，并且还需要对流线进行合理组织，避免与居寝的互相干扰。

(2)平面形态的节能优化设计。为适应寒冷的气候，住宅的平面布局在保证居住舒适度的同时，应考虑被动式节能设计。住宅的体形系数会直接影响能源的消耗，体形系数越大的建筑外表散热面积越大，冬季采暖时所消耗的能源越多，因此住宅的布置宜采用双拼、联排或双层的模式，平面上加大住宅进深，降低体形系数①。对既有住宅的改造可以通过在南向增建阳光间、北侧增建仓库等采光要求不高的空间来减小体形系数。另外，作为连接室内外的重要过渡空间，阳光间或门斗可避免冬季冷空气直接进入室内，形成有效的温度过渡空间，而严寒地区既有农村住宅中普遍缺少此类空间，通过增建的方式(图 6.67)，即可实现减少热量损耗，又可增加衣物、鞋帽等储存收纳空间，还能起到丰富立面、增加立面空间层次的效果。

(3)主要空间平面布置与尺度控制。针对农村住宅空间尺度过大、布置不合理的问题，结合农村居民生活习惯和家具尺寸，引入“行为单元”②③来研究满足农村居民日常生活使用的最小、适中与舒适尺度(表 6.7)。最小尺度是满足居民生活的最低尺度，适中尺度是考虑居民活动所需空间、家具布置得紧凑而又好用的尺度，舒适尺度是能满足多种功能的宽松尺度。卧室和客厅作为室内主要空间在平面布置时应重点考虑，根据经济条件、家庭人口选择合适的尺度；而满族、朝鲜族等少数民族因卧室火炕面积较大，在保留传统居住习惯的基础上卧室与客厅的布置可参考不同家具尺寸与日常活动所需空间的要求进行整合。餐厅可单独布置，或

---

① 金虹，赵华. 关于严寒地区乡村住宅节能设计的思考[J]. 哈尔滨建筑大学学报，2001(3)：96-100.

② 日本建筑学会. 新版简明住宅设计资料集成[M]. 滕征本，滕煜先，周耀坤，等译. 北京：中国建筑工业出版社，2003.

③ 庄宇，张莹. 中心城区紧凑型住宅的内部平面尺度解析[J]. 同济大学学报(自然科学版)，2011(4)：517-523.

与客厅、厨房综合布置，而考虑到农村居民炕桌上就餐的习惯，可参考餐厅的最小尺度对卧室与火炕进行设计。

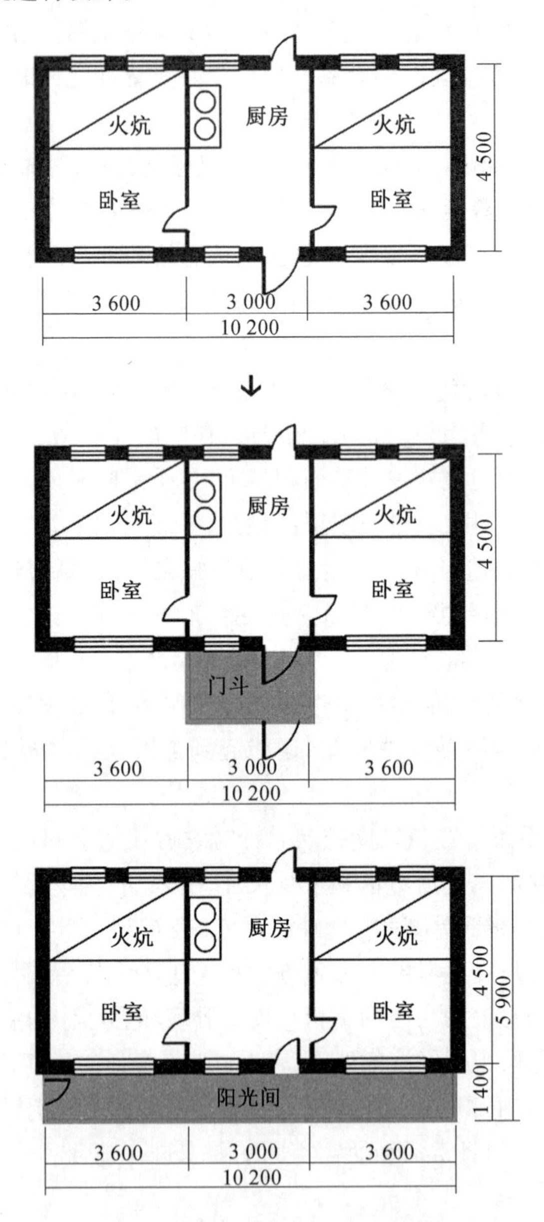

图 6.67　增建阳光间或门斗(单位:mm)

表 6.7　主要空间平面布置与尺度　　单位：mm

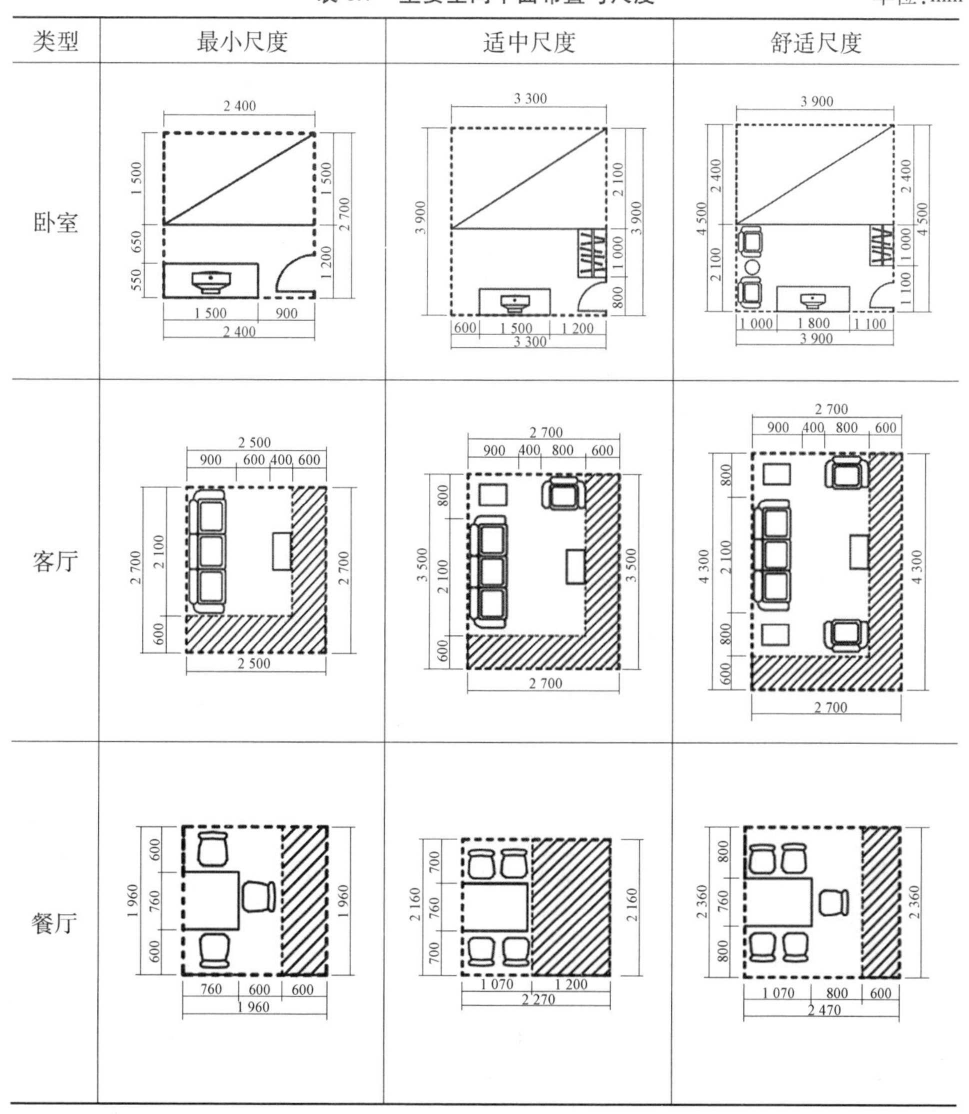

注：图中阴影部分为交通空间。

参 考 文 献

[1] 国家技术监督局,中华人民共和国建设部.建筑气候区划标准:GB 50178—93[S].北京:中国计划出版社,1993.

[2] 陈勇,陈国阶.对乡村聚落生态研究中若干基本概念的认识[J].农村生态环境,2002,18(1):54-57.

[3] 俞孔坚,奚雪松,王思思.基于生态基础设施的城市风貌规划——以山东省威海市城市景观风貌研究为例[J].城市规划,2008(3):87-92.

[4] 张军,周玉红.城市规划数据库技术[M].2 版.武汉:武汉大学出版社,2011.

[5] 彭晓烈,李道勇.小城镇景观风貌规划探索——以沈阳市辽中县老观坨乡为例[J].沈阳建筑大学学报(社会科学版),2008(3):257-261.

[6] 黄平.现代小城镇建筑风貌的形成与发展[D].南京:东南大学,2003.

[7] 郑科.临港新城中心区建筑风貌研究[J].上海城市规划,2009(4):46-50.

[8] 付少慧.城市建筑风貌特色塑造及城市设计导则的引入[D].天津:天津大学,2009.

[9] 段进,邵润青,兰文龙,等.空间基因[J].城市规划,2019(2):14-21.

[10] 刘沛林.中国传统聚落景观基因图谱的构建与应用研究[D].北京:北京大学,2011.

[11] 刘沛林.家园的景观与基因:传统聚落景观基因图谱的深层解读[M].北京:商务印书馆,2014.

[12] 胡最,刘沛林.中国传统聚落景观基因组图谱特征[J].地理学报,2015,70(10):1592-1605.

[13] 胡最.传统聚落景观基因的地理信息特征及其理解[J].地球信息科学学报,2020(5):1083-1094.

[14] 刘沛林,刘春腊,邓运员,等.我国古城镇景观基因“胞—链—形”的图示表达与区域差异研究[J].人文地理,2011(1):94-99.

[15] 吴宁,童磊,温天蓉.传统村落空间肌理的参数化解析与重构体系[J].建筑与文化,2016(4):94-96.

[16] 葛丹东,童磊,吴宁,等.乡村道路形态参数化解析与重构方法[J].浙江大学学报(工学版),2017,51(2):279-286.

[17] 李哲,黄斯,张梦迪,等.传统村落建筑立面快速采集与装饰类型智能检索方法——以江西流坑村宅门实验为例[J].装饰,2019(1):16-20.

[18] 张静,沙洋.探寻塑造新时代乡村风貌特色的内在机制——以浙江舟山海岛乡村为例[J].小城镇建设,2015(1):58-63.
[19] 鲍梓婷,周剑云.当代乡村景观衰退的现象、动因及应对策略[J].城市规划,2014(10):75-83.
[20] 龙彬,彭一男,宋正江,等.乡土景观视角下城镇特色风貌规划研究——以新疆库尔德宁镇为例[J].小城镇建设,2021(1):100-109.
[21] 董衡苹.生态型地区村庄景观风貌塑造规划研究——以崇明区为例[J].城市规划学刊,2019(A1):89-95.
[22] 魏红卫.庆阳建筑风貌规划特色与方法[J].城乡建设,2013(9):32-34.
[23] 袁昊.珠海市唐家湾镇历史建筑风貌研究[D].广州:华南理工大学,2012.
[24] 黄平,仲德昆.大鹏镇建筑风貌保护初探[J].小城镇建设,2003(2):90-91.
[25] 许娟,霍小平.关中村镇民居建筑风貌的继承与发展[J].城市问题,2014(3):49-53,73.
[26] 向海华.数据库技术发展综述[J].现代情报,2003(12):31-33.
[27] 田振清. Microsoft Access 及其应用系统设计[J].内蒙古师范大学学报(自然科学汉文版),1997(1):41-46.
[28] 喻济兵.基于 Access 数据库信息管理系统的设计[J].船电技术,2011(4):57-59.
[29] 马玉春,苑囡囡,王哲河.基于 Visual Basic 2008 的 Access 数据库类的设计[J].软件,2012(6):41-43.
[30] 王艳.应用 Access 2007 数据库建立适合湖北省中小型奶牛场的计算机管理系统[D].武汉:华中农业大学,2009.
[31] 万剑华,刘娜,马张宝,等."数字城市"的空间数据库设计方法研究[J].测绘科学,2006(6):107-108.
[32] 符加方.市级国土资源"一张图"及核心数据库研究与设计:以广东省韶关市为例[D].南京:南京农业大学,2012.
[33] 郭瑞.基于 ArcEngine 的城市规划数据库管理系统的研究和实现[D].长沙:中南大学,2008.
[34] 王峰. 城市规划信息系统中数据库的设计[J].广东科技,2008(16):28-29.
[35] 张培,党安荣,黄天航,等. 基于 GIS 的北京胡同风貌管理信息系统设计与实现[J].北京规划建设,2011(4):45-47.
[36] 邓运员,代侦勇,刘沛林.基于 GIS 的中国南方传统聚落景观保护管理信息系统初步研究[J].测绘科学,2006(4):74-78.
[37] 李媛.建筑色彩数据库的应用研究[D].天津:天津大学,2007.
[38] 张继刚,蒋勇,赵刚,等.城市风貌信息系统的理论分析[J].华中建筑,2000

(4):38-41.

[39] 张继刚.城市风貌的评价与管治研究[D].重庆:重庆大学,2001.

[40] 杨文军.南宁市城市风貌规划现状评价研究[D].长沙:中南大学,2010.

[41] 袁青,于婷婷,王翼飞.二战后西方乡村景观风貌的研究脉络与启示[J].城市规划学刊,2017(4):90-96.

[42] 郭理桥.建筑节能与绿色建筑模型系统构建思路[J].城市发展研究,2010,17(7):36-44.

[43] 俞英鹤,赵加宁,梁珍,等.民用建筑能耗的统计方案及数据库软件在建筑节能中的应用研究[J].中国建设信息(供热制冷),2005(7):38-41.

[44] 郑晓卫,潘毅群,黄治钟,等.基于建筑能耗数据库的建筑能耗基准评价工具的研究与应用[J].节能与环保,2006(12):10-12.

[45] 齐艳,陈萍.建筑能耗数据库能耗基准评价方法及研究[J].应用能源技术,2007(5):1-4.

[46] 伍培,郑洁,周祖均.智能化商业建筑设备自控系统数据库的建设[J].商场现代化,2009(13):40-41.

[47] 李犁,邓雪原.基于 BIM 技术的建筑信息平台的构建[J].土木建筑工程信息技术,2012(2):25-29.

[48] 龚治国,侯建国,吴春秋.基于 Object ARX 的图形数据库开发在建筑结构 CAD 中的应用[J]. 武汉大学学报(工学版),2003,36(6):65-69.

[49] 蒋楠.数据库在产业类历史建筑及地段保护改造中的应用[J].建筑与文化,2012(7):60-61.

[50] ROBINSON P S.Implication of rural settlement patterns for development:a historical case study in Qaukeni,Eastern Cape,South Africa[J].Development Southern Africa,2003(9):405-421.

[51] RUDA G. Rural buildings and environment [J].Landscape and Urban planning,1998,41(2):93-97.

[52] MCKENZIE P,COOPER A,MCCANN T,et al. The ecological impact of rural building on habitats in an agricultural landscape [J].Landscape and urban planning,2011,101(3):262-268.

[53] GARNHAM H L. Maintaining the spirit of place:a process for the preservation of town character [M]. Mesa,Ariz:PDA Publishers Corp,1985.

[54] YU K J. Security patterns in landscape planning: with a case in south China [D]. Cambridge:Harvard University,1995.

[55] LEATHERBARROW D. Is landscape architecture? [J]. Architecturalresearch quarterly,2011(3):208-215.

[56] MARJANNE S, MARC A. Settlement models, land use and visibility in rural landscapes: two case studies in Greece[J]. Landscape and urban planning, 2007, 80(4): 362-374.

[57] RAMÍREZ A, AYUGA-TÉLLEZ E, GALLEGO E, et al. A simplified model to assess landscape quality from rural roads in Spain [J]. Agriculture, ecosystems and environment, 2011, 142(3): 205-212.

[58] GARCÍA-LLORENTE M, MARTÍN-LÓPEZ B, INIESTA-ARANDIA I, et al. The role of multi-functionality in social preferences toward semi-arid rural landscapes: an ecosystem service approach [J]. Environmental science and policy, 2012(19-20): 136-146.

[59] THORBECK D. Rural design: a new design discipline [M]. Oxfordshire: Taylor & Francis Group, 2012.

[60] 翟连峰.小城镇建筑风貌的地域性表达研究:以渝东南地区为例[D].重庆:重庆大学,2011.

[61] PATRICK N. British Townscapes [J]. Urban Studies, 1966(3): 268-270.

[62] MILDER J C, HART A K, DOBIE P, et al. Integrated landscape initiatives for African agriculture, development, and conservation: a region-wide assessment [J]. World development, 2014(47): 68-80.

[63] ESTRADA-CARMONA N, HART A K, DECLERCK F, et al. Integrated landscape management for agriculture, rural livelihoods, and ecosystem conservation: an assessment of experience from Latin America and the Caribbean[J]. Landscape and urban planning, 2014, 129(0): 1-11.

[64] ARENDT R. Rural by design: maintaining small town character[M]. Oxfordshire: Taylor and Francis Group, 1994.

[65] WHEELER S M. Built landscapes of metropolitan regions: an international typology [J]. Journal of the American planning association, 2015, 81(3): 167-190.

[66] AGNOLETTI M. Rural landscape, nature conservation and culture: some notes on research trends and management approaches from a (southern) European perspective [J]. Landscape and urban planning, 2014, 126(0): 66-73.

[67] FOROOD A D. Landscape degradation modelling: an environmental impact assessment for rural landscape prioritization [J]. Landscape Research, 2012(5): 613-634.

[68] ROGGE E, NEVENS F, GULINCK H. Perception of rural landscapes in Flanders: looking beyond aesthetics [J]. Landscape research, 2007(4): 159-174.

[69] VAN DER VAART J H P. Towards a new rural landscape:consequences of non-agricultural re-use of redundant farm buildings in Friesland[J].Landscape and urban planning,2005(1-2):143-152.

[70] JEONG J S, GARCIA-MORUNO L, HERNANDEZ-BLANCO J. Integrating buildings into a rural landscape using a multi-criteria spatial decision analysis in GIS-enabled web environment [J]. Biosystems engineering,2012,112(2):82-92.

[71] TASSINARI P,CARFAGNA E,TORREGGIANI D,et al.The study of changes in the rural built environment:focus on calibration and improvement of an areal sampling approach[J]. Biosystems engineering,2010,105(4):486-494.

[72] GARCÍA A I,AYUGA F. Reuse of abandoned buildings and the rural landscape: the situation in Spain[J]. Transactions of the ASABE,2007,50(4):1383-1394.

[73] GARCÍA L, HERNÁNDEZ J, AYUGA F. Analysis of the exterior colour of agro-industrial buildings: a computer aided approach to landscape integration[J]. Journal of environmental management,2003,69(1): 93-104.

[74] GARCÍA L,HERNÁNDEZ J,AYUGA F. Analysis of the materials and exterior texture of agro-industrial buildings:a photo-analytical approach to landscape integration[J].Landscape and urban planning,2006,74(2):110-124.

[75] PÔÇAS I, CUNHA M, MARCAL A, et al. An evaluation of changes in a mountainous rural landscape of Northeast Portugal using remotely sensed data[J]. Landscape and urban planning,2011,101(3):253-261.

[76] SKOWRONEK E,KRUKOWSKA R,SWIECA A,et al. The evolution of rural landscapes in mid-eastern Poland as exemplified by selected villages [J]. Landscape and urban planning,2005,70(1-2):45-56.

[77] GULICKX M M C,VERBURG P H,STOORVOGEL J J,et al.Mapping landscape services:a case study in a multifunctional rural landscape in the Netherlands[J]. Ecological indicators,2013,24(1):273-283.

[78] 伊恩·伦诺克斯·麦克哈格.设计结合自然[M].芮经纬,译.天津:天津大学出版社,2006.

[79] NATORRI Y, FUKUI W, HIKASA M. Empowering nature conservation in Japanese rural areas: a planning strategy integrating visual and biological landscape perspectives [J]. Landscape and urban planning, 2005, 70 (3-4): 315-324.

[80] CANTERS K J,DENHERDER C P,DEVEER A A,et al. Landscape-ecological mapping of the Netherlands[J]. Landscape ecology,1991,5(3):145-162.

[81] CEPL J. Townscape in Germany [J]. The Journal of architecture,2012(5):

777-790.

[82] PRIMDAHL J, KRISTENSEN L S, SWAFFIELD S. Guiding rural landscape change :current policy approaches and potentials of landscape strategy making as a policy integrating approach[J]. Applied geography,2013(8):86-94.

[83] 龙花楼,胡智超,邹健.英国乡村发展政策演变及启示[J].地理研究,2010,29(8):1369-1378.

[84] O' NEIL P,O' NEIL E. Database principles:programming and performance[M]. Alabama:Educational Professional Group,1991.

[85] DATE C J. An introduction to database systems [M].8th edition. Boston:Addison Wesley Professional,2003.

[86] CONNOLLY T M. Database solutions:a step by step guide to building databases [M].2nd edition. Boston:Addison Wesley,2003.

[87] KROENKE D M. Database processing fundamentals, design, and implementation [M]. London:macmillan publishers ltd,1994.

[88] GARCIA-MOLINA H,ULLMAN J D,WIDOM J. Database system implementation [M]. London:Prentice Hall,1999.

[89] SHEN Z J,KAWAKAMI M. An online visualization tool for internet-based local townscape design[J]. Computers,environment and urban systems, 2010,34(2): 104-116.

[90] 袁媛,高珊.国外绿色建筑评价体系研究与启示[J].华中建筑,2013(7):5-8.

[91] 冯·贝塔朗菲.一般系统论:基础、发展和应用[M].林康义,魏宏森,译.北京:清华大学出版社,1987.

[92] 王晖.科学研究方法论[M].上海:上海财经大学出版社,2004.

[93] 陈纪凯.适应性城市设计——一种实效的城市设计理论及应用[M].北京:中国建筑工业出版社,2004.

[94] CONZEN M R G. Thinking about urban form: papers on urban morphology, 1932—1998[M]. Oxford:Peter Lang,2004.

[95] 阿尔多·罗西.城市建筑学[M].黄士钧,译.北京:中国建筑工业出版社,2006.

[96] 罗伯·克里尔.城镇空间:传统城市主义的当代诠释[M].金秋野,王又佳,译.北京:中国建筑工业出版社,2007.

[97] 伍培,郑洁,周祖均.智能化商业建筑设备自控系统数据库的建设[J].商场现代化,2009(13):40-41.

[98] 王鑫.环境适应性视野下的晋中地区传统聚落形态模式研究[D].北京:清华大学,2014.

[99] 洪亮平.城市设计历程[M].北京:中国建筑工业出版社,2002.

[100] 凯文·林奇.城市意象[M].方益萍,何晓军,译.北京:华夏出版社,2001.
[101] 曾小成.严寒地区村镇建筑景观风貌数据库设计研究[D].哈尔滨:哈尔滨工业大学,2015.
[102] 余柏椿,周燕.论城市风貌规划的角色与方向[J].规划师,2009(12):22-25.
[103] 王芳,易峥.城乡统筹理念下的我国城乡规划编制体系改革探索[J].规划师,2012(3):64-68.
[104] 谢广靖,范小勇,沈锐.天津市城乡规划编制体系回顾、反思与展望[J].规划师,2015,31(8):44-49.
[105] 段德罡,刘瑾.貌由风生——以宝鸡城市风貌体系构建为例[J].规划师,2012,28(1):100-105.
[106] 周游,魏开,周剑云,等.我国乡村规划编制体系研究综述[J].南方建筑,2014(2):24-29.
[107] 董衡苹,谢茵.上海郊野公园村落景观风貌塑造规划研究——以青西郊野公园为例[J].上海城市规划,2013(5):34-41.
[108] SILBERSCHATZ A, STONEBRAKER M, ULLMAN J D. Database research: achievements and opportunities into the 21st century[J].SIGMOD record,1996,25(1):52-63.
[109] GEERTMAN S,STILLWELL J. Planing support systems best practice and new methods[M]. Netherlands:Springer,2009.
[110] 申德荣,于戈,王习特,等.支持大数据管理的 NoSQL 系统研究综述[J].软件学报,2013(8):1786-1803.
[111] 江民彬.非关系型与关系型空间数据库对比分析与协同应用研究[D].北京:首都师范大学,2013.
[112] 宋彦,彭科.城市空间分析 GIS 应用指南[J].城市规划学刊,2015(4):124.
[113] 查修齐,吴荣泉,高元钧. C/S 到 B/S 模式转换的技术研究[J].计算机工程,2014(1):263-267.
[114] 韩雨佟.基于 B/S 物联网环境监测系统 MySQL 数据库的设计与实现[D].天津:天津大学,2014.
[115] 顾春平,陈伟瑾,奚赛英,等.常州市工程地质数据库建设及规划应用探索[J].城市规划,2011,35(7):83-88.
[116] 叶宇,魏宗财,王海军.大数据时代的城市规划响应[J].规划师,2014(8):5-11.
[117] 李雪.土地利用数据库建立的技术探讨[J].江西测绘,2016(3):57-59.
[118] 高小莉.城市规划空间数据库管理系统设计[D].西安:长安大学,2014.
[119] 吴沧舟,兰逸正,张辉.基于 MySQL 数据库的优化[J].电子科技,2013,26

(9):182-184.

[120] 胡永宏.对 TOPSIS 法用于综合评价的改进[J].数学的实践与认识,2002,32(4):572-575.

[121] 鲁春阳,文枫,杨庆媛,等.基于改进 TOPSIS 法的城市土地利用绩效评价及障碍因子诊断——以重庆市为例[J].资源科学,2011,33(3):535-541.

[122] 文洁,刘学录.基于改进 TOPSIS 方法的甘肃省土地利用结构合理性评价[J].干旱地区农业研究,2009(4):234-239.

[123] 周立军,陈伯超,张成龙,等.东北民居[M].北京:中国建筑工业出版社, 2009.

[124] BOYCE R R,CLARK A V. The concept of shape in geography[J].Geographical Review,1964,54(4):561-572.

[125] LO C P. Changes in the shapes of Chinese cities,1934—1974[J]. Professional Geographer,1980,32(2):173-183.

[126] 王新生,刘纪远,庄大方,等.中国城市形状的时空变化[J].资源科学, 2005,27(3):20-25.

[127] 张晓阳,霍达.我国格网式村庄布局的形式、问题及改造[J].北京工业大学学报,2009(7):960-965.

[128] 付本臣,黎晗,张宇.东北严寒地区农村住宅适老化设计研究[J].建筑学报,2014(11):90-95.

[129] 张凤婕,万家强.东北地区汉族传统民居院落原型研究[J].华中建筑,2010(10):144-147.

[130] 李耀培,赵冠谦,林建平.中国居住实态与小康住宅设计[M].南京:东南大学出版社,1999.

[131] 高丙中.民俗文化与民俗生活[M].北京:中国社会科学出版社,1994.

[132] 段进.城市空间发展论[M].2 版.南京:江苏科学技术出版社,2006.

[133] 李立.乡村聚落:形态、类型与演变——以江南地区为例[M].南京:东南大学出版社,2007.

[134] 金其铭.农村聚落地理研究——以江苏省为例[J].地理研究,1982(3):11-20.

[135] 李亚娟,陈田,王婧,等.中国历史文化名村的时空分布特征及成因[J].地理研究,2013(8):1477-1485.

[136] 赵宾福.东北新石器文化格局及其与周边文化的关系[J].中国边疆史地研究,2006,16(2):88-97.

[137] 韦宝畏,许文芳.东北传统民居的地域文化背景探析[J].吉林建筑大学学报,2014,31(2):49-51.

[138] 王芳.黑龙江省农村住房建设模式及相关政策研究[D].哈尔滨:哈尔滨工业大学,2012.

[139] 库尔特·考夫卡.格式塔心理学原理[M].李维,译.北京:北京大学出版社,2010.

[140] 刘沛林.古村落文化景观的基因表达与景观识别[J].衡阳师范学院学报,2003,24(4):1-8.

[141] 胡最,刘沛林,邓运员,等.传统聚落景观基因的识别与提取方法研究[J].地理科学,2015(12):1518-1524.

[142] 刘沛林,刘春腊,邓运员,等.客家传统聚落景观基因识别及其地学视角的解析[J].人文地理,2009,24(6):40-43.

[143] 范建红,魏成,李松志.乡村景观的概念内涵与发展研究[J].热带地理,2009,29(3):285-289,306.

[144] 马金祥,刘杰.乡村景观设计中的空间形态组织[J].哈尔滨工业大学学报(社会科学版),2010(5):20-25.

[145] 欧阳勇锋,黄汉莉.试论乡村文化景观的意义及其分类、评价与保护设计[J].中国园林,2012(12):105-108.

[146] 车生泉,杨知洁,倪静雪.上海乡村景观模式调查和景观元素设计模式研究[J]. 中国园林,2008(8):21-27.

[147] 梁发超,刘黎明,曲衍波.乡村尺度农业景观分类方法及其在新农村建设规划中的应用[J].农业工程学报,2011(11):330-336.

[148] 房艳刚,刘继生.理想类型叙事视角下的乡村景观变迁与优化策略[J].地理学报,2012(10):1399-1410.

[149] 张茜,肖禾,宇振荣,等.北京市平原区农田景观及其要素的质量评价研究[J].中国生态农业学报,2014(3):325-332.

[150] 吴雪,陈荣,张云路.面向多类型、多尺度协同传导的乡村景观特征识别与评价方法——以科右前旗为例[J].北京林业大学学报,2022(11):111-121.

[151] 黄莹莹,谈石柱,陈倩婷,等.基于景观特征识别和评价的乡村景观营造模式[J].浙江农林大学学报,2022(4):894-901.

[152] 于佳,王雷.基于美丽乡村建设的乡村景观评价体系初探[J].农业经济,2021(9):45-46.

[153] 张继刚,赵钢,蒋勇,等.城市风貌的模糊评价举例[J].华中建筑,2001,19(1):18-21.

[154] 张继刚.城市景观风貌的研究对象、体系结构与方法浅谈——兼谈城市风貌特色[J].规划师,2007(8):14-18.

[155] 蔡晓丰.城市风貌解析与控制[D].上海:同济大学,2005.

[156] 吴一洲,章天成,陈前虎.基于特色风貌的小城镇环境综合整治评价体系研究——以浙江省小城镇环境综合整治行动为例[J].小城镇建设,2018(2):16-23.

[157] 白敏.统领·管控·示范——《福建省城市景观风貌专项规划导则(试行)》解读[J].规划师,2015,31(9):45-50.

[158] 彭震伟,王云才,高璟.生态敏感地区的村庄发展策略与规划研究[J].城市规划学刊,2013(3):7-14.

[159] 武启祥,韩林飞,朱连奇,等.江西婺源古村落空间布局探析[J].规划师,2010(4):84-89.

[160] 葛丹东,童磊,吴宁,等.营建“和美乡村”——传统性与现代性并重视角下江南地域乡村规划建设策略研究[J].城市规划,2014,38(10):59-66.

[161] 王涛,程文.严寒地区村庄空间特征及其优化策略[J].规划师,2015,31(6):86-90.

[162] 陈铭,陆俊才.村庄空间的复合型特征与适应性重构方法探讨[J].规划师,2010(11):44-48.

[163] 王涛,程文,赵天宇.新时期严寒地区农户宅基地节约集约利用研究[J].建筑学报,2016(A2):60-66.

[164] 程文,赵天宇,马晨光.严寒地区村镇绿色建筑图集[M].哈尔滨:哈尔滨工业大学出版社,2015.

[165] 张欣宇.东北严寒地区村庄物理环境优化设计研究[D].哈尔滨:哈尔滨工业大学,2017.

[166] 袁青,于婷婷,刘通.基于农户调查的寒地村镇公共开放空间优化设计策略[J].中国园林,2016,32(7):54-59.

[167] 郑赟,魏开.村落公共空间研究综述[J].华中建筑,2013(3):135-139.

[168] 陈菲,林建群,朱逊.严寒城市公共空间活力评价因子分析[J].哈尔滨工业大学学报,2017(4):179-188.

[169] 王彦春,陈秋晓,侯焱,等.基于物质要素的街道空间品质评价研究——以桐庐县老城区为例[J].建筑与文化,2017(3):201-203.

[170] 向岚麟,孙悦昕,李梦露.基于模糊综合评价的创意阶层公共交往空间研究[J].规划师,2016(12):97-104.

[171] 陈菲,林建群,朱逊.严寒城市公共空间冬夏季景观活力评价差异性研究[J].风景园林,2016(1):118-125.

[172] 赵春丽,杨滨章,刘岱宗.PSPL 调研法:城市公共空间和公共生活质量的评价方法——扬·盖尔城市公共空间设计理论与方法探析[J].中国园林,2012(9):34-38.

[173] 李云,杨晓春. 对公共开放空间量化评价体系的实证探索——基于深圳特区公共开放空间系统的建立[J].现代城市研究,2007,22(2):15-22.

[174] 谢宏杰,王乾坤,叶茂.绿色之路——理念与绿色建筑管理制度[J].建筑节能,2013,41(8):54-57.

[175] 郭理桥.建筑节能与绿色建筑模型系统和数据库建设关键技术探讨[J].中国建设信息化,2010(6):8-19.

[176] 王建廷,程响.《绿色建筑运营管理标准》的编制思考与框架设计[J].建筑经济,2014(11):19-23.

[177] 金虹,赵华.关于严寒地区乡村住宅节能设计的思考[J].哈尔滨建筑大学学报,2001(3):96-100.

[178] 庄宇,张莹.中心城区紧凑型住宅的内部平面尺度解析[J].同济大学学报(自然科学版),2011(4):517-523.

名词索引